JN232841

電気回路応用入門

博士（工学） 山口 静夫 著

コロナ社

は じ め に

　今日，産業界をはじめとして私たちにも身近な高度情報化社会を支えているハードウェア技術は，おもに電気・電子回路に基づいて構成されている。その中でもトランジスタやICなどの半導体素子を含まない，電気・電子・情報・通信の分野において最も基礎となる電気回路は，オームの法則やキルヒホッフの法則を用いて単純に解くことができる。

　本書は，「電気回路基礎入門」（コロナ社）の続編として著したものである。そのため前編の基本的な内容を理解し，さらに上記の分野でより専門的な技術者を目指して短大・高専・大学などで電気回路の応用的な内容を学ぶ学生を対象として，学ぶ項目を減らして必要最小限のものに絞り，基本的な例題を挙げ，その類似問題を解く手法を用いてなるべく式の変形を省略しないでわかりやすく書いたものである。

　本書の読者対象は，専門学校・短大・高専・大学の学生を主としているが，多くの具体的な例題を挙げることにより独学でも学べるように配慮した。

　これは筆者の経験だが電気回路などの専門基礎科目は，特に基礎の積み重ねと毎回の復習および多くの演習問題を解き，その結果が正しいかどうかをパソコンによるシミュレーションや実験などで確認することが大事である。

　本書を執筆するにあたり，その機会を与えていただいたコロナ社諸氏に深謝いたします。

2004年9月

著　者

初版第 8 刷発行に際して

　回路図に用いる電気用図記号が 2011 年に JIS C 0617 へと改正されたのに伴い，本書の図記号も変更を行った．併せて，紙面の許す範囲で演習問題と解説を追加し，内容の充実を図った．

　2019 年 11 月

著　　者

本テキストで用いるおもな量記号と単位記号

量　　名	量記号	単位記号と名称
電圧，起電力	E, e	V：ボルト
電　流	I, i	A：アンペア
電　荷	Q, q	C：クーロン
（有効，消費）電力	P, p	W：ワット
皮相電力	P_a	VA：ボルトアンペア
無効電力	P_r	Var：バール
電力量（エネルギー）	W_t	Ws：ワット秒
		Wh：ワット時
		J：ジュール
		（J＝W・s）
時　間	t	s：秒，h：時
周　期	T	s：秒
周波数	f	Hz：ヘルツ
角周波数	ω	rad/s：ラジアン毎秒
位相角	θ	rad：ラジアン，°：度
抵　抗	R	Ω：オーム
自己インダクタンス（インダクタンス）	L	H：ヘンリー
相互インダクタンス	M	H：ヘンリー
キャパシタンス（コンデンサ）	C	F：ファラド
インピーダンス	$\dot{Z}$	Ω：オーム
リアクタンス	X	Ω：オーム
アドミタンス	$\dot{Y}$	S：ジーメンス
コンダクタンス	G	S：ジーメンス
サセプタンス	B	S：ジーメンス

目 次

1 交流回路の周波数特性

1.1 回路素子の周波数特性 …………………………………………………… *1*
   1.1.1 抵抗の周波数特性 ……………………………………………………… *1*
   1.1.2 インダクタンスの周波数特性 ………………………………………… *2*
   1.1.3 キャパシタンスの周波数特性 ………………………………………… *3*
1.2 直列回路の周波数特性 …………………………………………………… *3*
   1.2.1 RL 直列回路の周波数特性 …………………………………………… *4*
   1.2.2 RC 直列回路の周波数特性 …………………………………………… *6*
1.3 フェーザ軌跡（ベクトル軌跡） ………………………………………… *9*
   1.3.1 直線状のフェーザ軌跡 ………………………………………………… *9*
   1.3.2 半円周状のフェーザ軌跡 ……………………………………………… *10*
演 習 問 題 ……………………………………………………………………… *13*

2 直列共振回路

2.1 直列共振周波数とその特性 ……………………………………………… *14*
2.2 電圧拡大率 Q …………………………………………………………… *18*
2.3 選択度 S と回路の Q ………………………………………………… *21*
演 習 問 題 ……………………………………………………………………… *24*

iv 目次

3 並列共振回路

3.1 並列共振周波数とその特性 …………………………………… 25
3.2 電流拡大率 Q …………………………………………………… 29
3.3 選択度 S と回路の Q ………………………………………… 32
演習問題 ……………………………………………………………… 34

4 変成器

4.1 相互インダクタンス回路 ……………………………………… 36
 4.1.1 相互インダクタンス回路のフェーザ表示 ……………… 36
 4.1.2 相互インダクタンス回路の等価回路 …………………… 40
 4.1.3 結合係数 k ……………………………………………… 41
 4.1.4 相互インダクタンス M の極性 ………………………… 42
4.2 相互インダクタンス回路の例 ………………………………… 43
4.3 トランス(変圧器)結合回路 …………………………………… 48
 4.3.1 理想トランス(理想変圧器)による電圧や電流の変換 … 48
 4.3.2 理想トランスによるインピーダンスの変換 …………… 50
演習問題 ……………………………………………………………… 51

5 3相交流回路

5.1 対称3相交流 …………………………………………………… 53
 5.1.1 3相交流電圧 ……………………………………………… 54
 5.1.2 Y接続の電圧,電流および負荷 ………………………… 55
 5.1.3 Δ接続の電圧,電流および負荷 ………………………… 57
 5.1.4 平衡3相負荷インピーダンスのΔ-Y変換 ……………… 59

5.2　対称3相Y接続交流回路 …………………………………… 60
5.3　対称3相Δ接続交流回路 …………………………………… 63
5.4　対称3相Y-Δ接続交流回路 ………………………………… 65
5.5　対称3相交流電力 …………………………………………… 67
5.6　回 転 磁 界 …………………………………………………… 69
演 習 問 題 ………………………………………………………… 71

6　2端子対回路

6.1　2端子対回路について ……………………………………… 73
6.2　2端子対回路のマトリクス表示 …………………………… 74
　6.2.1　Zマトリクス …………………………………………… 74
　6.2.2　Yマトリクス …………………………………………… 76
　6.2.3　Fマトリクス …………………………………………… 77
6.3　2端子対回路の相互接続 …………………………………… 79
　6.3.1　直 列 接 続 ……………………………………………… 79
　6.3.2　並 列 接 続 ……………………………………………… 81
　6.3.3　縦 続 接 続 ……………………………………………… 82
6.4　入出力インピーダンスと影像インピーダンス …………… 85
演 習 問 題 ………………………………………………………… 88

7　分布定数回路（伝送線路）

7.1　分布定数回路について ……………………………………… 90
7.2　等価回路表示と基本方程式 ………………………………… 91
7.3　特性インピーダンスと伝搬定数 …………………………… 94
　7.3.1　特性インピーダンス …………………………………… 94
　7.3.2　伝搬定数と伝搬速度 …………………………………… 95

7.4 伝送線路の例 ………………………………………………… 97
  7.4.1 平行2線線路 ………………………………………… 97
  7.4.2 同軸線路（同軸ケーブル） ………………………… 99
7.5 無限長線路 …………………………………………………… 100
  7.5.1 無限長線路の特性 …………………………………… 100
  7.5.2 無損失線路 …………………………………………… 101
  7.5.3 無ひずみ線路 ………………………………………… 102
7.6 有限長線路 …………………………………………………… 103
  7.6.1 有限長線路の特性 …………………………………… 103
  7.6.2 入射波，反射波および反射係数 …………………… 109
  7.6.3 定在波と定在波比 …………………………………… 110
演習問題 …………………………………………………………… 113

8 非正弦波交流

8.1 非正弦波交流について ……………………………………… 114
8.2 正弦波交流による合成 ……………………………………… 115
8.3 非正弦波交流の基本波と高調波 …………………………… 116
8.4 フーリエ級数の基礎 ………………………………………… 117
8.5 非正弦波交流のフーリエ級数による展開例 ……………… 121
8.6 非正弦波交流の電圧，電流および電力 …………………… 124
  8.6.1 非正弦波交流の実効値 ……………………………… 125
  8.6.2 非正弦波交流の電力 ………………………………… 126
  8.6.3 非正弦波交流のひずみの表示法 …………………… 128
8.7 非正弦波交流回路の計算 …………………………………… 130
演習問題 …………………………………………………………… 132

9 過渡現象

9.1 過渡現象とは …………………………………… *133*
9.2 初期条件について ……………………………… *134*
9.3 磁束量や電荷量の不変の法則 ………………… *134*
9.4 直 流 回 路 …………………………………… *135*
   9.4.1 *RL* 直列回路 ………………………… *136*
   9.4.2 *RC* 直列回路 ………………………… *142*
   9.4.3 *RL*, *RC* 直並列回路 ………………… *147*
   9.4.4 *RLC* 直列回路 ………………………… *149*
9.5 交 流 回 路 …………………………………… *157*
   9.5.1 *RL* 直列回路 ………………………… *157*
   9.5.2 *RC* 直列回路 ………………………… *159*
演 習 問 題 …………………………………………… *162*

付　　　録 …………………………………………… *164*
演習問題略解 ………………………………………… *170*
索　　　引 …………………………………………… *176*

電気回路基礎入門の主要目次

1　電流と電圧について
2　直流回路の基本法則
3　直流基礎回路
4　複雑な直流回路とその簡略化
5　回路方程式の作成とその解法
6　直流電力
7　直流回路の条件による解法
8　正弦波交流
9　フェーザ表示法による交流回路の取り扱い
10　交流回路素子の直列接続
11　交流回路素子の並列接続
12　交流の直並列回路
13　諸定理
14　交流電力
15　交流回路の条件による解法

1 交流回路の周波数特性

交流回路において，周波数を変化させたときの回路のインピーダンス，アドミタンス，流れる電流および端子電圧などの大きさと位相角がどのように変化するか，すなわちフィルタの基礎となる周波数特性について学ぶ。

1.1 回路素子の周波数特性

代表的な交流回路素子である抵抗 R，インダクタンス L およびキャパシタンス（コンデンサ）C の**周波数特性**について考えてみよう。ここで周波数特性を表す際，周波数 f の代わりに $\omega = 2\pi f$ となる角周波数 ω を用いて表す場合がある。

1.1.1 抵抗の周波数特性

図 1.1（a）に示す抵抗 R の回路において，回路のインピーダンス $\dot{Z}$ とアドミタンス $\dot{Y}$ の周波数特性を求めてみよう。

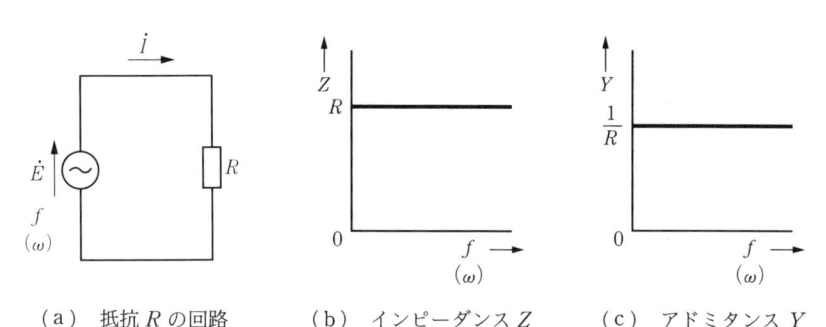

（a）抵抗 R の回路　　（b）インピーダンス Z　　（c）アドミタンス Y

図 1.1 抵抗 R の周波数特性

1. 交流回路の周波数特性

インピーダンス $\dot{Z}$ とアドミタンス $\dot{Y}$ は

$$\dot{Z} = R + j0 = R \angle 0°$$

$$\dot{Y} = \frac{1}{\dot{Z}} = \frac{1}{R \angle 0°} = \frac{1}{R} \angle 0° \tag{1.1}$$

上式から抵抗 R のインピーダンス $\dot{Z}$ とアドミタンス $\dot{Y}$ は，虚部をもたないので図1.1（b），（c）の Z と Y に示すように，周波数 f に関係なく一定の値となる。

1.1.2 インダクタンスの周波数特性

図1.2（a）に示すインダクタンス L の回路において，回路のインピーダンス $\dot{Z}$ とアドミタンス $\dot{Y}$ の周波数特性を求めてみよう。

（a）インダクタンス L の回路　　（b）インピーダンス Z　　（c）アドミタンス Y

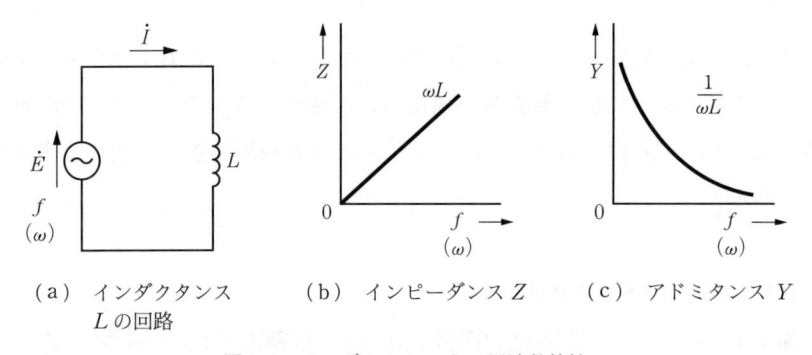

図1.2　インダクタンス L の周波数特性

インピーダンス $\dot{Z}$ とアドミタンス $\dot{Y}$ は

$$\dot{Z} = j\omega L = j2\pi fL = 2\pi fL \angle 90°$$

$$\dot{Y} = \frac{1}{\dot{Z}} = \frac{1}{j\omega L} = -j\frac{1}{\omega L} = -j\frac{1}{2\pi fL} = \frac{1}{2\pi fL} \angle -90° \tag{1.2}$$

上式から図1.2（b），（c）に示すように，インダクタンス L のインピーダンス $\dot{Z}$ の大きさ Z は，周波数 f に比例して増加することがわかる。それに対してアドミタンス $\dot{Y}$ の大きさ Y は，周波数 f に反比例して減少する。

1.1.3 キャパシタンスの周波数特性

図 1.3（a）に示すキャパシタンス C の回路において，回路のインピーダンス $\dot{Z}$ とアドミタンス $\dot{Y}$ の周波数特性を求めてみよう。

（a）キャパシタンス C の回路　　（b）インピーダンス Z　　（c）アドミタンス Y

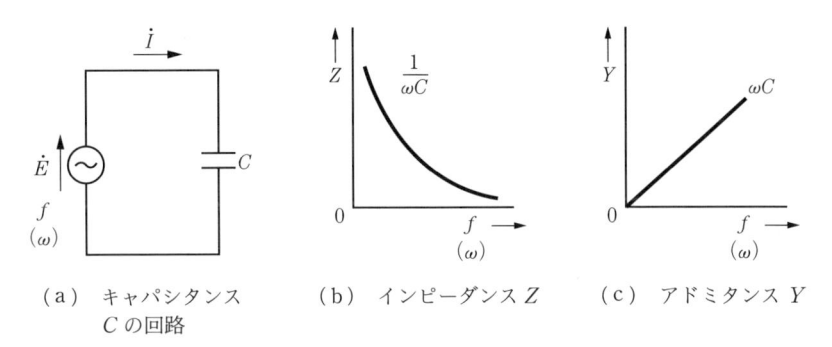

図 1.3　キャパシタンス C の周波数特性

インピーダンス $\dot{Z}$ とアドミタンス $\dot{Y}$ は

$$\dot{Z} = \frac{1}{j\omega C} = -j\frac{1}{2\pi fC} = \frac{1}{2\pi fC}\angle -90° $$
$$\dot{Y} = \frac{1}{\dot{Z}} = \frac{1}{\frac{1}{j\omega C}} = j\omega C = j2\pi fC = 2\pi fC \angle 90° \tag{1.3}$$

上式から図 1.3（b），（c）に示すようにインダクタンスの場合とは逆に，キャパシタンス C のインピーダンス $\dot{Z}$ の大きさ Z は，周波数 f に反比例して減少する。さらにアドミタンス $\dot{Y}$ の大きさ Y は，周波数 f に比例して増加することがわかる。

1.2　直列回路の周波数特性

交流回路の周波数特性を**フィルタ**（filter）などに応用するとき，抵抗 R，インダクタンス L およびキャパシタンス C を組み合わせた直列回路などが用いられる。

1.2.1 *RL* 直列回路の周波数特性

図 1.4 に示す *RL* 直列回路において，回路の**インピーダンス** $\dot{Z}$，**アドミタンス** $\dot{Y}$ および分圧の式による各端子電圧 $\dot{E}_R$, $\dot{E}_L$ の周波数特性を求めると

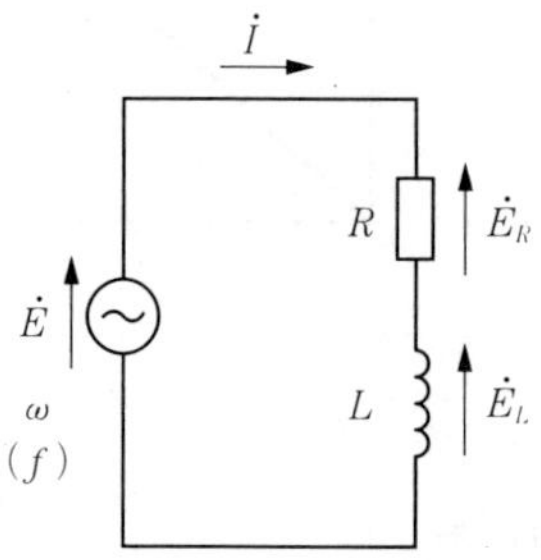

表 1.1 ω に対する Z, Y, E_R, E_L, ϕ の概略値

ω [rad/s]	0	$\sim$	$\dfrac{R}{L}$	$\sim$	∞
Z [Ω]	R	$\sim$	$\sqrt{2}\,R$	$\sim$	∞
Y [S]	$\dfrac{1}{R}$	$\sim$	$\dfrac{1}{\sqrt{2}\,R}$	$\sim$	0
E_R [V]	E	$\sim$	$\dfrac{E}{\sqrt{2}}$	$\sim$	0
E_L [V]	0	$\sim$	$\dfrac{E}{\sqrt{2}}$	$\sim$	E
ϕ [rad]	0	$\sim$	$\dfrac{\pi}{4}$	$\sim$	$\dfrac{\pi}{2}$

図 1.4 *RL* 直列回路

$$\dot{Z} = R + j\omega L = \sqrt{R^2 + \omega^2 L^2} \angle \tan^{-1}\frac{\omega L}{R} = Z \angle \phi$$

$$\dot{Y} = \frac{1}{\dot{Z}} = \frac{1}{\sqrt{R^2 + \omega^2 L^2} \angle \phi} = \frac{1}{\sqrt{R^2 + \omega^2 L^2}} \angle -\phi = Y \angle -\phi$$

$$\dot{E}_R = \frac{R}{R + j\omega L}\dot{E} = \frac{R(E \angle 0°)}{\sqrt{R^2 + \omega^2 L^2} \angle \phi} = \frac{RE}{\sqrt{R^2 + \omega^2 L^2}} \angle -\phi$$

$$\dot{E}_L = \frac{j\omega L}{R + j\omega L}\dot{E} = \frac{(\omega L \angle 90°)(E \angle 0°)}{\sqrt{R^2 + \omega^2 L^2} \angle \phi} \quad (1.4)$$

$$= \frac{\omega L E}{\sqrt{R^2 + \omega^2 L^2}} \angle (90° - \phi)$$

$$\therefore \quad \phi = \tan^{-1}\frac{\omega L}{R}$$

上式から $\omega = 0 \sim R/L \sim \infty$ におけるインピーダンスの大きさ Z，アドミタンスの大きさ Y，各端子電圧の大きさ E_R, E_L および位相角 ϕ の周波数特性の概略値は，**表 1.1** のようになる。これから回路の Z は，**図 1.5**（a）に示すように $Z = R$, $Z = \omega L$ を漸近線として右上がりの特性となる。さらに回路の Y は，図（b）に示すように $Y = 1/R$ を**漸近線**として右下がりの特性

1.2 直列回路の周波数特性

(a) インピーダンス Z　　(b) アドミタンス Y　　(c) 端子電圧 E_R, E_L

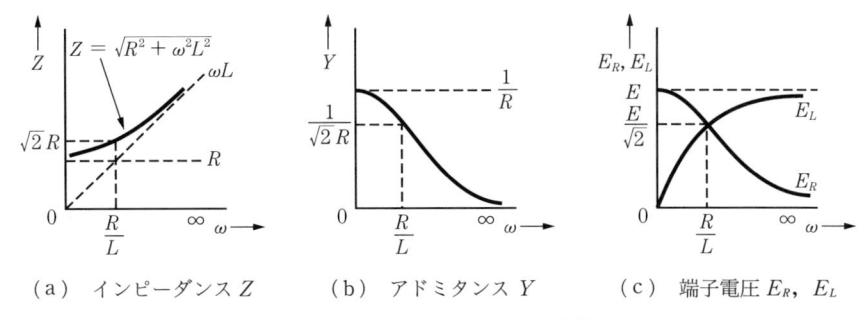

図1.5　RL 直列回路の周波数特性

となることがわかる。つぎに端子電圧 E_R は，図（c）に示すように上記の ω の変化に対応して，$E \sim E/\sqrt{2} \sim 0$ の右下がりの特性となる。

ここで E_R の電圧を利用すると低い周波数成分が出力される（通過する）ことから**低域フィルタ**（low pass filter）と呼ばれている。同様に E_L は，E_R とは逆に $0 \sim E/\sqrt{2} \sim E$ の右上がりの特性となる。E_L の電圧を利用すると高い周波数成分が出力される（通過する）ことから**高域フィルタ**（high pass filter）と呼ばれている。ここで $\omega = 2\pi f = R/L$ となるような周波数 f を RL 直列回路の**遮断周波数** f_c（cut-off frequency）と呼び，$f_c = R/2\pi L$ で表される。このときの E_R，E_L の大きさは印加電圧 E の $1/\sqrt{2}$，すなわち $0.707E$（E の大きさの約 70 %）となる。

[例題] 1.1 図 1.4 に示した RL 直列回路において，$\dot{E} = 1\,\text{V}$ で $R = 1\,\text{k}\Omega$，$L = 1\,\text{H}$ のとき，各端子電圧 E_R，E_L の周波数特性と遮断周波数 f_c を求めよ。ただし特性の横軸は角周波数 ω でなく周波数 f とする。

[解] 式 (1.4) の E_R と E_L に上記の値をおのおの代入して求める。

$$E_R = \frac{RE}{\sqrt{R^2 + \omega^2 L^2}} = \frac{1 \times 10^3 \times 1}{\sqrt{(1 \times 10^3)^2 + \omega^2 \times 1^2}}$$
$$= \frac{1 \times 10^3}{\sqrt{(1 \times 10^3)^2 + (2\pi f)^2}}$$
$$E_L = \frac{\omega LE}{\sqrt{R^2 + \omega^2 L^2}} = \frac{\omega \times 1 \times 1}{\sqrt{(1 \times 10^3)^2 + \omega^2 \times 1^2}} \quad (1.5)$$
$$= \frac{2\pi f}{\sqrt{(1 \times 10^3)^2 + (2\pi f)^2}}$$

6　1. 交流回路の周波数特性

遮断周波数 f_c は

$$f_c = \frac{R}{2\pi L} = \frac{1 \times 10^3}{2 \times 3.14 \times 1} = \frac{1\,000}{6.28} \cong 159.2\,\text{Hz} \tag{1.6}$$

E_R, E_L の $f = 0 \sim f_c \sim \infty$ における周波数特性の概略値は，**表 1.2** となる。表 1.2 から RL 直列回路の E_R, E_L の周波数特性は，**図 1.6** のように表せる。

表 1.2　f に対する E_R, E_L の概略値

f〔Hz〕	0	f_c 159	500	1 k	∞
E_R〔V〕	1.00	0.707	0.303	0.157	0
E_L〔V〕	0	0.707	0.953	0.988	1.00

図 1.6　RL 直列回路の E_R, E_L の周波数特性

1.2.2　RC 直列回路の周波数特性

図 1.7 に示す RC 直列回路において，回路のインピーダンス $\dot{Z}$ とアドミタンス $\dot{Y}$ および分圧の式による各端子電圧 $\dot{E}_R$, $\dot{E}_C$ の周波数特性を求めると

$$\dot{Z} = R - j\frac{1}{\omega C} = \sqrt{R^2 + \left(\frac{1}{\omega C}\right)^2} \angle -\phi$$

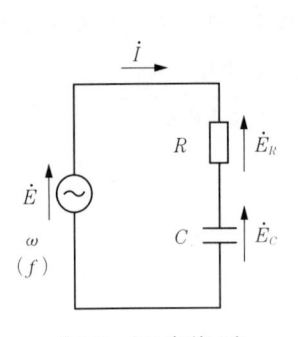

図 1.7　RC 直列回路

表 1.3　ω に対する Z, Y, E_R, E_C, ϕ の概略値

ω〔rad/s〕	0	$\sim$	$\frac{1}{CR}$	$\sim$	∞
Z〔Ω〕	∞	$\sim$	$\sqrt{2}R$	$\sim$	R
Y〔S〕	0	$\sim$	$\frac{1}{\sqrt{2}R}$	$\sim$	$\frac{1}{R}$
E_R〔V〕	0	$\sim$	$\frac{E}{\sqrt{2}}$	$\sim$	E
E_C〔V〕	E	$\sim$	$\frac{E}{\sqrt{2}}$	$\sim$	0
ϕ〔rad〕	$\frac{\pi}{2}$	$\sim$	$\frac{\pi}{4}$	$\sim$	0

1.2 直列回路の周波数特性

$$\dot{Y} = \frac{1}{\dot{Z}} = \frac{1}{\sqrt{R^2 + \left(\frac{1}{\omega C}\right)^2}} \angle \phi$$

$$\dot{E}_R = \frac{R}{R - j\frac{1}{\omega C}} \dot{E} = \frac{R(E \angle 0°)}{\sqrt{R^2 + \left(\frac{1}{\omega C}\right)^2} \angle -\phi}$$

$$= \frac{RE}{\sqrt{R^2 + \left(\frac{1}{\omega C}\right)^2}} \angle \phi \tag{1.7}$$

$$\dot{E}_C = \frac{-j\frac{1}{\omega C}}{R - j\frac{1}{\omega C}} \dot{E} = \frac{\left(\frac{1}{\omega C} \angle -90°\right)(E \angle 0°)}{\sqrt{R^2 + \left(\frac{1}{\omega C}\right)^2} \angle -\phi}$$

$$= \frac{E}{\omega C \sqrt{R^2 + \left(\frac{1}{\omega C}\right)^2}} \angle (\phi - 90°) = \frac{E}{\sqrt{\omega^2 C^2 R^2 + 1}} \angle (\phi - 90°)$$

$$\therefore \quad \phi = \tan^{-1} \frac{1}{R\omega C}$$

上式から $\omega = 0 \sim 1/CR \sim \infty$ におけるインピーダンスの大きさ Z, アドミタンスの大きさ Y, 各端子電圧の大きさ E_R, E_C および位相角 ϕ の周波数特性の概略値は，**表 1.3** のようになる。これから回路の Z は，**図 1.8**（a）に示すように $Z = 1/\omega C$, $Z = R$ を漸近線として右下がりの特性となる。さらに回路の Y は，図（b）に示すように $Y = 1/R$ を漸近線として右上がりの特性となることがわかる。

(a) インピーダンス Z (b) アドミタンス Y (c) 端子電圧 E_R, E_C

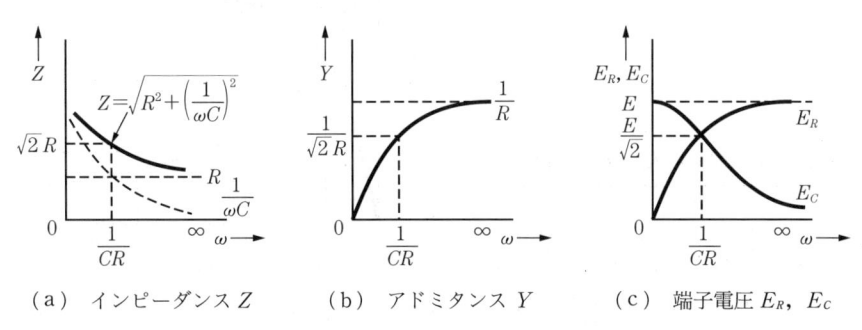

図 1.8 RC 直列回路の周波数特性

つぎに端子電圧 E_R は，図（c）に示すように上記の ω の変化に対応して，$0 \sim E/\sqrt{2} \sim E$ の右上がりの特性（**高域フィルタ**）となる。同様に E_C は，$E \sim E/\sqrt{2} \sim 0$ の右下がりの特性（**低域フィルタ**）となる。ここで $\omega = 2\pi f = 1/CR$ となるような周波数 f を RC 直列回路の**遮断周波数** f_c と呼び，$f_c = 1/2\pi CR$ で表される。このときの E_R，E_C の大きさは，RL 直列回路の場合と同様に印加電圧 E の $1/\sqrt{2}$ となる。

【例題】**1.2** 図 1.7 に示した RC 直列回路において，$\dot{E} = 1\,\mathrm{V}$ で $R = 2\,\mathrm{k\Omega}$，$C = 1\,\mathrm{\mu F}$ のとき，各端子電圧 E_R，E_C の周波数特性と遮断周波数 f_c を求めよ。ただし特性の横軸は角周波数 ω でなく周波数 f とする。

【解】 式 (1.7) の E_R と E_C に上記の値をおのおの代入して求める。

$$E_R = \frac{RE}{\sqrt{R^2 + \left(\frac{1}{\omega C}\right)^2}} = \frac{2 \times 10^3 \times 1}{\sqrt{(2 \times 10^3)^2 + \left(\frac{1}{2\pi f \times 1 \times 10^{-6}}\right)^2}}$$

$$= \frac{2 \times 10^3}{\sqrt{(2 \times 10^3)^2 + \left(\frac{10^6}{2\pi f}\right)^2}} \tag{1.8}$$

$$E_C = \frac{E}{\sqrt{(\omega CR)^2 + 1}} = \frac{1}{\sqrt{(2\pi f \times 1 \times 10^{-6} \times 2 \times 10^3)^2 + 1}}$$

$$= \frac{1}{\sqrt{(4\pi f \times 10^{-3})^2 + 1}}$$

遮断周波数 f_c は

$$f_c = \frac{1}{2\pi CR} = \frac{1}{2 \times 3.14 \times 1 \times 10^{-6} \times 2 \times 10^3} = \frac{10^3}{12.56} \cong 79.6\,\mathrm{Hz} \tag{1.9}$$

表 1.4 f に対する E_R，E_C の概略値

f〔Hz〕	0	f_c 79.6	250	500	∞
E_R〔V〕	0	0.707	0.953	0.986	1.00
E_C〔V〕	1.00	0.707	0.303	0.157	0

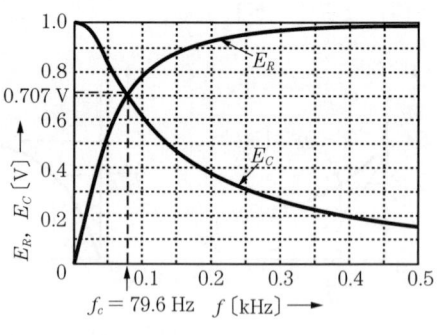

図 1.9 RC 直列回路の E_R，E_C の周波数特性

E_R, E_C の $f=0 \sim f_c \sim \infty$ における周波数特性の概略値は，**表1.4** となる．表1.4 から E_R, E_C の周波数特性は，**図1.9** のように表せる．

1.3 フェーザ軌跡（ベクトル軌跡）

交流回路において，R, L, C などの回路定数や周波数の大きさが変化すると，回路に流れる電流や端子電圧などが変化する．この変化の概略を知るためには，フェーザ（ベクトル）の先端がどのように移動するか，すなわち**フェーザ軌跡**（phasor locus），別名**ベクトル軌跡**（vector locus）を画くことにより求めることができる．

1.3.1 直線状のフェーザ軌跡

図1.10（a）に示す RL 直列回路において，角周波数 ω を変化させたときのインピーダンス $\dot{Z}$ のフェーザ軌跡を求めてみよう．回路のインピーダンス $\dot{Z}$ は

$$\dot{Z} = R + j\omega L \tag{1.10}$$

ここで ω を $0 \sim \infty$ まで変化させると，$\dot{Z}$ は図（b）に示すように $R \sim \infty$ まで変化し，実軸の R と垂直に a→b のようなフェーザ軌跡となる．

つぎに ω を一定にして，インダクタンス L の大きさを $0 \sim \infty$ まで変化させたときの $\dot{Z}$ は，図（c）に示すように ω を変化させた場合と同様になる．

（a）RL 直列回路 （b）$\dot{Z}$ のフェーザ軌跡（ω を変化） （c）$\dot{Z}$ のフェーザ軌跡（L を変化）

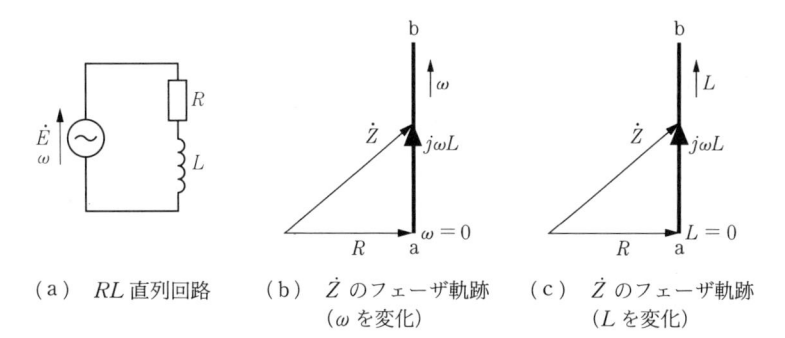

図1.10 RL 直列回路における直線状のフェーザ軌跡

さらに RC 直列回路の場合は，ω やキャパシタンス C の大きさを $0\sim\infty$ まで変化させると，$\dot{Z}$ は $-\infty\sim R$ まで変化する直線状のフェーザ軌跡となる。

[例題] 1.3 図 1.11（a）に示す RC 並列回路で，角周波数 ω もしくはキャパシタンス C の大きさを変化させたとき，流れる電流 $\dot{I}$ のフェーザ軌跡を求めよ。

（a） RC 並列回路

（b） $\dot{I}$ のフェーザ軌跡（ω を変化）

（c） $\dot{I}$ のフェーザ軌跡（C を変化）

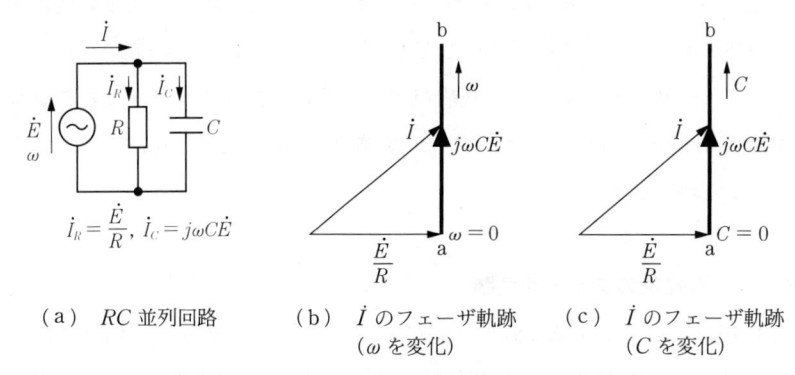

図 1.11 RC 並列回路における直線状のフェーザ軌跡

[解] 電流 $\dot{I}$ の式を求めて，ω や C を変化させたときのフェーザ軌跡を画く。

$$\dot{I} = \dot{I}_R + \dot{I}_C = \frac{\dot{E}}{R} + \frac{\dot{E}}{\frac{1}{j\omega C}} = \left(\frac{1}{R} + j\omega C\right)\dot{E} \tag{1.11}$$

ω を $0\sim\infty$ まで変化させたとき，電流 $\dot{I}$ は図（b）に示すように $E/R\sim\infty$ まで変化し，実軸の E/R と垂直に a → b のような直線状のフェーザ軌跡となる。つぎに ω を一定にして，L を $0\sim\infty$ まで変化させたときの電流 $\dot{I}$ は，図（c）に示すように ω を変化させた場合と同様になる。

1.3.2 半円周状のフェーザ軌跡

図 1.12（a）に示す RL 直列回路において，ω を一定にして抵抗 R を変化させたとき，抵抗 R の端子電圧 $\dot{E}_R$ のフェーザ軌跡を画いてみよう。

ここで，$\dot{E}_L$ は $\dot{E}_R$ より $\pi/2$ 進んでいて，印加電圧 $\dot{E}$ は $\dot{E} = \dot{E}_R + \dot{E}_L$ と一定なことから $\dot{E}_R$ を表すフェーザ軌跡は，$\dot{E}$ を直径とする半円周となることがわかる。

$\dot{E}_R$ のフェーザ軌跡が半円周になることを求めてみよう。はじめに $\dot{E}_R$ は

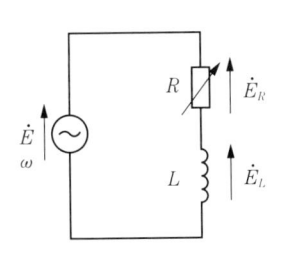

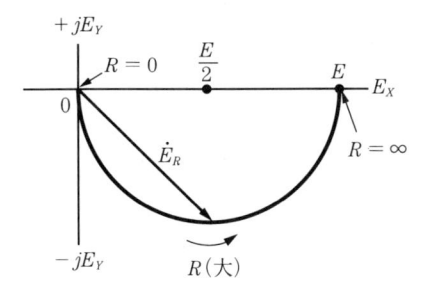

1.3 フェーザ軌跡（ベクトル軌跡）

(a) RL 直列回路　　　　(b) $\dot{E}_R$ のフェーザ軌跡

図 1.12 RL 直列回路の半円周状のフェーザ軌跡

$$\dot{E}_R = \frac{R}{R + j\omega L}\dot{E} = \frac{R(R - j\omega L)}{(R + j\omega L)(R - j\omega L)}\dot{E} = \frac{R^2 - j\omega LR}{R^2 + \omega^2 L^2}\dot{E}$$

$$= \frac{R^2 \dot{E}}{R^2 + \omega^2 L^2} - j\frac{\omega LR\dot{E}}{R^2 + \omega^2 L} = E_X - jE_Y \tag{1.12}$$

$$\therefore \quad E_X = \frac{R^2 E}{R^2 + \omega^2 L^2},\ E_Y = \frac{\omega LRE}{R^2 + \omega^2 L},\ \dot{E} = E\angle 0° \tag{1.13}$$

変数である抵抗 R を消去するために，上式において E_X/E_Y を行うと R は

$$\frac{E_X}{E_Y} = \frac{R^2 E}{\omega LRE} = \frac{R}{\omega L}$$

$$R = \frac{\omega L E_X}{E_Y} \tag{1.14}$$

上式の R を式 (1.13) の E_Y に代入して円の式を求める。

$$E_Y = \frac{\omega L E \left(\dfrac{\omega L E_X}{E_Y}\right)}{\left(\dfrac{\omega L E_X}{E_Y}\right)^2 + \omega^2 L^2} = \frac{\omega^2 L^2 E E_X E_Y}{\omega^2 L^2 E_X{}^2 + \omega^2 L^2 E_Y{}^2} \tag{1.15}$$

上式を整理して簡単にすると

$$\frac{EE_X}{E_X{}^2 + E_Y{}^2} = 1$$

$$E_X{}^2 - EE_X + E_Y{}^2 = 0$$

$$\left(E_X - \frac{E}{2}\right)^2 - \left(\frac{E}{2}\right)^2 + E_Y{}^2 = 0$$

$$\left(E_X - \frac{E}{2}\right)^2 + E_Y{}^2 = \left(\frac{E}{2}\right)^2 \tag{1.16}$$

上式は，$(E/2, 0)$ を中心とした半径 $E/2$ の円の式を表しているが，式 (1.12) から $\dot{E}_R$ の虚部が $-E_Y \leq 0$ なので，図 1.12（b）に示すように円の下半分が $\dot{E}_R$ のフェーザ軌跡となる。このほかにも ω や L を変化させたときの各端子電圧 $\dot{E}_R$，$\dot{E}_L$ も半円周状のフェーザ軌跡となる。

[例題] **1.4** 図 1.13（a）に示す RC 直列回路において，$\dot{E} = 100\angle 0°$ [V] で $X_C = 25\,\Omega$ のとき，抵抗 R を $0\sim\infty$ まで変化させたときの回路に流れる電流 $\dot{I}$ のフェーザ軌跡を求めよ。

（a）RC 直列回路　　　（b）$\dot{I}$ のフェーザ軌跡

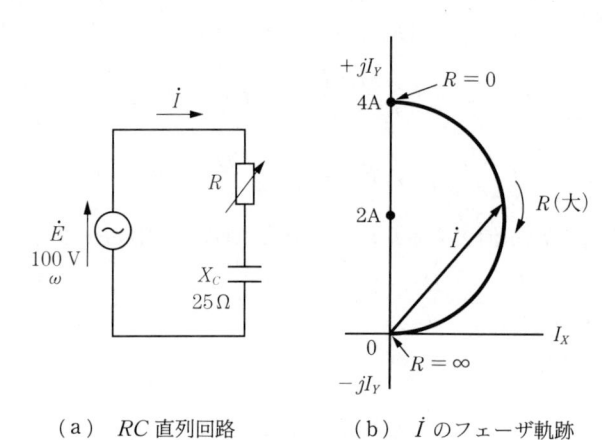

図 1.13 RC 直列回路の半円周状のフェーザ軌跡

[解] 電流 $\dot{I}$ の式を求めて，R を変化させたときのフェーザ軌跡を画く。

$$\dot{I} = \frac{\dot{E}}{R - jX_C} = \frac{100\angle 0°}{R - j25} = \frac{100(R + j25)}{(R - j25)(R + j25)}$$

$$= \frac{100R + j2500}{R^2 + 625} = \frac{100R}{R^2 + 625} + j\frac{2500}{R^2 + 625} = I_X + jI_Y \tag{1.17}$$

RL 直列回路の場合と同様な方法で，抵抗 R を消去して円の式を求めると

$$I_X{}^2 + (I_Y - 2)^2 = 2^2 \tag{1.18}$$

上式は，(0 A, 2 A) を中心とした半径 2 A の円を表しているが，式 (1.17) から電流 $\dot{I}$ の虚部が $I_Y \geq 0$ なので，図（b）に示すように円の右半分が電流 $\dot{I}$ のフェーザ軌跡となる。

演 習 問 題

(1) 図1.4に示した RL 直列回路において，$\dot{E}=10\,\mathrm{V}$ で $R=5\,\mathrm{k\Omega}$，$L=0.4\,\mathrm{H}$ のとき，各端子電圧 E_R，E_L とその周波数特性の概形および遮断周波数 f_c を求めよ。ただし特性の横軸は角周波数 ω でなく周波数 f とする。

(2) 図1.7に示した RC 直列回路において，$\dot{E}=1\,\mathrm{V}$ で $R=1\,\mathrm{k\Omega}$，$C=0.1\,\mathrm{\mu F}$ のとき，各端子電圧 E_R，E_C とその周波数特性の概形および遮断周波数 f_c を求めよ。ただし特性の横軸は角周波数 ω でなく周波数 f とする。

(3) 図1.14に示す直並列回路において，$\dot{E}=5\,\mathrm{V}$ で $R_1=2\,\mathrm{k\Omega}$，$L=0.1\,\mathrm{H}$，$C=1\,\mathrm{\mu F}$ のとき，端子電圧 E_C とその周波数特性の概形を求めよ。ただし特性の横軸は角周波数 ω でなく周波数 f とする。

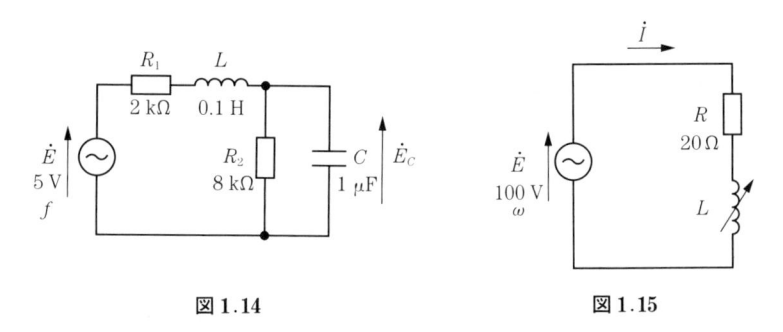

図1.14　　　図1.15

(4) 図1.10（a）に示した RL 直列回路において，$R=100\,\Omega$，$L=0.1\,\mathrm{H}$ のとき，角周波数 ω を変化させたときのインピーダンス $\dot{Z}$ のフェーザ軌跡を求めよ。

(5) 図1.13（a）に示した RC 直列回路において，抵抗 R を $0\sim\infty$ まで変化させたとき，R の端子電圧 $\dot{E}_R$ のフェーザ軌跡を求めよ。

(6) 図1.15に示す RL 直列回路において，$\dot{E}=100\,\mathrm{V}$ で $R=20\,\Omega$ のとき，インダクタンス L を変化させたとき回路に流れる電流 $\dot{I}$ のフェーザ軌跡を求めよ。

2 直列共振回路

交流回路の応用として，RLC 直列回路において電源の周波数を変化させたときに，流れる電流や各端子電圧の大きさがどのように変化するかについて述べる。この周波数特性を直列共振特性と呼ぶが，身近な応用例としてはラジオ放送などの放送電波をアンテナで受信するときに，目的とする放送局の周波数に**同調**（tuning）をとるアナログ式のチューナなどがある。

2.1 直列共振周波数とその特性

図 2.1（a）に**ラジオの受信回路**の概略を示す。図（a）の受信回路を等価変換すると図（b）のような RLC 直列回路になる。ここで $\dot{E}$ はアンテナに誘起（発生）する**放送電波の電圧**，R は**アンテナの抵抗**，L は**コイル**（インダクタンス）および C は放送局を選局するときの**可変コンデンサ**で，図 2.2 のラジオ受信機の内部に示すように**空気コンデンサ（バリコン）**が用いられている。

(a) ラジオの受信回路　　(b) RLC 直列回路

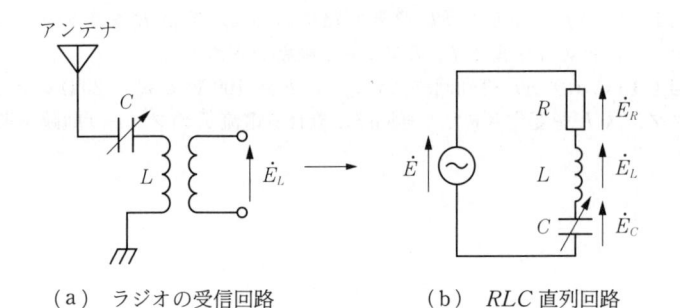

図 2.1　直列共振回路の例

2.1 直列共振周波数とその特性

図2.2 ラジオ受信機の内部

この RLC 直列回路において，R，L，C が定数のとき印加電圧 $\dot{E}$ と流れる電流 $\dot{I}$ が同相になる条件とそのときの周波数 f_r を求めてみよう。

回路のインピーダンス $\dot{Z}$ と流れる電流 $\dot{I}$ は

$$\dot{Z} = R + j\left(\omega L - \frac{1}{\omega C}\right) = \sqrt{R^2 + \left(\omega L - \frac{1}{\omega C}\right)^2} \angle \phi \tag{2.1}$$

$$\dot{I} = \frac{\dot{E}}{\dot{Z}} = \frac{E}{\sqrt{R^2 + \left(\omega L - \frac{1}{\omega C}\right)^2}} \angle -\phi \tag{2.2}$$

$$\therefore \quad \phi = \tan^{-1}\frac{\omega L - \dfrac{1}{\omega C}}{R}$$

$\dot{E}$ と $\dot{I}$ が同相となるには，式 (2.1) の ($\dot{Z}$ の虚部) $= 0$ なので，これから ω を求めると

$$\omega L = \frac{1}{\omega C} \tag{2.3}$$

$$\omega^2 LC = 1$$

$$\omega^2 = \frac{1}{LC}$$

$\omega > 0$ より，共振時の角周波数 ω を ω_r とおくと

2. 直列共振回路

$$\omega_r = \frac{1}{\sqrt{LC}} \tag{2.4}$$

上式において，$\omega_r = 2\pi f_r$ を代入して f_r を求めると

$$2\pi f_r = \frac{1}{\sqrt{LC}}$$

$$\therefore \quad f_r = \frac{1}{2\pi\sqrt{LC}} \tag{2.5}$$

上式の f_r を**直列共振周波数**（series resonance frequency）と呼び，単位はヘルツ〔Hz〕である。**直列共振時の共振インピーダンス** $\dot{Z}_r$ と共振電流 I_r は，式 (2.1) と (2.2) に $\omega L - 1/\omega C = 0$ をそれぞれ代入して求めると

$$\dot{Z}_r = R \tag{2.6}$$

$$I_r = \frac{E}{R} \tag{2.7}$$

したがって，**直列共振回路の共振時のインピーダンス $\dot{Z}_r$ は最小値の R となるが，共振時の電流 I_r は反対に最大値の E/R となる。**

電源（印加電圧）の周波数 f に対するリアクタンス X と流れる電流 I の関係を**表 2.1** に，その周波数特性と共振曲線を図 2.3（a），（b）に示す。

図（a）において，周波数の変化に対して誘導性リアクタンスの $X_L = \omega L$ は比例特性となり，これに対して容量性リアクタンスの $X_C = 1/\omega C$ は反比例

表 2.1 電源の周波数 f に対するリアクタンス X と流れる電流 I の関係

周波数 f	リアクタンス X	電流 I
$f < f_r$	$\omega L < \dfrac{1}{\omega C}$ （X_C 性）	$\dfrac{E}{\sqrt{R^2 + \left(\omega L - \dfrac{1}{\omega C}\right)^2}} \angle \phi$ （進み電流）
$f = f_r$ （共振時）	$\omega L = \dfrac{1}{\omega C}$ （実部のみ）	$\dfrac{E}{R}$ （$\phi = 0$，同相）
$f > f_r$	$\omega L > \dfrac{1}{\omega C}$ （X_L 性）	$\dfrac{E}{\sqrt{R^2 + \left(\omega L - \dfrac{1}{\omega C}\right)^2}} \angle -\phi$ （遅れ電流）

2.1 直列共振周波数とその特性

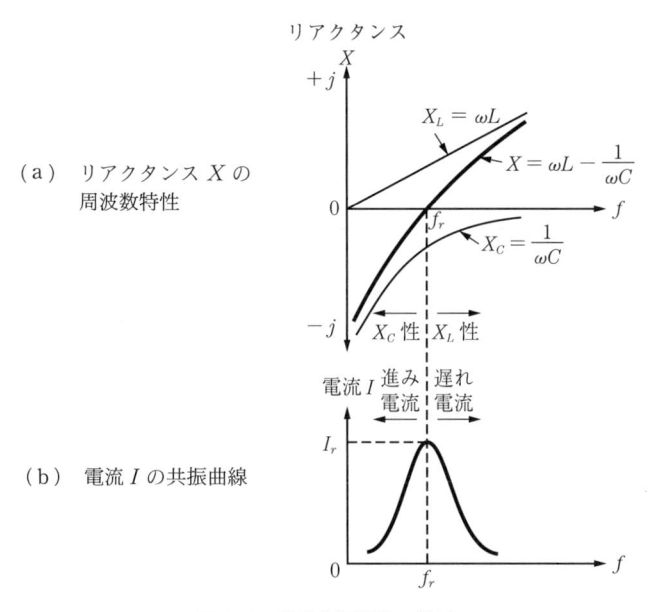

(a) リアクタンス X の周波数特性

(b) 電流 I の共振曲線

図 2.3 直列共振回路の特性

特性となっている。この両者を特性上合成するとそのリアクタンス X は，$\omega L - 1/\omega C$ となり，図に示すように必ず周波数軸と交わるすなわち直列共振周波数をもつ特性となることがわかる。

図(b)の共振曲線において，周波数の変化に対して回路に流れる電流 I の変化をみると，$f = f_r$ の共振時に $I_r = E/R$ の最大電流が流れることがわかる。ここでインダクタンス L の巻線による抵抗分（巻線抵抗または直流抵抗）r が，R の大きさに比べて無視できない場合の共振時の電流 I_r は，式(2.8)となり，大きさが $I_r = E/R$ より減少する。

$$I_r = \frac{E}{R + r} \tag{2.8}$$

[例題] 2.1 図 2.4 に示す直列共振回路の直列共振周波数 f_r を求めよ。

[解] 回路のインピーダンス $\dot{Z}$ を求め，$(\dot{Z}$ の虚部$) = 0$ から f_r を求める。

$$\dot{Z} = \frac{1}{j\omega C} + \frac{j\omega L R}{R + j\omega L} = \frac{1}{j\omega C} + \frac{j\omega L R (R - j\omega L)}{(R + j\omega L)(R - j\omega L)}$$

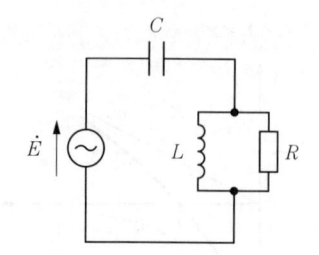

図 2.4 直列共振回路

$$= \frac{1}{j\omega C} + \frac{\omega^2 L^2 R + j\omega L R^2}{R^2 + \omega^2 L^2} = \frac{\omega^2 L^2 R}{R^2 + \omega^2 L^2} + j\left(\frac{\omega L R^2}{R^2 + \omega^2 L^2} - \frac{1}{\omega C}\right) \tag{2.9}$$

上式の（$\dot{Z}$ の虚部）= 0 から ω を求めると

$$\frac{\omega L R^2}{R^2 + \omega^2 L^2} = \frac{1}{\omega C} \tag{2.10}$$

$$R^2 + \omega^2 L^2 = \omega^2 L C R^2$$

$$\omega^2 L (C R^2 - L) = R^2$$

$$\omega^2 = \frac{R^2}{L(CR^2 - L)}$$

$\omega > 0$ より，共振時の角周波数 ω を ω_r とおくと

$$\omega_r = \sqrt{\frac{R^2}{L(CR^2 - L)}} \tag{2.11}$$

$\omega_r = 2\pi f_r$ から f_r を求めると

$$\therefore \quad f_r = \frac{1}{2\pi}\sqrt{\frac{R^2}{L(CR^2 - L)}} \tag{2.12}$$

上式が成立するためには平方根の中が正なので，これから R の条件は

$$CR^2 - L > 0$$

$$CR^2 > L$$

$$R^2 > \frac{L}{C}$$

$R > 0$ より

$$\therefore \quad R > \sqrt{\frac{L}{C}} \tag{2.13}$$

2.2 電圧拡大率 Q

図 2.3（b）に示した，直列共振回路に流れる電流 $\dot{I}$ の共振曲線において，

2.2 電圧拡大率 Q

共振の鋭さ（シャープさ）Q について考えてみよう。

直列共振時の電流を $\dot{I}_r = \dot{E}/R$，角周波数を ω_r とおいたときの各端子電圧 $\dot{E}_R$，$\dot{E}_L$，$\dot{E}_C$ を求めると

$$\dot{E}_R = R\dot{I}_r = R\frac{\dot{E}}{R} = \dot{E} \tag{2.14}$$

$$\dot{E}_L = j\omega_r L \dot{I}_r = j\frac{\omega_r L \dot{E}}{R} \tag{2.15}$$

$$\dot{E}_C = \frac{1}{j\omega_r C}\dot{I}_r = \frac{\dot{E}}{j\omega_r C R} \tag{2.16}$$

各端子電圧の大きさ E_R，E_L，E_C を求めると

$$E_R = E \tag{2.17}$$

$$E_L = \frac{\omega_r L E}{R} \tag{2.18}$$

$$E_C = \frac{E}{\omega_r C R} \tag{2.19}$$

ここで**図 2.5** に直列共振時の電圧と電流のフェーザ図を示す。図から $\dot{E}_L$ と $\dot{E}_C$ の大きさが等しく方向が反対なので，おたがいにうち消し合って虚部が 0 となる。その結果，印加電圧 $\dot{E} = \dot{E}_R$ と流れる電流 $\dot{I}_r = \dot{E}/R$ は同相となる。

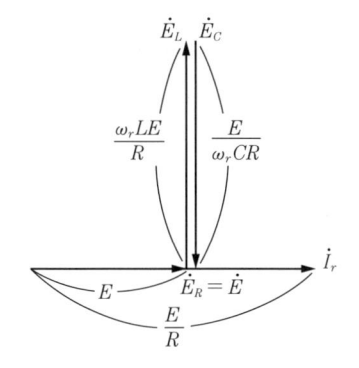

図 2.5 直列共振時の電圧と電流のフェーザ図

先に述べた**直列共振回路の Q**（quality factor）は**電圧拡大率**と呼ばれ，共振曲線のシャープさを表す目安となっており，次式のように定義されている。

$$Q = \frac{E_L}{E} = \frac{E_C}{E} \tag{2.20}$$

上式に，式 (2.18) と式 (2.19) を代入して Q を求めると

$$Q = \frac{\omega_r L}{R} = \frac{1}{\omega_r C R} \tag{2.21}$$

上式において，通常 $\omega_r L \gg R$，$1/\omega_r C \gg R$ が成立するので，$Q \gg 1$ となり，E_L と E_c は $E_L = E_c = QE$ から印加電圧 E より大きくなる。

式 (2.21) の ω_r に式 (2.4) を代入すると Q は

$$Q = \frac{\omega_r L}{R} = \frac{\frac{1}{\sqrt{LC}} L}{R} = \frac{L}{R\sqrt{LC}} = \frac{1}{R}\sqrt{\frac{L}{C}} \tag{2.22}$$

R，L，C の値が既知の場合は，上式を用いると Q が簡単に求まる。また**インダクタンスの巻線抵抗** r が R に対して無視できない場合の Q は

$$Q = \frac{\omega_r L}{R+r} = \frac{1}{\omega C_r (R+r)} = \frac{1}{R+r}\sqrt{\frac{L}{C}} \tag{2.23}$$

【例題】**2.2** 図 2.1 (b) に示した回路において，$R = 1\,\text{k}\Omega$，$L = 0.1\,\text{H}$，$C = 0.01\,\mu\text{F}$ および L の巻線抵抗を $r = 100\,\Omega$ とする。直列共振周波数 f_r，共振時の電流 I_r，電圧拡大率 Q を求めよ。ただし，$E = 10\,\text{V}$ とする。

【解】 式 (2.5) から f_r が求まる。R に対して r の大きさが 10 % と無視できないので，式 (2.8) から I_r，式 (2.23) から Q を求める。

$$f_r = \frac{1}{2\pi\sqrt{LC}} = \frac{1}{2 \times 3.14\sqrt{0.1 \times 0.01 \times 10^{-6}}} = \frac{1}{6.28\sqrt{10 \times 10^{-10}}}$$

$$= \frac{1}{6.28\sqrt{10} \times 10^{-5}} = \frac{10^5}{6.28 \times 3.16} \cong 5.04 \times 10^3 = 5.04\,\text{kHz} \tag{2.24}$$

$$I_r = \frac{E}{R+r} = \frac{10}{1\,000 + 100} \cong 9.09 \times 10^{-3} = 9.09\,\text{mA} \tag{2.25}$$

$$Q = \frac{1}{R+r}\sqrt{\frac{L}{C}} = \frac{1}{1\,000 + 100}\sqrt{\frac{0.1}{0.01 \times 10^{-6}}} = \frac{1}{1\,100}\sqrt{10^7}$$

$$= \frac{1}{1\,100}\sqrt{10 \times 10^6} = \frac{\sqrt{10}}{1\,100} \times 10^3 = \frac{3.16}{1.1} \cong 2.87 \tag{2.26}$$

参考までに共振時の各端子電圧 E_R，E_L，E_c を求めてみると

$$E_R = RI_r = 1\,\text{k}\Omega \times 9.09\,\text{mA} = 9.09\,\text{V} \tag{2.27}$$

$$E_L = E_c = QE = 2.87 \times 10\,\text{V} = 28.7\,\text{V} \tag{2.28}$$

式 (2.27) から E_R は L の巻線抵抗 $r = 100\,\Omega$ のために，印加電圧 $E = 10\,\text{V}$ より減少していることがわかる。さらに式 (2.28) から E_L，E_c は，$E = 10\,\text{V}$ を Q 倍した 28.7 V の大きな電圧が得られている。

この例題の各端子電圧の**シミュレーション**による周波数特性を**図2.6**に示す。縦軸は，各端子電圧の大きさを表している。ここで $|\dot{E}_L + \dot{E}_C|$ は，L と C を直列接続した両端の電圧の大きさを表している。また流れる電流 I は，E_R と同じ周波数特性となるが，縦軸の $10\,\mathrm{V} \to 10\,\mathrm{mA}$ に変換して読みとる。

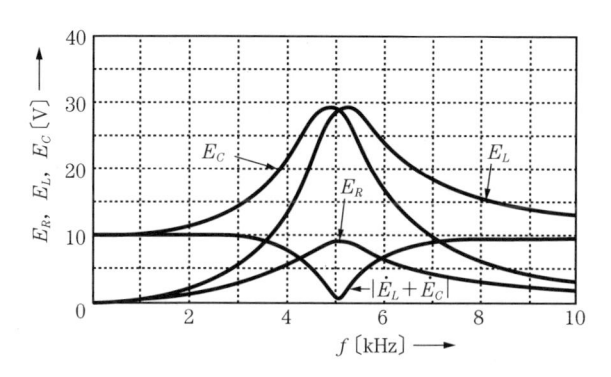

図2.6 シミュレーションによる周波数特性

（注）例題2.2において，R に対して r の大きさが無視できるかどうかを判断する場合の決まりはないが，本テキストではその比が $\pm 5\%$ を境にして，それより小さいときは無視できる，反対にそれより大きいときは無視できないとしている。

2.3　選択度 S と回路の Q

図2.1（a）に示したラジオの受信回路において，アンテナには多くの放送局からの電波が誘起される。例えば**図2.7**の共振曲線の形状と放送電波の選局に示すように，ch.3（チャンネル3）の放送局を受信するためには，直列共振回路の可変コンデンサ C を調整してその局の周波数に共振させ同調をとる。その結果，共振すると出力電圧 E_L はアンテナの**誘起電圧** E が Q 倍と大きくなって出力される。ここで共振曲線の形状，すなわち Q の大きさが問題となる。図2.7を用いて共振曲線の形状について考えてみる。

はじめに共振曲線①は ch.2 に同調しているが，Q が小さくなだらかなた

2. 直列共振回路

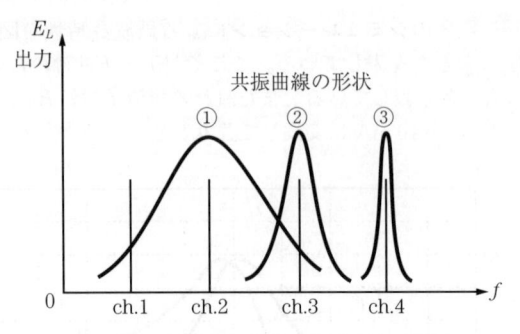

図 2.7 共振曲線の形状と放送電波の選局

めに ch.1 と ch.3 の周波数にも曲線の一部が重なっている。これを受信すると目的とする ch.2 の音声のほかに，ch.1 と ch.3 の音声がわずかながら聞こえるという耳ざわりな**混信状態**となる。共振曲線②は ch.3 に同調しているが，Q の大きさが適切なため形状がよく同調がとりやすい。共振曲線③は ch.4 に同調しているが，Q が大きすぎて曲線の幅が狭くなり，そのため同調がとりにくい。したがって共振曲線の Q には，その回路の目的に適した大きさが存在する。ここで周波数が共振点から離れるにつれて，共振回路に流れる電流や各端子電圧が減少していくが，この程度を表すのに**選択度**（selectivity）S が用いられている。

図 2.8 に示す周波数 f に対する電流 I の共振曲線において，共振時の電流 I_r に対して，$I_r/\sqrt{2}$ と交わる二つの周波数を f_1, f_2 とおくと，選択度 S は次式のように定義される。

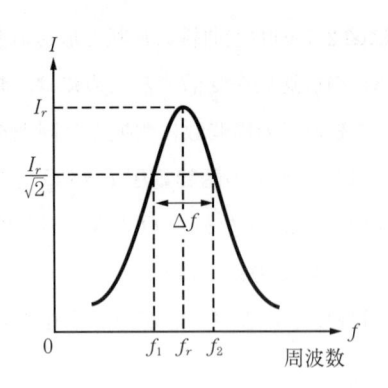

図 2.8 周波数 f に対する電流 I の共振曲線

$$S = \frac{f_r}{f_2 - f_1} = \frac{f_r}{\Delta f} \tag{2.29}$$

ここで，Δf を **半値幅** と呼んでいる．また上式に示す選択度 S と電圧拡大率 Q の関係は，証明は省略するが次式のようにおたがいに等しくなる．

$$Q = \frac{f_r}{f_2 - f_1} = \frac{f_r}{\Delta f} \tag{2.30}$$

上式は測定値から共振曲線を画き Q を求めるときに多く用いられる式である．

[例題] 2.3 図 2.8 に示す電流 I の共振曲線において，$f_r = 600\,\mathrm{kHz}$，$f_1 = 590\,\mathrm{kHz}$，$f_2 = 610\,\mathrm{kHz}$ であった．電圧拡大率 Q を求めよ．

[解] 式 (2.30) に上記の値を代入して求める．

$$Q = \frac{f_r}{f_2 - f_1} = \frac{600\,\mathrm{k}}{610\,\mathrm{k} - 590\,\mathrm{k}} = \frac{600\,\mathrm{k}}{20\,\mathrm{k}} = 30 \tag{2.31}$$

図 2.9 に示すキャパシタンス C に対する電流 I の共振曲線において，周波数を共振周波数 f_r に合わせたときの共振時の電流 I_r に対して，$I_r/\sqrt{2}$ と交差する二つのキャパシタンスの値を C_1，C_2 とおくと，電圧拡大率 Q は次式のようになる．

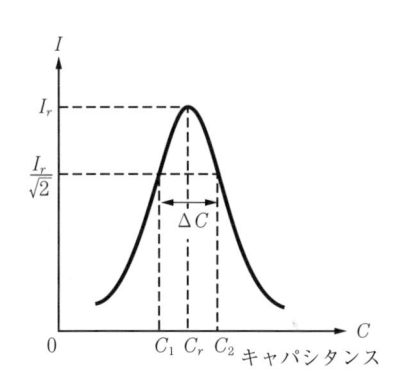

図 2.9 キャパシタンス C に対する電流 I の共振曲線

$$Q = \frac{2C_r}{C_2 - C_1} \tag{2.32}$$

[例題] 2.4 図 2.9 に示す電流 I の共振曲線において，$C_r = 100\,\mathrm{pF}$，$C_1 = 95\,\mathrm{pF}$，$C_2 = 105\,\mathrm{pF}$ であった．電圧拡大率 Q を求めよ．

[解] 式 (2.32) に上記の値を代入して求める．

$$Q = \frac{2C_r}{C_2 - C_1} = \frac{2 \times 100\,\mathrm{p}}{105\,\mathrm{p} - 95\,\mathrm{p}} = \frac{200\,\mathrm{p}}{10\,\mathrm{p}} = 20 \tag{2.33}$$

演習問題

(1) 図2.1(b)に示す回路において，$E = 50\,\mu\mathrm{V}$, $R = 10\,\Omega$, $L = 100\,\mu\mathrm{H}$のとき以下の問に答えよ。
 (a) $f_r = 1\,\mathrm{MHz}$で直列共振した。そのときの C を求めよ。
 (b) 共振時の電流 I_r を求めよ。
 (c) 回路の電圧拡大率 Q を求めよ。
 (d) 共振時の L の端子電圧 E_L を求めよ。
(2) 図2.1(b)に示す回路において $E = 10\,\mathrm{V}$, $R = 10\,\Omega$, $L = 1\,\mathrm{mH}$, $C = 1\,\mu\mathrm{F}$のとき以下の問に答えよ。
 (a) 直列共振周波数 f_r を求めよ。
 (b) 共振時の電流 I_r を求めよ。
 (c) 回路の電圧拡大率 Q を求めよ。
 (d) 共振時の L の端子電圧 E_L を求めよ。
(3) 図2.10に示す回路の直列共振周波数 f_r を求めよ。

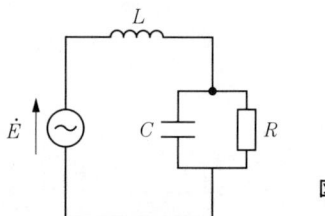

図2.10

(4) 図2.4に示す回路で L の巻線抵抗 r が無視できないときの直列共振周波数 f_r を求めよ。
(5) 式(2.30)を導出せよ。
(6) 式(2.32)を導出せよ。

3 並列共振回路

　この章では RLC 並列回路において電源の周波数を変化させたときに，流れる電流の大きさがどのように変化するかについて述べる。この周波数特性を並列共振もしくは反共振特性と呼ぶが，応用例としてはラジオ受信機をはじめ無線機などの多段増幅回路の結合回路（同調回路）に用いられている。

3.1 並列共振周波数とその特性

　図 3.1（a）に一般的な RLC 並列共振回路を示す。この回路において，R，L，C が定数のとき印加電圧 $\dot{E}$ と流れる電流 $\dot{I}$ が同相になる条件とそのときの周波数 f_r を求めてみよう。ここで抵抗 R は L の巻線抵抗などである。

（a）　RLC 並列共振回路　　　　（b）　LC 並列共振回路

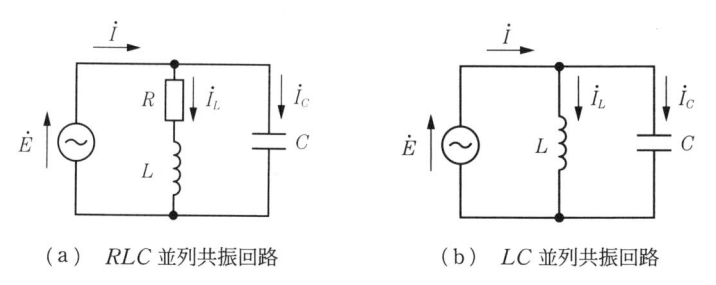

図 3.1　並列共振回路

回路のアドミタンス $\dot{Y}$ と流れる電流 $\dot{I}$ は

$$\dot{Y} = \frac{1}{R+j\omega L} + \frac{1}{\dfrac{1}{j\omega C}} = \frac{R-j\omega L}{(R+j\omega L)(R-j\omega L)} + j\omega C$$

$$= \frac{R}{R^2+\omega^2 L^2} + j\left(\omega C - \frac{\omega L}{R^2+\omega^2 L^2}\right) = G + jB \tag{3.1}$$

3. 並列共振回路

$$\dot{I} = \dot{Y}\dot{E} = \left\{\frac{R}{R^2 + \omega^2 L^2} + j\left(\omega C - \frac{\omega L}{R^2 + \omega^2 L^2}\right)\right\}\dot{E} \tag{3.2}$$

$\dot{E}$ と $\dot{I}$ が同相となるには，式 (3.1) の（$\dot{Y}$ の虚部）$= 0$，すなわちサセプタンス B が $B = 0$ なので，これから ω を求めると

$$\omega C = \frac{\omega L}{R^2 + \omega^2 L^2} \tag{3.3}$$

$$C(R^2 + \omega^2 L^2) = L$$

$$\omega^2 L^2 = \frac{L}{C} - R^2$$

$$\omega^2 = \frac{1}{LC} - \frac{R^2}{L^2} \tag{3.4}$$

$\omega > 0$ より，共振時の角周波数 ω を ω_r とおくと

$$\omega_r = \sqrt{\frac{1}{LC} - \frac{R^2}{L^2}} \tag{3.5}$$

上式に $\omega_r = 2\pi f_r$ を代入して f_r を求めると

$$\therefore \quad f_r = \frac{1}{2\pi}\sqrt{\frac{1}{LC} - \frac{R^2}{L^2}} \tag{3.6}$$

上式が成立するためには，$f_r > 0$ より平方根の中が正なので R の条件は

$$\frac{1}{LC} > \frac{R^2}{L^2}$$

$$R^2 < \frac{L}{C}$$

$R > 0$ より

$$\therefore \quad R < \sqrt{\frac{L}{C}} \tag{3.7}$$

上式の f_r を**並列共振周波数**（parallel resonance frequency）または**反共振周波数**と呼び，単位はヘルツ〔Hz〕である。

つぎに並列共振時に，回路に流れる共振電流 $\dot{I}_r$ と共振インピーダンス $\dot{Z}_r$ を求めてみよう。式 (3.2) から $\dot{I}_r$ を求めると次式となる。

$$\dot{I}_r = \frac{R}{R^2 + \omega_r^2 L^2}\dot{E} \tag{3.8}$$

また並列共振時には式 (3.3) から

$$R^2 + \omega_r^2 L^2 = \frac{L}{C} \tag{3.9}$$

式 (3.8) に式 (3.9) を代入して，$\dot{I}_r$ をより簡単にすると次式となる。

$$\therefore \dot{I}_r = \frac{R}{\dfrac{L}{C}}\dot{E} = \frac{CR}{L}\dot{E} = \frac{\dot{E}}{\dfrac{L}{CR}} = \frac{\dot{E}}{\dot{Z}_r} \tag{3.10}$$

$$\therefore \dot{Z}_r = \frac{L}{CR} \tag{3.11}$$

上式の $\dot{Z}_r$ は**並列共振インピーダンス**と呼ばれ実部のみとなる。$\dot{Z}_r$ は共振時に最大となることから，ラジオ受信機などの結合回路の負荷として用いられている。ここで式 (3.6) の平方根の中で，抵抗 R が ωL に比べて非常に小さく $1/LC \gg R^2/L^2$ が成立する場合には，図 3.1（b）に示す LC 並列共振回路となる。このとき並列共振時の角周波数 ω_r は，式 (3.5) より

$$\omega_r = \sqrt{\frac{1}{LC}} \tag{3.12}$$

並列共振周波数 f_r は，RLC 直列共振周波数と等しくなり次式で表される。

$$f_r = \frac{1}{2\pi\sqrt{LC}} \tag{3.13}$$

図 3.1（a）の RLC 並列共振回路において，**サセプタンス** B_L，B_c を用いて $\dot{I}_L$ と $\dot{I}_c$ を求めると次式となる。ただし $R \ll \omega L$ とする。

$$\dot{I}_L = \frac{\dot{E}}{R + j\omega L} \cong \frac{\dot{E}}{j\omega L} = -jB_L\dot{E} \quad \therefore \quad B_L = \frac{1}{\omega L} \tag{3.14}$$

$$\dot{I}_c = j\omega C \dot{E} = jB_c\dot{E} \quad\quad\quad\quad\quad \therefore \quad B_c = \omega C \tag{3.15}$$

サセプタンス B の周波数特性と流れる電流 I の共振曲線を**図 3.2（a）**，(b) に示す。図（a）において，周波数の変化に対して**容量性サセプタンス** $B_c = \omega C$ は比例特性となり，これに対して**誘導性サセプタンス** $B_L = 1/\omega L$ は反比例特性となっている。この両者を特性上合成すると全体のサセプタンス B は，$B = \omega C - 1/\omega L$ となり，図に示すように並列共振周波数 f_r をもつ特性となることがわかる。

3. 並列共振回路

(a) サセプタンス B の周波数特性

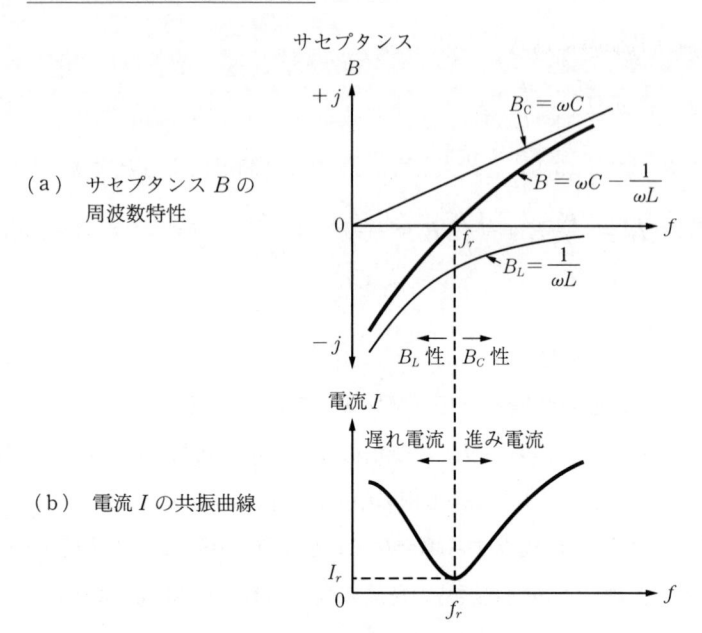

(b) 電流 I の共振曲線

図 3.2 並列共振回路の特性

図(b)の共振曲線において，周波数の変化に対して回路に流れる電流 I の変化をみると，$f = f_r$ の共振時に $I_r = (CR/L)E$ の最小値となる。しかし厳密には，R の大きさが無視できない場合の共振曲線では，共振点 f_r と最小値 I_r の周波数が一致せず，I_r の位置がわずかながら高い周波数側にずれる。

[例題] 3.1 図 3.3 に示す並列共振回路において，L や C に等しい抵抗 R がそれぞれ直列に接続された場合の並列共振周波数 f_r を求めよ。

[解] 回路の $\dot{Y}$ を求め，($\dot{Y}$ の虚部) $= 0$ から並列共振周波数 f_r を求める。
回路のアドミタンス $\dot{Y}$ は

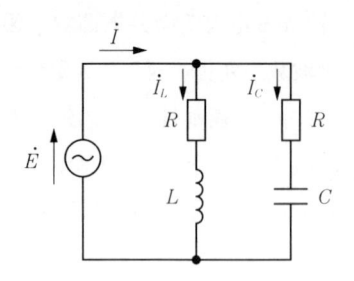

図 3.3 並列共振回路

$$\dot{Y} = \frac{1}{R+j\omega L} + \frac{1}{R+\dfrac{1}{j\omega C}} = \frac{1}{R+j\omega L} + \frac{j\omega C}{1+j\omega CR}$$

$$= \frac{R-j\omega L}{(R+j\omega L)(R-j\omega L)} + \frac{j\omega C(1-j\omega CR)}{(1+j\omega CR)(1-j\omega CR)}$$

$$= \frac{R-j\omega L}{R^2+\omega^2 L^2} + \frac{j\omega C+\omega^2 C^2 R}{1+\omega^2 C^2 R^2} = \left(\frac{R}{R^2+\omega^2 L^2} + \frac{\omega^2 C^2 R}{1+\omega^2 C^2 R^2}\right)$$

$$+ j\omega\left(\frac{C}{1+\omega^2 C^2 R^2} - \frac{L}{R^2+\omega^2 L^2}\right) \tag{3.16}$$

$\dot{E}$ と $\dot{I}$ が同相となるには,($\dot{Y}$ の虚部)$= 0$ から ω を求めると

$$\frac{C}{1+\omega^2 C^2 R^2} = \frac{L}{R^2+\omega^2 L^2}$$
$$C(R^2+\omega^2 L^2) = L(1+\omega^2 C^2 R^2)$$
$$\omega^2 LC(L-CR^2) = L-CR^2$$
$$\omega^2 = \frac{1}{LC}$$

$\omega > 0$ より,共振時の角周波数 ω を ω_r とおくと

$$\omega_r = \frac{1}{\sqrt{LC}}$$

上式に $\omega_r = 2\pi f_r$ を代入して f_r を求めると

$$f_r = \frac{1}{2\pi\sqrt{LC}} \tag{3.17}$$

上式は,すでに示した式 (3.13) の L と C だけの並列共振周波数と同様になる。

3.2 電流拡大率 Q

図 3.2(b)に示した,並列共振回路に流れる電流 $\dot{I}$ の共振曲線において,共振の鋭さ(シャープさ)Q について考えてみよう。

共振時の各電流の大きさを式 (3.10) から I_r,式 (3.14) と (3.15) から $\omega \to \omega_r$ として I_L, I_C を求めると

$$I_r = \frac{CR}{L}E \tag{3.18}$$

$$I_L = \frac{E}{\omega_r L} \tag{3.19}$$

$$I_C = \omega_r CE \tag{3.20}$$

3. 並列共振回路

図 3.4 に並列共振時の電圧と電流のフェーザ図を示す。図からインダクタンス L の巻線抵抗 R が小さいながらも存在するので，$I_r = 0$ にはならないが $\dot{E}$ と $\dot{I}_r$ が同相になることがわかる。

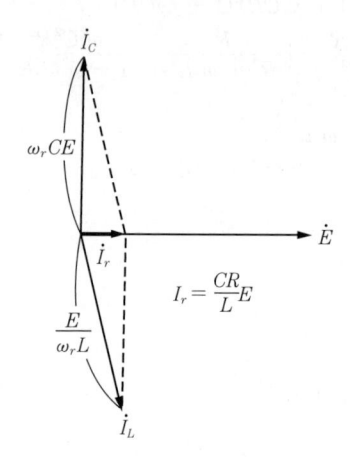

図 3.4 並列共振時の電圧と電流のフェーザ図

ここで並列共振回路の Q は**電流拡大率**と呼ばれ次式のように定義される。

$$Q = \frac{I_L}{I_r} = \frac{I_c}{I_r} \tag{3.21}$$

上式に，式 (3.18)〜(3.20) を代入して I_L/I_r，I_c/I_r を求めると

$$\frac{I_L}{I_r} = \frac{\dfrac{E}{\omega_r L}}{\dfrac{CR}{L}E} = \frac{1}{\omega_r CR} \tag{3.22}$$

$$\frac{I_c}{I_r} = \frac{\omega_r CE}{\dfrac{CR}{L}E} = \frac{\omega_r L}{R} \tag{3.23}$$

したがって Q は

$$Q = \frac{1}{\omega_r CR} = \frac{\omega_r L}{R} \tag{3.24}$$

上式において，通常 $\omega_r L \gg R$，$1/\omega_r C \gg R$ が成立するので，$Q \gg 1$ となる。その結果，I_L と I_c は $I_L = I_c = QI_r$ から電流 I_r より大きくなる。

式 (3.24) の ω_r に式 (3.12) を代入すると Q は

3.2 電流拡大率 Q 31

$$Q = \frac{\omega_r L}{R} = \frac{\frac{1}{\sqrt{LC}}L}{R} = \frac{L}{R\sqrt{LC}} = \frac{1}{R}\sqrt{\frac{L}{C}} \qquad (3.25)$$

R, L, C の値が既知の場合は，上式を用いると Q が簡単に求まる。

[例題] 3.2 図 3.1（a）に示した回路において，$R = 1\,\mathrm{k\Omega}$，$L = 0.1\,\mathrm{H}$，$C = 0.01\,\mathrm{\mu F}$ とする。並列共振周波数 f_r，共振インピーダンス Z_r，共振時の電流 I_r，電流拡大率 Q を求めよ。ただし，$E = 100\,\mathrm{V}$ とする。

[解] 式 (3.6) から f_r が求まる。式 (3.11) から Z_r，式 (3.10) から I_r，式 (3.25) から Q が求まる。

$$\begin{aligned} f_r &= \frac{1}{2\pi}\sqrt{\frac{1}{LC} - \frac{R^2}{L^2}} = \frac{1}{2\pi}\sqrt{\frac{1}{0.1 \times 0.01 \times 10^{-6}} - \left(\frac{10^3}{0.1}\right)^2} \\ &= \frac{1}{2\pi}\sqrt{10^9 - 10^8} = \frac{1}{2\pi}\sqrt{10^8(10-1)} = \frac{3 \times 10^4}{6.28} \cong 4.78\,\mathrm{kHz} \end{aligned}$$
(3.26)

$$Z_r = \frac{L}{CR} = \frac{0.1}{0.01 \times 10^{-6} \times 10^3} = \frac{0.1}{10^{-5}} = 0.1 \times 10^5 = 10\,\mathrm{k\Omega} \qquad (3.27)$$

$$I_r = \frac{E}{Z_r} = \frac{100\,\mathrm{V}}{10\,\mathrm{k\Omega}} = 10\,\mathrm{mA} \qquad (3.28)$$

$$\begin{aligned} Q &= \frac{1}{R}\sqrt{\frac{L}{C}} = \frac{1}{10^3}\sqrt{\frac{0.1}{0.01 \times 10^{-6}}} = \frac{1}{10^3}\sqrt{\frac{0.1}{10^{-8}}} = \frac{1}{10^3}\sqrt{10^7} \\ &= \frac{1}{10^3}\sqrt{10 \times 10^6} = \frac{\sqrt{10} \times 10^3}{10^3} = \sqrt{10} \cong 3.16 \end{aligned}$$
(3.29)

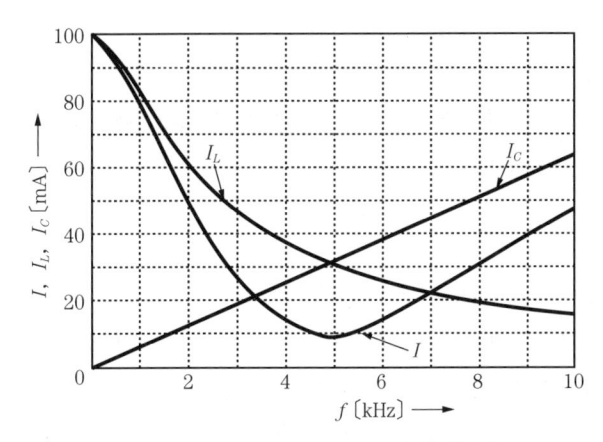

図 3.5　シミュレーションによる周波数特性

参考までにこの例題のシミュレーションによる周波数特性を図 3.5 に示す。

3.3 選択度 S と回路の Q

周波数が共振点から離れるにつれて，共振回路に流れる電流が減少していくが，この程度を表すのに直列共振回路と同様に選択度 S が用いられている。

図 3.6 に示す周波数 f に対する電流 I の共振曲線において，共振時の電流 I_r に対して，$\sqrt{2}\,I_r$ と交わる二つの周波数を f_1, f_2 とおくと，**選択度 S は次式のように定義される。**

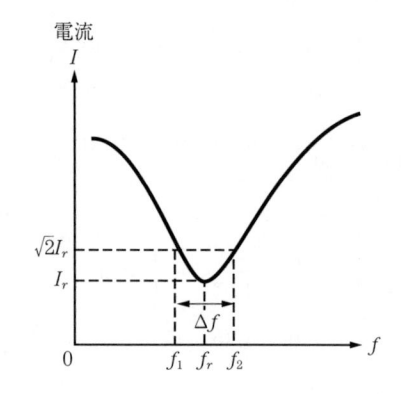

図 3.6 周波数 f に対する電流 I の共振曲線

$$S = \frac{f_r}{f_2 - f_1} = \frac{f_r}{\Delta f} \tag{3.30}$$

ここで Δf を**半値幅**と呼んでいる。また上式に示す選択度 S と電流拡大率 Q の関係は，証明は省略するが次式のようにおたがいに等しくなる。

$$Q = \frac{f_r}{f_2 - f_1} = \frac{f_r}{\Delta f} \tag{3.31}$$

上式は測定値から共振曲線を画き Q を求めるときに多く用いられる式である。

ここで第 2 章と第 3 章の共振回路のまとめとして，直列および並列共振回路の分類とそれに対する f_r, Q の式を表 3.1 に示す。

[例題] 3.3　図 3.5 に示す電流 I の共振曲線から電流拡大率 Q を求めよ。

[解]　図の共振曲線から f_1, f_r, f_2 を読みとり，式（3.31）にこの値を代入して求

3.3 選択度 S と回路の Q

表 3.1 共振回路の分類

共振回路の種類	回　路	条　件	共振周波数 f_r	共振の鋭さ Q
直列共振回路		$\dot{Z}$ の虚部 $= 0$	$f_r = \dfrac{1}{2\pi\sqrt{LC}}$	$Q = \dfrac{\omega_r L}{R} = \dfrac{1}{R\omega_r C}$ または $Q = \dfrac{1}{R}\sqrt{\dfrac{L}{C}}$ ($\omega_r = 2\pi f_r$)
並列共振回路 (反共振回路)	(a)	$\dot{Y}$ の虚部 $= 0$	$f_r = \dfrac{1}{2\pi}\sqrt{\dfrac{1}{LC} - \dfrac{R^2}{L^2}}$	$Q = \dfrac{\omega_r L}{R} = \dfrac{1}{R\omega_r C}$ または $Q = \dfrac{1}{R}\sqrt{\dfrac{L}{C}}$
	(b)	$\dot{Y}$ の虚部 $= 0$	$f_r = \dfrac{1}{2\pi\sqrt{LC}}$	$Q = \dfrac{R}{\omega_r L} = \omega_r CR$ または $Q = R\sqrt{\dfrac{C}{L}}$
	(c)	$\dot{Y}$ の虚部 $= 0$	$f_r = \dfrac{1}{2\pi\sqrt{LC}}$	Q は非常に大

める。

$$Q = \frac{f_r}{f_2 - f_1} = \frac{4.8\,\text{k}}{5.8\,\text{k} - 4.25\,\text{k}} = \frac{4.8\,\text{k}}{1.55\,\text{k}} \cong 3.10 \tag{3.32}$$

この値は，式 (3.25) から求めた $Q \cong 3.16$ の値とほぼ一致している。

[例題] 3.4 表 3.1 において，並列共振回路（b）の f_r と Q を求めよ。

[解] ($\dot{Y}$ の虚部) $= 0$ から f_r を求める。Q は，$Q = I_L/I_r = I_C/I_r$ から求める。このとき $I_r = I_R$ となる。

アドミタンス $\dot{Y}$ は

$$\dot{Y} = \frac{1}{R} + \frac{1}{j\omega L} + j\omega C = \frac{1}{R} + j\left(\omega C - \frac{1}{\omega L}\right) \tag{3.33}$$

上式の虚部 $= 0$ より，これから ω を求めると

$$\omega C = \frac{1}{\omega L} \tag{3.34}$$

$$\omega^2 = \frac{1}{LC}$$

$\omega > 0$ より，共振時の角周波数を $\omega_r = 2\pi f_r$ とおき f_r を求めると

$$f_r = \frac{1}{2\pi\sqrt{LC}} \tag{3.35}$$

共振時における各素子に流れる電流の大きさ I_R, I_L, I_C および回路に流れる電流の大きさ I_r を求めると

$$I_r = I_R = \frac{E}{R}, \quad I_L = \frac{E}{\omega_r L}, \quad I_C = \omega_r CE \tag{3.36}$$

共振インピーダンス Z_r は

$$Z_r = R \tag{3.37}$$

電流拡大率 Q は, 式 (3.21) に上式を代入して

$$Q = \frac{I_L}{I_r} = \frac{I_C}{I_r} = \frac{R}{\omega_r L} = \omega_r CR \tag{3.38}$$

ここで $\omega_r = 1/\sqrt{LC}$ を上式に代入すると Q は

$$Q = R\sqrt{\frac{C}{L}} \tag{3.39}$$

この共振回路は, 同調回路などに用いられる LC 並列共振回路の Q を下げる目的に, しばしば使用される.

演 習 問 題

(1) 図 3.1 (a) に示した回路において, $E = 10\,\text{V}$, $R = 10\,\Omega$, $L = 1\,\text{mH}$ のとき以下の問に答えよ.
　(a) $f_r = 600\,\text{kHz}$ で並列共振した. そのときの C を求めよ.
　(b) 共振時の電流 I_r を求めよ.
　(c) 電流拡大率 Q を求めよ.
　(d) 共振時において L に流れる電流 I_L を求めよ.
(2) 図 3.1 (a) に示した回路において, $E = 10\,\text{V}$, $R = 10\,\Omega$, $L = 10\,\text{mH}$, $C = 0.1\,\mu\text{F}$ のとき以下の問に答えよ.
　(a) 並列共振周波数 f_r を求めよ.
　(b) 共振時の電流 I_r を求めよ.
　(c) 電流拡大率 Q を求めよ.
　(d) 共振時において C に流れる電流 I_C を求めよ.
(3) 図 3.7 に示す回路の並列共振周波数 f_r を求めよ.
(4) 図 3.8 (a), (b) に示す直列共振回路と並列共振回路において, 抵抗 R や直列共振周波数 f_{r1} および並列共振周波数 f_{r2} が既知のとき, 未知である L と C の値を求めよ.
(5) 表 3.1 (b) の並列共振回路において, $R = 1\,\text{k}\Omega$, $L = 0.1\,\text{H}$, $C = 0.01\,\mu\text{F}$ のとき並列共振周波数 f_r と電流拡大率 Q を求めよ.

図 3.7

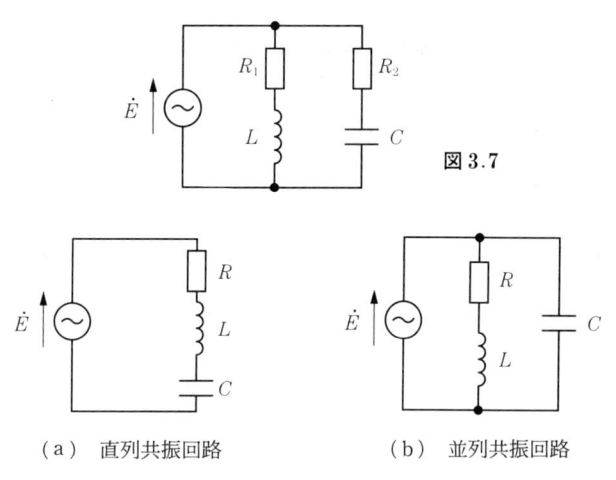

(a) 直列共振回路   (b) 並列共振回路

図 3.8

(6) 図 3.9 に示す回路の並列共振周波数 f_r を求めて，$L_1 = 2.2\,\mathrm{mH}$，$L_2 = 1\,\mathrm{mH}$，$C = 1\,\mathrm{\mu F}$ のときの f_r の値を求めよ．
(7) 図 3.10 に示す回路の並列共振周波数 f_r，共振時の電流 I_r および電流拡大率 Q を求めよ．
(8) 図 3.11 に示す回路の並列共振周波数 f_r を求めて，$L_1 = 5\,\mathrm{mH}$，$L_2 = 1\,\mathrm{mH}$，$R = 10\,\Omega$，$C = 0.1\,\mathrm{\mu F}$ のときの f_r の値を求めよ．

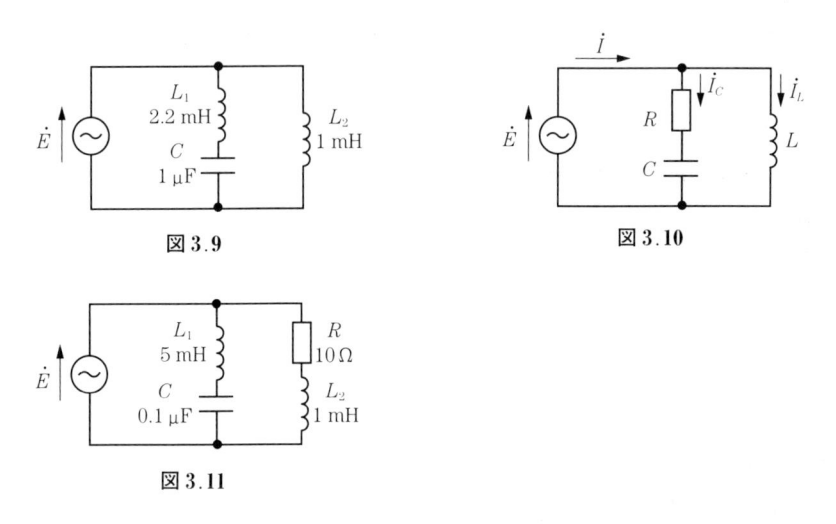

図 3.9

図 3.10

図 3.11

4 変成器

　交流回路の中において，接近させた二つのコイル（インダクタンス）で回路と回路を結合して，電圧や電流を伝送する（伝える）とともにその大きさを変換する際，コイルの相互誘導作用を用いた**変成器**（**電磁誘導結合回路**）が用いられる。変成器は通信機器をはじめとしてパワーエレクトロニクスの分野でも多く用いられている。本章では，相互インダクタンス回路やトランス結合回路について学ぶ。

4.1　相互インダクタンス回路

4.1.1　相互インダクタンス回路のフェーザ表示

　変成器（transformer）は**相互インダクタンス回路**とも呼ばれ，回路記号は通常**図 4.1** のように表される。ここで M は**相互インダクタンス**（mutual inductance）で，単位は自己インダクタンス（インダクタンス）L_1，L_2 と同様にヘンリー〔H〕が用いられる。各コイルの上側に付いている・（**ドット**）のしるしは，**コイルの巻きはじめ**を表している。つぎに左側の端子 $1\sim 1'$ と右側の端子 $2\sim 2'$ の名称は，電圧や電流の大きさを変換するときには **1 次側**および **2 次側**と呼び，信号などを伝送するときには**入力側**および**出力側**と慣例的に呼んでいる。相互インダクタンスの外観例を**図 4.2** に示す。左側はラジオ受信機や通信機器の中で用いられる IFT と呼ばれている相互インダクタンス。右側はトロイダルコアに巻かれた相互インダクタンスである。

　相互インダクタンス M の動作を理解するには，すでに電気磁気学で学んだと思われるが**図 4.3**（a）に示すように，ある導体（導線）に電流 i を流したとき導体の回りにできる磁束（磁力線）ϕ の方向を規定した**アンペアの右ネジ**

4.1 相互インダクタンス回路

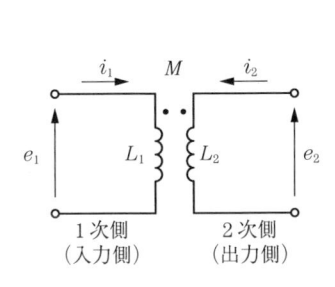

図 4.1 変成器の回路記号

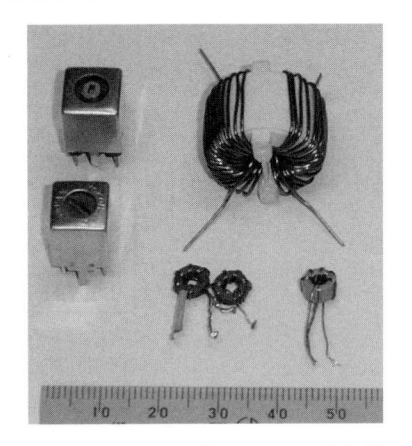

図 4.2 相互インダクタンスの外観例（単位は mm）

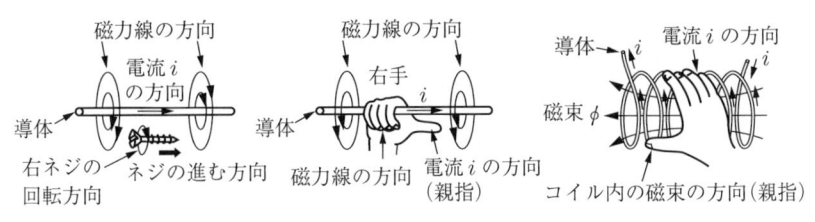

(a) 右ネジによる導体を流れる電流 i と磁力線の方向

(b) 右手による導体を流れる電流 i と磁力線の方向

(c) 右手によるコイル状の導線に流れる電流 i と磁束 ϕ の方向

図 4.3 アンペアの右ネジの法則

の法則が必要となる。さらにこの法則を使用するときは，図 4.3（b）に示す**電流 i の方向を親指とし，残りの四つの指を磁束（磁力線）ϕ の方向とする右手親指の法則**が実用的といえる。**アンペアの右ネジの法則は，電流と磁束（磁力線）を入れ換えても成立する**。このことは図 4.3（c）に示すように，コイル状に巻いた導線に電流を流したときコイル内にできる磁束 ϕ の方向が親指となり，コイルの電流 i の方向が残りの四つの指先となることがわかる。

具体的に**図 4.4 に ＋ M 結合の場合**を示す。鉄心に巻かれた二つのコイルの 1 次側および 2 次側の印加電圧の瞬時値を e_1, e_2 とし，流れる電流の瞬時値を i_1, i_2 として相互インダクタンス回路について考えてみよう。1 次側に e_1 を印

4. 変成器

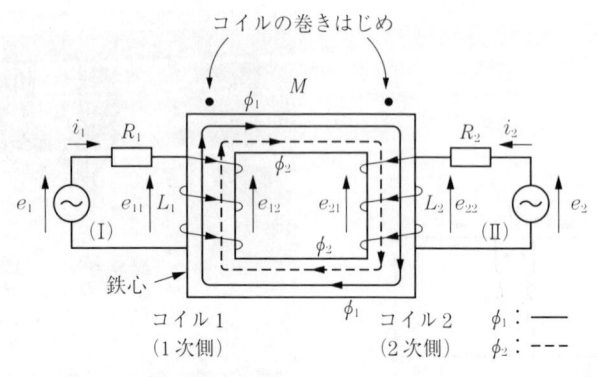

```
       コイルの巻きはじめ
              ↓    ↓
                M
           φ₁
        ┌─────────────┐
  i₁ R₁ │ φ₂          │ R₂ i₂
 ─┬─/\─┤ │         │ ├─/\─┬─
  │    │ │  e₁₂ e₂₁ │ │    │
 (~)e₁ │e₁₁ L₁     L₂ e₂₂ (~)e₂
  │(I) │ │  φ₂      │ │(II)│
 ─┴────┤ └─────────┘ ├────┴─
        └─────────────┘
          ↑ 鉄心  ↑
         コイル1  φ₁   コイル2    φ₁: ──
         (1次側)      (2次側)    φ₂: ---
```

図 4.4 $+M$ 結合の場合

加したとき流れる電流 i_1 は，右手親指の法則によって上向き↑（実線）に磁束 ϕ_1 が生じ，ϕ_1 は鉄心を通してコイル 1 とコイル 2 に鎖交し，それぞれ e_{11}↑ と e_{21}↑ の端子電圧を発生する。

磁束 ϕ_1 によって 1 次側のコイル 1 に生じる端子電圧 e_{11}↑ は，自己インダクタンス L_1 を用いると**レンツの法則**から $e_{11} = L_1(di_1/dt)$ となる。

1 次側の磁束 ϕ_1 によって 2 次側のコイル 2 に誘起する端子電圧 e_{21}↑ は，同様に

$$e_{21} = M\frac{di_1}{dt} \tag{4.1}$$

ここで比例定数 M は，先に述べた相互インダクタンスである。

同様に 2 次側に e_2 を印加したとき流れる電流 i_2 は，下向き↓（破線）に磁束 ϕ_2 が生じ，ϕ_2 は鉄心を通してコイル 2 とコイル 1 に鎖交し，それぞれ e_{22}↑ と e_{12}↑ の端子電圧を発生する。

磁束 ϕ_2 によって 2 次側のコイル 2 に生じる端子電圧 e_{22}↑ は，自己インダクタンス L_2 を用いるとレンツの法則から $e_{22} = L_2(di_2/dt)$ となる。

2 次側の磁束 ϕ_2 によって 1 次側のコイル 1 に誘起する端子電圧 e_{12}↑ は

$$e_{12} = M\frac{di_2}{dt} \tag{4.2}$$

ここで同様に M は相互インダクタンスである。

4.1 相互インダクタンス回路

この場合は磁束 ϕ_1 と ϕ_2 が同方向なので，それぞれの磁束が強めあい $+M$ 結合として働く．図 4.4 の閉回路 I，II において回路方程式を作成すると

$$\begin{cases} R_1 i_1 + L_1 \dfrac{di_1}{dt} + M \dfrac{di_2}{dt} = e_1 \\ R_2 i_2 + L_2 \dfrac{di_2}{dt} + M \dfrac{di_1}{dt} = e_2 \end{cases} \quad (4.3)$$

上式を**フェーザ（記号法）**で表示するには，e_1，e_2 と i_1，i_2 の瞬時値を $\dot{E}_1$，$\dot{E}_2$ と $\dot{I}_1$，$\dot{I}_2$ の実効値にそれぞれ置換し，さらに d/dt の微分操作を $j\omega$ に置換すると次式となる．

$$\begin{cases} R_1 \dot{I}_1 + j\omega L_1 \dot{I}_1 + j\omega M \dot{I}_2 = \dot{E}_1 \\ R_2 \dot{I}_2 + j\omega L_2 \dot{I}_2 + j\omega M \dot{I}_1 = \dot{E}_2 \end{cases} \quad (4.4)$$

上式は，**相互インダクタンス回路をフェーザ表示したときの基本式**となる．この式から $\dot{I}_1$，$\dot{I}_2$ を求めるには，今まで学んだ交流回路の場合と同様にクラーメルの式で解くことができる．

[例題] 4.1 図 4.5 に示す $-M$ **結合の場合**の相互インダクタンス回路において，閉回路 I，II における回路方程式を作成してフェーザ表示せよ．

[解] コイル 1，2 において，右手親指の法則を適用して結合の $\pm M$ を確認し，フェーザ表示による回路方程式を作成する．

はじめに，1 次側に e_1 を印加したとき流れる電流 i_1 は，右手親指の法則によって上向き↑（実線）に磁束 ϕ_1 が生じ，ϕ_1 は鉄心を通してコイル 1 とコイル 2 に鎖交

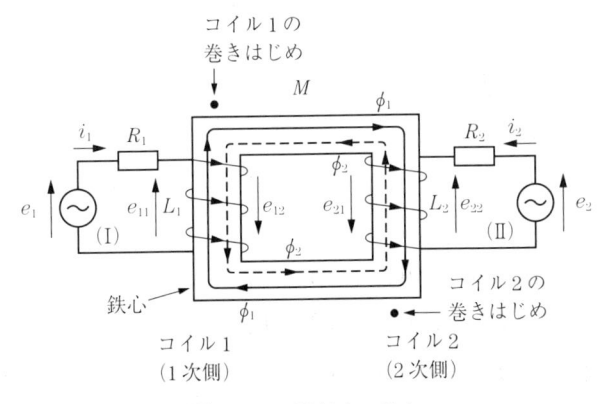

図 4.5 $-M$ 結合の場合

し，それぞれ $e_{11}\uparrow$ と $e_{21}\downarrow$ の端子電圧を発生する。つぎに，2次側に e_2 を印加したとき流れる電流 i_2 は，上向き↑（破線）に磁束 ϕ_2 が生じ，ϕ_2 は鉄心を通してコイル2とコイル1に鎖交し，それぞれ $e_{22}\uparrow$ と $e_{12}\downarrow$ の端子電圧を発生する。このことから磁束 ϕ_1 と ϕ_2 が逆方向となり，1次および2次側の各端子電圧は，$e_{11}\uparrow$ と $e_{12}\downarrow$，$e_{22}\uparrow$ と $e_{21}\downarrow$ の矢印が逆であることから $-M$ 結合となる。

回路方程式をフェーザ表示すると次式となる。

$$\begin{cases} R_1\dot{I}_1 + j\omega L_1\dot{I}_1 - j\omega M\dot{I}_2 = \dot{E}_1 \\ R_2\dot{I}_2 + j\omega L_2\dot{I}_2 - j\omega M\dot{I}_1 = \dot{E}_2 \end{cases} \tag{4.5}$$

4.1.2 相互インダクタンス回路の等価回路

複雑な回路の中に相互インダクタンスが複数含まれる場合などは，これを以下に述べるような等価回路に変換すると回路が簡略化できる。

図 4.6 に $+M$ 結合のT形等価回路を示す。図（a）に示す1次側と2次側の端子 $1'\sim 2'$ を接続してこれを $\dot{E}_1$, $\dot{E}_2$ に対する共通端子とした $+M$ 結合回路の等価回路を考えてみよう。

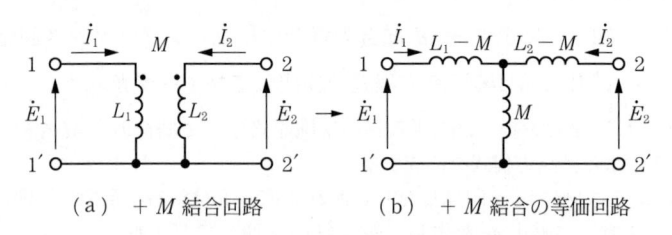

図 4.6 $+M$ 結合のT形等価回路

回路方程式は

$$\begin{cases} j\omega L_1\dot{I}_1 + j\omega M\dot{I}_2 = \dot{E}_1 \\ j\omega L_2\dot{I}_2 + j\omega M\dot{I}_1 = \dot{E}_2 \end{cases} \tag{4.6}$$

上式において，$\dot{I}_1 + \dot{I}_2$ が相互インダクタンス M に流れるという観点から変形すると

$$\begin{cases} j\omega(L_1-M)\dot{I}_1 + j\omega M(\dot{I}_1+\dot{I}_2) = \dot{E}_1 \\ j\omega(L_2-M)\dot{I}_2 + j\omega M(\dot{I}_1+\dot{I}_2) = \dot{E}_2 \end{cases} \tag{4.7}$$

上式を等価回路に変換すると図 4.6（b）のように，1次側，2次側の左右

に自己インダクタンス $L_1 - M$ と $L_2 - M$ が接続され，真ん中に相互インダクタンス M が接続された T 形等価回路になることがわかる。

同様に，**図 4.7** に $-M$ 結合の T 形等価回路を示す。図（a）に示す $-M$ 結合回路においても，図 4.7（b）のような T 形等価回路となる。

$$\begin{cases} j\omega L_1 \dot{I}_1 - j\omega M \dot{I}_2 = \dot{E}_1 \\ j\omega L_2 \dot{I}_2 - j\omega M \dot{I}_1 = \dot{E}_2 \end{cases} \quad \begin{cases} j\omega (L_1 + M)\dot{I}_1 - j\omega M(\dot{I}_1 + \dot{I}_2) = \dot{E}_1 \\ j\omega (L_2 + M)\dot{I}_1 - j\omega M(\dot{I}_1 + \dot{I}_2) = \dot{E}_2 \end{cases}$$

（a） $-M$ 結合回路 　　　　　（b） $-M$ 結合の等価回路

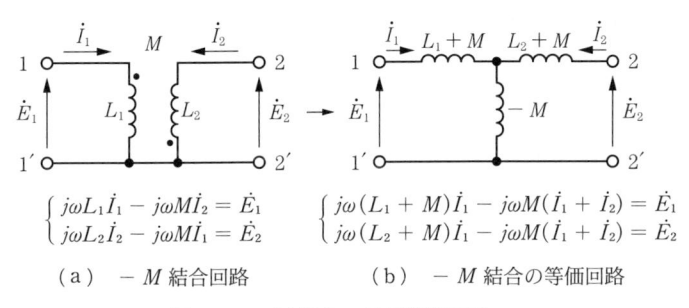

図 4.7　$-M$ 結合の T 形等価回路

4.1.3　結合係数 k

図 4.8 に二つの空心コイルによる相互誘導作用を示す。図のように，コイル 1 とコイル 2 の空心コイルをそれぞれ接近して配置し，コイル 1 に電圧 $\dot{E}_1$ を印加すると電流 $\dot{I}_1$ が流れ，全磁束 ϕ が左→右の方向に生じる。コイル 1 の磁束 ϕ のうち，コイル 2 と鎖交して相互インダクタンス M として寄与する **鎖交磁束（共通磁束）** ϕ_c と外部に漏れる **漏れ磁束** ϕ_l からなることがわかる。

自己インダクタンス L_1，L_2 と相互インダクタンス M の間には次式が成立する。

$$M \leq \sqrt{L_1 L_2} \tag{4.8}$$

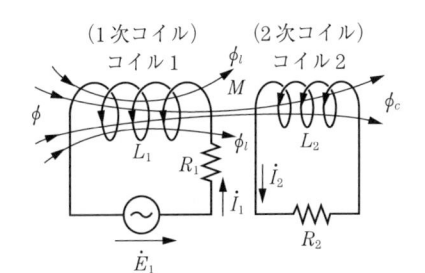

図 4.8　二つの空心コイルによる相互誘導

ここで図 4.4，図 4.5 に示したコイルの中に鉄心が入っている場合は，漏れ磁束がほぼ無視できるので $M \cong \sqrt{L_1 L_2}$ となり，これを**密結合**という。しかしながら空心コイルの場合は，漏れ磁束が無視できないので $M < \sqrt{L_1 L_2}$ となり，これを**疎結合**という。二つのコイルの結合の度合いを知る目安として，つぎの**結合係数**（coupling coefficient）k が定義されている。

$$k = \frac{M}{\sqrt{L_1 L_2}} \quad (|k| \leq 1) \tag{4.9}$$

【例題】**4.2** 変成器の 1 次側および 2 次側の自己インダクタンスが $L_1 = 2$ mH，$L_2 = 3$ mH のとき結合係数が $k = 0.4$ であった。相互インダクタンス M を求めよ。

【解】 式 (4.9) から M を求めると $M = k\sqrt{L_1 L_2}$ となる。この式に値を代入すると
$$\begin{aligned} M &= k\sqrt{L_1 L_2} = 0.4\sqrt{2 \times 10^{-3} \times 3 \times 10^{-3}} = 0.4\sqrt{6} \times 10^{-3} \\ &= 0.4 \times 2.45 \times 10^{-3} \cong 0.98 \, \text{mH} \end{aligned} \tag{4.10}$$

4.1.4 相互インダクタンス M の極性

相互インダクタンス M の極性の正，負を判断するには，すでに述べたコイルの巻きはじめをしるした・（**ドット**）に流れ込む電流の方向が重要となる。すなわち $+M$ 結合は，図 4.9（a），(b) に示すように電流 $\dot{I}_1$，$\dot{I}_2$ がコイルの巻きはじめである・（ドット）側から流れる形となる。

同様に $-M$ 結合は，図 4.10（a），(b) に示すように，コイルの巻きはじめである・（ドット）に対し，電流 $\dot{I}_1$，$\dot{I}_2$ のいずれかが逆方向に流れる形となる。

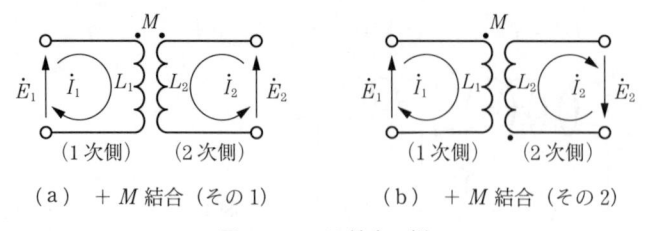

(a) $+M$ 結合（その 1）　　(b) $+M$ 結合（その 2）

図 4.9　$+M$ 結合の例

|（a） $-M$ 結合（その1）|（b） $-M$ 結合（その2）|

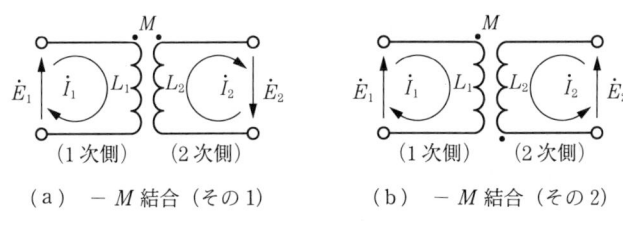

図 4.10 $-M$ 結合の例

具体的に演習問題を解く際，相互インダクタンス回路の中でコイルの巻きはじめを表す・（ドット）が省略されている場合が多い。このような場合は，設定した電流の方向に対して M の極性の正，負が判断できないので，コイルの巻きはじめを表す・（ドット）を各自設定して解くことをおすすめする。

4.2 相互インダクタンス回路の例

基本的な相互インダクタンス回路について以下に例題形式で説明する。

[例題] 4.3 図 4.11 に示す相互インダクタンス回路で，$R_1 = 10\,\Omega$，$R_2 = 5\,\Omega$，$X_{L1} = 10\,\Omega$，$X_{L2} = 20\,\Omega$，$X_M = 5\,\Omega$ のとき，$\dot{E}_1 = 100\,\text{V}$，$\dot{E}_2 = 50\,\text{V}$ の電圧を印加したときの1次側および2次側の電流 $\dot{I}_1$，$\dot{I}_2$ を求めよ。ただし L_1，L_2，M はインダクタンスでなく，リアクタンス X_{L1}，X_{L2}，X_M で与えてある。

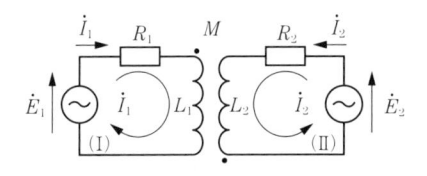

図 4.11 相互インダクタンス回路

[解] この回路は，2次側を流れる電流 $\dot{I}_2$ が巻きはじめを示す・印と逆なので $-M$ 結合となる。以下に回路方程式を作成し，$\dot{I}_1$，$\dot{I}_2$ をクラーメルの式で求める。

$$\begin{cases} R_1\dot{I}_1 + jX_{L1}\dot{I}_1 - jX_M\dot{I}_2 = \dot{E}_1 \\ R_2\dot{I}_2 + jX_{L2}\dot{I}_2 - jX_M\dot{I}_1 = \dot{E}_2 \end{cases} \tag{4.11}$$

$\dot{I}_1$，$\dot{I}_2$ について整理すると

$$\begin{cases} (R_1 + jX_{L1})\dot{I}_1 - jX_M\dot{I}_2 = \dot{E}_1 \\ -jX_M\dot{I}_1 + (R_2 + jX_{L2})\dot{I}_2 = \dot{E}_2 \end{cases} \quad (4.12)$$

上式に抵抗およびリアクタンスの値を代入すると

$$\begin{cases} (10 + j10)\dot{I}_1 - j5\dot{I}_2 = 100 \\ -j5\dot{I}_1 + (5 + j20)\dot{I}_2 = 50 \end{cases} \quad (4.13)$$

上式の両辺に 1/5 を乗じて式を簡略化し，$\dot{I}_1$，$\dot{I}_2$ をクラーメルの式で求めると

$$\dot{I}_1 = \frac{\begin{vmatrix} 20 & -j \\ 10 & (1+j4) \end{vmatrix}}{\begin{vmatrix} (2+j2) & -j \\ -j & (1+j4) \end{vmatrix}} = \frac{20(1+j4) - (10 \times -j)}{(2+j2)(1+j4) - (-j \times -j)}$$

$$= \frac{20 + j90}{-5 + j10} = \frac{32 - j26}{5}$$

$$= 6.4 - j5.2 \cong 8.25 \angle -39.1°\,[\text{A}] \quad (4.14)$$

上式の行列式の分母を $\varDelta$（デルタ）とおくと，$\varDelta = -5 + j10$ より

$$\dot{I}_2 = \frac{\begin{vmatrix} (2+j2) & 20 \\ -j & 10 \end{vmatrix}}{\varDelta} = \frac{10(2+j2) - (-j \times 20)}{-5 + j10} = \frac{20 + j40}{-5 + j10}$$

$$= \frac{12 - j16}{5} = 2.4 - j3.2 = 4 \angle -53.1°\,[\text{A}] \quad (4.15)$$

[例題] 4.4 図 4.12 に示す 2 次側を開放した相互インダクタンス回路において，自己インダクタンスが $L_1 = L_2 = 25\,\text{mH}$，結合係数が $k = 0.4$ のとき，1 次側に $\dot{I}_1 = 20 \angle 0°\,[\text{A}]$ の電流が流れた。相互インダクタンス M を求め，各コイルの端子電圧 $\dot{E}_1$，$\dot{E}_2$ を求めよ。ただし周波数を $f = 50\,\text{Hz}$ とする。

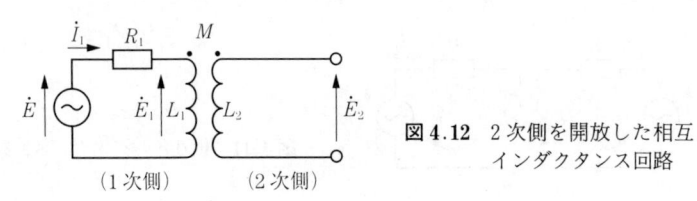

図 4.12 2 次側を開放した相互インダクタンス回路

[解] 式 (4.9) から M を求める。2 次側が開放され，電流が 2 次側には流れないので，1 次側への誘起電圧は発生しない。しかし 1 次側の電流 $\dot{I}_1$ により，2 次側への誘起電圧 $\dot{E}_2$ は発生する。

$$M = k\sqrt{L_1 L_2} = 0.4\sqrt{(25 \times 10^{-3})^2} = 0.4 \times 25 \times 10^{-3} = 10\,\text{mH}$$

$$\dot{E}_1 = j\omega L_1 \dot{I}_1 = j2\pi \times 50 \times 25 \times 10^{-3} \times 20 \angle 0° = 157 \angle 90°\,[\text{V}] \quad (4.16)$$

$$\dot{E}_2 = j\omega M \dot{I}_1 = j2\pi \times 50 \times 10 \times 10^{-3} \times 20 \angle 0° = 62.8 \angle 90° \text{[V]}$$

[例題] 4.5 図 4.13 に示す 2 次側を短絡した相互インダクタンス回路において，$\dot{E}_1$ を印加したときの 1 次側および 2 次側の電流 $\dot{I}_1$, $\dot{I}_2$ を求め，1 次側の端子 1～1′ 間から右側をみたインピーダンス $\dot{Z}_1$ を求めよ．

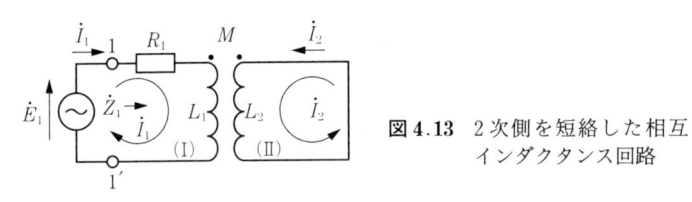

図 4.13 2 次側を短絡した相互インダクタンス回路

[解] この回路は，電流 $\dot{I}_1$, $\dot{I}_2$ が巻きはじめを示す・印の方向に流れ込んでいるので ＋ M 結合となる．閉回路 I，II において回路方程式を作成し，$\dot{I}_1$, $\dot{I}_2$ をクラーメルの式で求める．

$$\begin{cases} R_1 \dot{I}_1 + j\omega L_1 \dot{I}_1 + j\omega M \dot{I}_2 = \dot{E}_1 \\ j\omega L_2 \dot{I}_2 + j\omega M \dot{I}_1 = 0 \end{cases} \quad (4.17)$$

$\dot{I}_1$, $\dot{I}_2$ について整理すると

$$\begin{cases} (R_1 + j\omega L_1)\dot{I}_1 + j\omega M \dot{I}_2 = \dot{E}_1 \\ j\omega M \dot{I}_1 + j\omega L_2 \dot{I}_2 = 0 \end{cases} \quad (4.18)$$

$\dot{I}_1$ をクラーメルの式で求めると

$$\dot{I}_1 = \frac{\begin{vmatrix} \dot{E}_1 & j\omega M \\ 0 & j\omega L_2 \end{vmatrix}}{\begin{vmatrix} (R_1 + j\omega L_1) & j\omega M \\ j\omega M & j\omega L_2 \end{vmatrix}} = \frac{j\omega L_2 \dot{E}_1}{j\omega L_2 (R_1 + j\omega L_1) + \omega^2 M^2}$$

$$= \frac{j\omega L_2 \dot{E}_1}{\omega^2 (M^2 - L_1 L_2) + j\omega L_2 R_1} = \frac{\dot{E}_1}{R_1 + j\omega \left(L_1 - \dfrac{M^2}{L_2}\right)} \quad (4.19)$$

上式の行列式の分母を Δ （デルタ）とおくと $\dot{I}_2$ は

$$\dot{I}_2 = \frac{\begin{vmatrix} (R_1 + j\omega L_1) & \dot{E}_1 \\ j\omega M & 0 \end{vmatrix}}{\Delta} = \frac{-j\omega M \dot{E}_1}{\omega^2 (M^2 - L_1 L_2) + j\omega L_2 R_1}$$

$$= \frac{\dot{E}_1}{-\dfrac{L_2 R_1}{M} + j\omega \left(M - \dfrac{L_1 L_2}{M}\right)} \quad (4.20)$$

インピーダンス $\dot{Z}_1$ は，式 (4.19) から $\dot{Z}_1 = \dot{E}_1 / \dot{I}_1$ より

4. 変成器

$$\dot{Z}_1 = \frac{\dot{E}_1}{\dot{I}_1} = R_1 + j\omega\left(L_1 - \frac{M^2}{L_2}\right) \tag{4.21}$$

[例題] 4.6 図 4.14 に示す 1 次側と 2 次側を直列接続した相互インダクタンス回路において，$R_1 = 30\,\Omega$，$L_1 = 40\,\text{mH}$，$L_2 = 10\,\text{mH}$ で結合係数が $k = 0.25$ のとき，1 次側に $\dot{E} = 100\,\text{V}$ の電圧を加えた。1 次側および 2 次側の電流 $\dot{I}$ と回路のインピーダンス $\dot{Z}$ を求めよ。ただし周波数を $f = 50\,\text{Hz}$ とする。

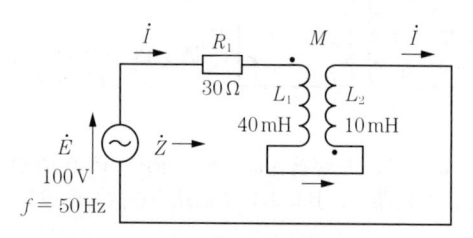

図 4.14　1 次側と 2 次側を直列接続した
相互インダクタンス回路

[解] この回路は，電流 $\dot{I}$ が巻きはじめを示す・印の方向に流れ込んでいるので $+M$ 結合となる。式 (4.9) から相互インダクタンス M を求め，回路方程式を作成して $\dot{I}$ を求める。

$$\begin{aligned}M &= k\sqrt{L_1 L_2} = 0.25\sqrt{40 \times 10^{-3} \times 10 \times 10^{-3}} = 0.25\sqrt{400 \times 10^{-6}} \\ &= 0.25 \times 20 \times 10^{-3} = 5 \times 10^{-3} = 5\,\text{mH}\end{aligned} \tag{4.22}$$

回路方程式は閉回路が一つなので

$$R_1\dot{I} + j\omega L_1\dot{I} + j\omega L_2\dot{I} + j2\omega M\dot{I} = \dot{E}$$
$$\dot{I}\{R_1 + j\omega(L_1 + L_2 + 2M)\} = \dot{E}$$

$$\therefore\quad \dot{I} = \frac{\dot{E}}{R_1 + j\omega(L_1 + L_2 + 2M)} \tag{4.23}$$

$$\therefore\quad \dot{Z} = R_1 + j\omega(L_1 + L_2 + 2M) \tag{4.24}$$

上式で求めた M とそれぞれの値を代入して，$\dot{I}$ と $\dot{Z}$ を求めると

$$\begin{aligned}\dot{I} &= \frac{100}{30 + j2\pi \times 50(40 + 10 + 2 \times 5) \times 10^{-3}} = \frac{100}{30 + j6\pi} \\ &= \frac{100}{\sqrt{30^2 + (6 \times 3.14)^2}\,\angle\tan^{-1}\frac{6\pi}{30}} = \frac{100}{35.4\,\angle 32.1°} \\ &\cong 2.82\,\angle -32.1°\,[\text{A}]\end{aligned} \tag{4.25}$$

$$\dot{Z} = \frac{\dot{E}}{\dot{I}} = \frac{100}{2.82\,\angle -32.1°} \cong 35.4\,\angle 32.1°\,[\Omega] \tag{4.26}$$

式 (4.24) から，1 次側と 2 次側を直列接続したときの 1 次側からみた等価インダ

クタンス L は，$\pm M$ の符号に対して $L = L_1 + L_2 \pm 2M$ となる。

[例題] 4.7 図 4.15 に示す交流ブリッジ（キャンベルブリッジ）において，検出器 D に流れる電流 $\dot{I}_2$ が $\dot{I}_2 = 0$ になるキャパシタンス C の値を求めよ。ただし角周波数 ω は一定とする。

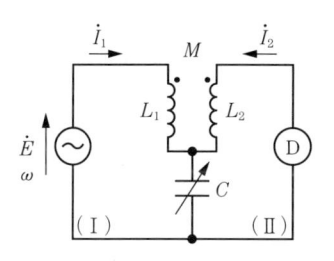

図 4.15 交流ブリッジ

[解] 1 次側および 2 次側を閉回路 I，II とする。$\dot{I}_2 = 0$ における閉回路 II の中の端子電圧は，相互インダクタンス M による $\dot{I}_1$ の 2 次側への誘起電圧 $j\omega M \dot{I}_1$ と $\dot{I}_1$ による C の端子電圧 $\dot{I}_1/j\omega C$ の和となるが，閉回路 II の中には起電力が存在しないので次式が成立する。

$$j\omega M \dot{I}_1 + \frac{\dot{I}_1}{j\omega C} = 0 \tag{4.27}$$

$$j\left(\omega M - \frac{1}{\omega C}\right)\dot{I}_1 = 0$$

$$\omega M = \frac{1}{\omega C}$$

$$\therefore \quad C = \frac{1}{\omega^2 M} \tag{4.28}$$

[例題] 4.8 図 4.16（a）に示す交流ブリッジにおいて，ブリッジが平衡したときの C_1 と R_1 を求めよ。ただし角周波数 ω は一定とする。

[解] このブリッジ回路において，$+M$ 結合の相互インダクタンスを図 4.6（b）に示した等価回路に変換すると，図 4.16（b）となる。

平衡するとブリッジの対辺の積が等しくなるので

$$j\omega M \left(R_1 + \frac{1}{j\omega C_1}\right) = R_2\{R_4 + j\omega(L_1 - M)\} \tag{4.29}$$

$$\frac{M}{C_1} + j\omega M R_1 = R_2 R_4 + j\omega R_2(L_1 - M) \tag{4.30}$$

上式で左辺と右辺のそれぞれの実部と虚部が等しいので
実部から

48   4. 変 成 器

(a)

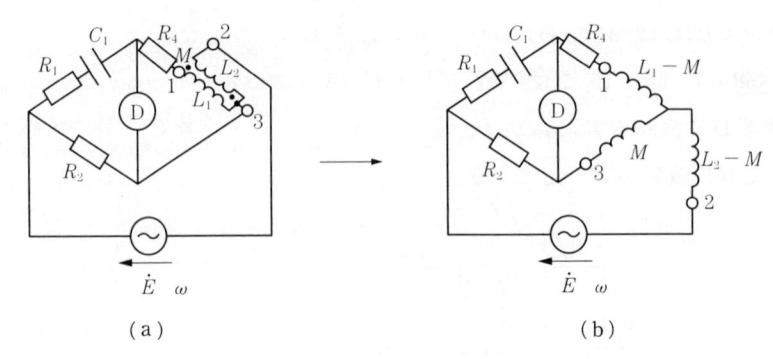

(b)

図 4.16　相互インダクタンスを含む交流ブリッジ

$$\frac{M}{C_1} = R_2 R_4 \tag{4.31}$$

虚部から

$$MR_1 = R_2(L_1 - M) \tag{4.32}$$

上式の実部から C_1，虚部から R_1 をそれぞれ求めると次式となる．

$$\therefore \quad C_1 = \frac{M}{R_2 R_4}, \quad R_1 = \frac{R_2(L_1 - M)}{M} \tag{4.33}$$

4.3　トランス（変圧器）結合回路

　すでに学んだ相互インダクタンス回路は**疎結合変成器**の1種であるが，相互インダクタンス M で表現することにより1次側および2次側のコイルの巻数については考慮する必要がなかった．磁芯に鉄心などを用いて**トランス（変圧器）**と呼ばれている**密結合変成器**は，1次および2次コイルの巻数 n_1 と n_2 の比を変えることにより，2次側の電圧 $\dot{E}_2$ を1次側の電圧 $\dot{E}_1$ より高く（低く）したり，2次側に流れる電流 $\dot{I}_2$ を1次側の電流 $\dot{I}_1$ より大きく（小さく）することができる．

4.3.1　理想トランス（理想変圧器）による電圧や電流の変換

　図 4.17 に理想トランスを示す．このように，2次側の電圧 $\dot{E}_2$ や電流 $\dot{I}_2$ を単純に巻数 n_1，n_2 と1次側の電圧 $\dot{E}_1$ や電流 $\dot{I}_1$ を用いて，式 (4.34) および

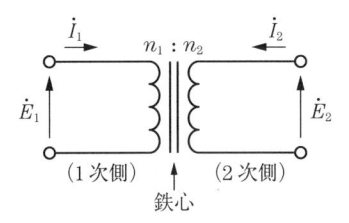

図 4.17　理想トランス

式 (4.35) のように表現できるトランスを**理想トランス**という。

$$\dot{E}_2 = \frac{n_2}{n_1}\dot{E}_1 \tag{4.34}$$

$$\dot{I}_2 = \frac{n_1}{n_2}\dot{I}_1 \tag{4.35}$$

理想トランスとなるための条件として，① 結合係数が $k=1$（密結合）　② コイルの抵抗分や漏れインダクタンスなどの損失がないこと　③ 1 次および 2 次コイルのインダクタンスが実用上十分大きいことなどが必要になる。

[例題] 4.9　1 次コイルの電圧，電流および巻数が $E_1 = 100\,\mathrm{V}$，$I_1 = 1\,\mathrm{A}$，$n_1 = 500$ の電源トランスで，$E_2 = 20\,\mathrm{V}$ の 2 次コイルの電圧を作るための巻数 n_2 とそのときの 2 次コイルの電流 I_2 を求めよ。ただし理想トランスとする。

[解]　式 (4.34) から n_2 を求め，さらに式 (4.35) に n_2 を代入して I_2 を求める。

$$n_2 = \frac{n_1 E_2}{E_1} = \frac{500 \times 20}{100} = 100 \tag{4.36}$$

$$I_2 = \frac{n_1}{n_2} I_1 = \frac{500}{100} \times 1 = 5\,\mathrm{A} \tag{4.37}$$

上式の結果から，1 次側に対して 2 次側の電圧が 1/5 になれば，逆に 2 次側の電流は 5 倍となっている。このことは 1 次側に供給される電力（$P_1 = E_1 I_1$）

図 4.18　電源トランスの外観例

と 2 次側に出力される電力（$P_2 = E_2 I_2$）がいずれも 100 W と等しく，すなわち**理想トランスは電力を消費しない**ことを表している。ここでコイルの巻数の単位はないが，慣例的にターン（Turn：回）を付けることがある。電源トランスの外観例を**図 4.18** に示す。左側はプリント基板実装用。中央および右側はシャーシ実装用である。

4.3.2　理想トランスによるインピーダンスの変換

理想トランスの代表的な応用の一つとして**インピーダンス変換**がある。図 4.19（a）に示すように理想トランスの 2 次側に，インピーダンス $\dot{Z}_L$ の負荷を接続したときの 1 次側から見たインピーダンス $\dot{Z}_1$ を求めてみよう。

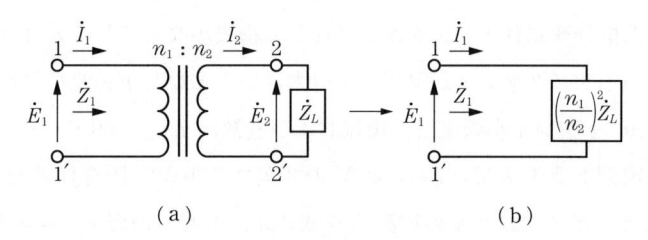

図 4.19　理想トランスによるインピーダンス変換

1 次側から見たインピーダンス $\dot{Z}_1$ は

$$\dot{Z}_1 = \frac{\dot{E}_1}{\dot{I}_1} \tag{4.38}$$

上式を求めるために，それぞれ辺々どうしで式（4.34）を式（4.35）で割り，$\dot{E}_1 / \dot{I}_1$ について整理すると

$$\frac{\dot{E}_2}{\dot{I}_2} = \left(\frac{n_2}{n_1}\right)^2 \frac{\dot{E}_1}{\dot{I}_1}$$

$$\frac{\dot{E}_1}{\dot{I}_1} = \left(\frac{n_1}{n_2}\right)^2 \frac{\dot{E}_2}{\dot{I}_2} \tag{4.39}$$

負荷 $\dot{Z}_L$ の端子電圧 $\dot{E}_2$ は，$\dot{E}_2 = \dot{I}_2 \dot{Z}_L$ となりこれを上式に代入すると $\dot{Z}_1$ は

$$\dot{Z}_1 = \frac{\dot{E}_1}{\dot{I}_1} = \left(\frac{n_1}{n_2}\right)^2 \dot{Z}_L \tag{4.40}$$

上式から理想トランスは，図（b）に示すように巻数比 n_1/n_2 の2乗でインピーダンス変換される。

[例題] 4.10 図 4.19（a）に示すトランス結合回路で，1次側の電圧が $E_1 = 100\,\text{V}$，巻数が $n_1 = 200$ および2次側の巻数が $n_2 = 100$，負荷が $Z_L = 10\,\Omega$ のとき，電源側から見たインピーダンス Z_1，1次側の電流 I_1 と供給電力 P_1，さらに2次側の端子電圧 E_2，電流 I_2 および Z_L の消費電力 P_L を求めよ。

[解] 式（4.40）から Z_1，式（4.34）から E_2 を求める。

$$Z_1 = \left(\frac{n_1}{n_2}\right)^2 Z_L = \left(\frac{200}{100}\right)^2 \times 10 = 40\,\Omega \tag{4.41}$$

$$I_1 = \frac{E_1}{Z_1} = \frac{100}{40} = 2.5\,\text{A} \tag{4.42}$$

$$P_1 = E_1 I_1 = 100 \times 2.5 = 250\,\text{W} \tag{4.43}$$

$$E_2 = \left(\frac{n_2}{n_1}\right) E_1 = \frac{100}{200} \times 100 = 50\,\text{V} \tag{4.44}$$

$$I_2 = \frac{E_2}{Z_L} = \frac{50}{10} = 5\,\text{A} \tag{4.45}$$

$$P_L = E_2 I_2 = 50 \times 5 = 250\,\text{W} \tag{4.46}$$

上式から Z_1 が Z_L の4倍，E_2 が E_1 の1/2 になることがわかる。

演 習 問 題

（1）図 4.12 に示した2次側を開放した回路で，$R_1 = 10\,\Omega$，$L_1 = L_2 = 20\,\text{mH}$，結合係数が $k = 0.2$ のとき，$f = 50\,\text{Hz}$ の周波数で $\dot{E} = 100\,\text{V}$ の電圧を印加した。このときの相互インダクタンス M，1次側の電流 $\dot{I}_1$，L_1 の端子電圧 $\dot{E}_1$ および2次側への誘起電圧 $\dot{E}_2$ を求めよ。

（2）図 4.20 に示す1次，2次側を直列接続した回路で $R_1 = 20\,\Omega$，$L_1 = 60\,\text{mH}$，$M = 5\,\text{mH}$，$L_2 = 50\,\text{mH}$ のとき，1次側に $f = 50\,\text{Hz}$ の周波数で $\dot{E} = 100\,\text{V}$

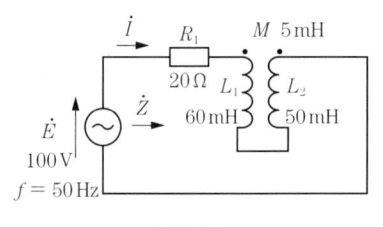

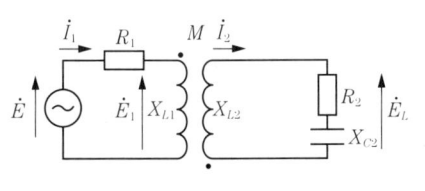

図 4.20

図 4.21

の電圧を印加した。1次，2次側の電流 $\dot{I}$ と回路のインピーダンス $\dot{Z}$ を求めよ。

(3) 図 4.21 に示す回路で $R_1 = 10\,\Omega$，$X_{L1} = 50\,\Omega$，$X_M = 40\,\Omega$，$X_{L2} = 100\,\Omega$，$R_2 = 10\,\Omega$，$X_{C2} = 90\,\Omega$ のとき，1次側の電流 $\dot{I}_1$，2次側の電流 $\dot{I}_2$ と端子電圧 $\dot{E}_L$ および R_2 の消費電力 P_L を求めよ。

(4) 図 4.22 に示す交流ブリッジ回路において，ブリッジの平衡条件から L_1 を求めよ。例題 4.8 を参考にして解くこと。

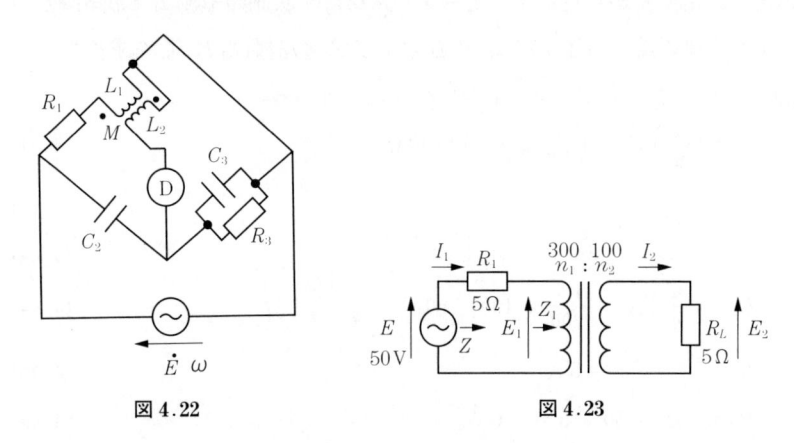

図 4.22

図 4.23

(5) 図 4.23 に示すトランス結合回路において，$E = 50\,\text{V}$，$R_1 = 5\,\Omega$，$n_1 = 300$，$n_2 = 100$，$R_L = 5\,\Omega$ のとき，電源側から見たインピーダンス Z，1次側から見たインピーダンス Z_1，1次側の電流 I_1 と端子電圧 E_1 および R_1 の消費電力 P_1，さらに2次側の端子電圧 E_2，電流 I_2 および R_L の消費電力 P_L を求めよ。また電源の供給電力 P を求めよ。ただし理想トランスとする。

(6) 図 4.24 に示す2次側を開放した回路において，1次側に電圧 $\dot{E}_1$ を印加したときの2次側の電圧 $\dot{E}_2$ を求めよ。なお相互インダクタンス M_1 は + 結合，M_2 は − 結合とする。さらに $E_1 = 100\,\text{V}$ とし，$L_1 = 50\,\text{mH}$，$L_2 = 32\,\text{mH}$，$L_3 = 25\,\text{mH}$，$L_4 = 16\,\text{mH}$，ここで M_1 と M_2 の結合係数 k をいずれも 0.8 としたときの E_2 の電圧を求めよ。

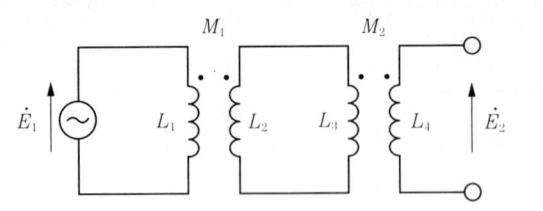

図 4.24

5 3相交流回路

いままで学んだ正弦波交流は，わたしたちの家の中にある100 Vのコンセントを見るとわかるように単相交流（2相交流）と呼ばれ，2本の導線によってこの電源がテレビやパソコンなどに供給されている。これに対して工場などの動力機器への電力供給という観点からは，効率よく電力を輸送できるという点から単相交流ではなく多相（n相）交流，その中でも特に$n = 3$の3相交流が用いられている。

5.1 対称3相交流

n相交流が用いられる利点は，単相交流に比べてたがいに$2\pi/n$ずつ位相が異なるn個の交流電源を組み合わせることにより送電線の利用率を向上させ，電力を送配電する際の伝送損失を少なくしている。また3相交流は，後述する回転磁界が得られることから，動力源としての安価で丈夫な3相誘導電動機が簡便に使用できる。応用例として図5.1に200 Vの3相交流電源による電気自動車のバッテリーの充電風景を示す。

図5.1 3相交流電源による電気自動車のバッテリーの充電風景

5.1.1 3相交流電圧

はじめに**図5.2（a）**に示す3相交流について考えてみよう。3相交流の電源である3相交流電圧は，3相交流発電機などによって発生させることができ，以下のようにたがいに120°（$2\pi/3\,\text{rad}$）ずつ位相が異なる**3相の瞬時電圧** e_a, e_b, e_c で表すことができる。ここで e_a を基準にとり，E_m は瞬時電圧の最大値である。

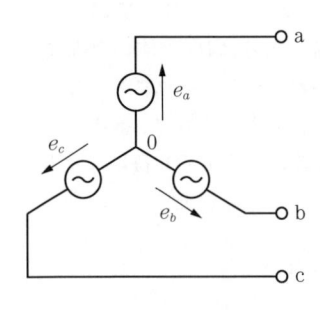

（a）3相交流の瞬時値表示　　　（b）対称3相交流波形

図 5.2　3 相 交 流

$$e_a = E_\text{m} \sin \omega t$$

$$e_b = E_\text{m} \sin \left(\omega t - \frac{2}{3}\pi \right)$$

$$e_c = E_\text{m} \sin \left(\omega t - \frac{4}{3}\pi \right) \tag{5.1}$$

これを波形で表すと図（b）のようになる。図から**各相の電圧の大きさが等しく，たがいに $2\pi/3\,\text{rad}$ ずつ位相差がある3相交流を対称3相交流**という。

さらに実効値 $E = E_\text{m}/\sqrt{2}$ を用いて，フェーザ表示の各相の電圧 $\dot{E}_a$, $\dot{E}_b$, $\dot{E}_c$ を極形式とオイラーの式による複素数で表すと次式となる。

$$\dot{E}_a = E \angle 0 = E$$

$$\dot{E}_b = E \angle -\frac{2}{3}\pi = E \left(-\frac{1}{2} - j\frac{\sqrt{3}}{2} \right) \tag{5.2}$$

$$\dot{E}_c = E \angle -\frac{4}{3}\pi = E \left(-\frac{1}{2} + j\frac{\sqrt{3}}{2} \right)$$

(a) フェーザ表示に
よる3相交流

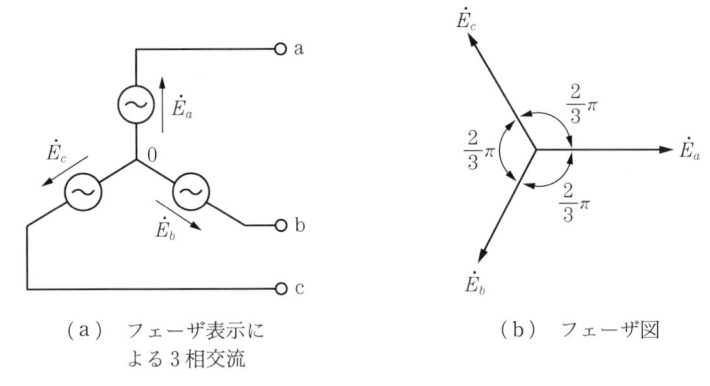

(b) フェーザ図

図 5.3　対称 3 相交流のフェーザ表示

図 5.3（a）にフェーザ表示による 3 相交流を，図（b）にそのフェーザ図を示す。

ここで**対称 3 相交流電圧の 3 相の和**を考えてみよう。図 5.2（b）から瞬時電圧の和 $(e_a + e_b + e_c)$ は，$t_1 \sim t_5$ のいずれの時間（角度）においても，・印で示す 3 相の正，負の電圧の大きさを加算すると 0 になることがわかる。

$$e_a + e_b + e_c = 0 \tag{5.3}$$

同様にフェーザ表示された各相の電圧の和 $(\dot{E}_a + \dot{E}_b + \dot{E}_c)$ は，図 5.3（b）のフェーザ図から各相の電圧を合成すると 0 になる。

$$\dot{E}_a + \dot{E}_b + \dot{E}_c = 0 \tag{5.4}$$

このことは後述するが，**対称 3 相交流電流**についても同様なことがいえる。

5.1.2　Y 接続の電圧，電流および負荷

対称 3 相交流の電源や負荷の接続法には，おもに **Y（星形）接続**（star connection）と **Δ（三角）接続**（delta connection）の 2 種類がある。はじめに，図 5.4 に示す電源と負荷が Y 接続された場合の電圧と電流について考えてみよう。

ここで各相の 3 個の端子を結んだ共通点 O を**中性点**（neutral point）と呼び，電源や負荷の 1 相の電圧および電流を**相電圧**（phase voltage），**相電流**

5. 3相交流回路

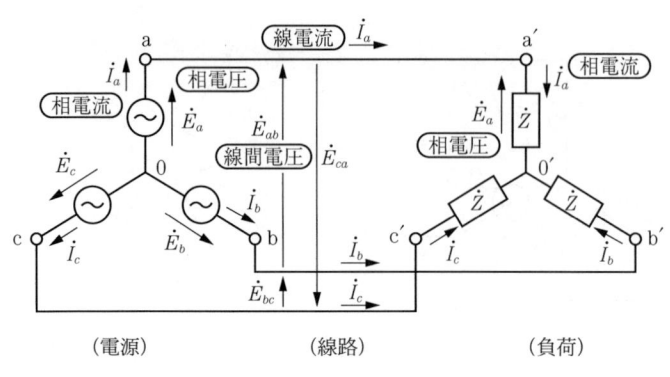

図5.4 Y接続された電源と負荷

(phase current) という。さらに電源から負荷へ供給する電線相互間の電圧を**線間電圧** (line voltage)，電線（線路）を流れる電流を**線電流** (line current) という。

つぎに線間電圧 $\dot{E}_{ab}$, $\dot{E}_{bc}$, $\dot{E}_{ca}$ を式 (5.2) を用いて，相電圧 $\dot{E}_a$, $\dot{E}_b$, $\dot{E}_c$ で表すと

$$\dot{E}_{ab} = \dot{E}_a - \dot{E}_b = E - E\left(-\frac{1}{2} - j\frac{\sqrt{3}}{2}\right) = E\left(\frac{3}{2} + j\frac{\sqrt{3}}{2}\right)$$

$$= \sqrt{3}\,E\left(\frac{\sqrt{3}}{2} + j\frac{1}{2}\right) = \sqrt{3}\,E \angle \frac{\pi}{6}$$

$$\dot{E}_{bc} = \dot{E}_b - \dot{E}_c = E\left(-\frac{1}{2} - j\frac{\sqrt{3}}{2}\right) - E\left(-\frac{1}{2} + j\frac{\sqrt{3}}{2}\right) \quad (5.5)$$

$$= -j\sqrt{3}\,E = \sqrt{3}\,E \angle -\frac{\pi}{2}$$

$$\dot{E}_{ca} = \dot{E}_c - \dot{E}_a = E\left(-\frac{1}{2} + j\frac{\sqrt{3}}{2}\right) - E = E\left(-\frac{3}{2} + j\frac{\sqrt{3}}{2}\right)$$

$$= \sqrt{3}\,E\left(-\frac{\sqrt{3}}{2} + j\frac{1}{2}\right) = \sqrt{3}\,E \angle -\frac{7\pi}{6}$$

すなわち **Y接続の線間電圧は，電源の相電圧より位相が $\pi/6$ rad 進み，大きさが相電圧の $\sqrt{3}$ 倍となる**。図5.5にY接続の相電圧と線間電圧のフェーザ図を示す。ここで $\dot{E}_{ca}$ の位相 $-7\pi/6$ rad は，反時計方向にとると $5\pi/6$

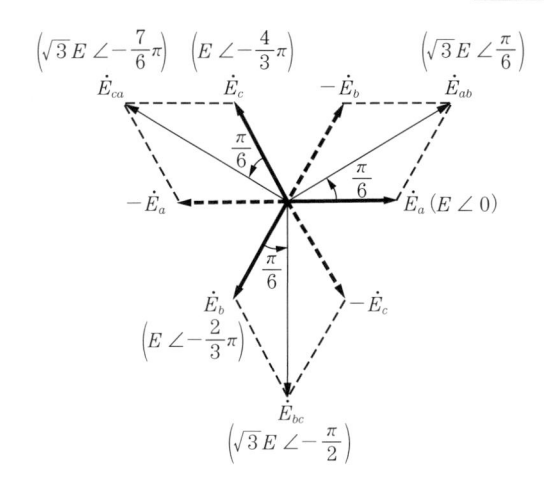

図5.5 Y接続の相電圧と線間電圧のフェーザ図

radに相当する。一方，相電圧に着目すると線間電圧より位相が $\pi/6$ rad 遅れ，大きさが $1/\sqrt{3}$ となる。つぎに，図5.4からY接続の線電流はいずれも相電流と等しくなることがわかる。

5.1.3 △接続の電圧，電流および負荷

図5.6に示す電源と負荷が△接続されたときの電圧と電流について考えてみよう。図5.6から△接続の場合は，相電圧と線間電圧が等しくなることがわかる。

△接続のときの相電流 $\dot{I}_{ab}$, $\dot{I}_{bc}$, $\dot{I}_{ca}$ は次式で表される。

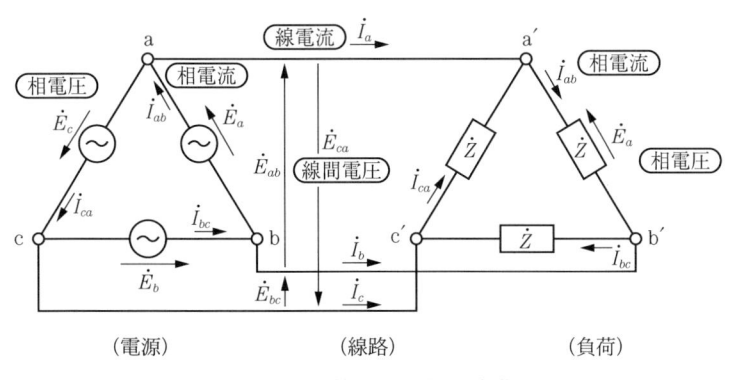

図5.6 △接続された電源と負荷

$$\dot{I}_{ab} = I \angle 0 = I$$

$$\dot{I}_{bc} = I \angle -\frac{2}{3}\pi = I\left(-\frac{1}{2} - j\frac{\sqrt{3}}{2}\right) \quad (5.6)$$

$$\dot{I}_{ca} = I \angle -\frac{4}{3}\pi = I\left(-\frac{1}{2} + j\frac{\sqrt{3}}{2}\right)$$

ここで線電流 $\dot{I}_a$, $\dot{I}_b$, $\dot{I}_c$ を上式の相電流 $\dot{I}_{ab}$, $\dot{I}_{bc}$, $\dot{I}_{ca}$ で表すと

$$\dot{I}_a = \dot{I}_{ab} - \dot{I}_{ca} = I - I\left(-\frac{1}{2} + j\frac{\sqrt{3}}{2}\right) = I\left(\frac{3}{2} - j\frac{\sqrt{3}}{2}\right)$$

$$= \sqrt{3}\,I\left(\frac{\sqrt{3}}{2} - j\frac{1}{2}\right) = \sqrt{3}\,I \angle -\frac{\pi}{6}$$

$$\dot{I}_b = \dot{I}_{bc} - \dot{I}_{ab} = I\left(-\frac{1}{2} - j\frac{\sqrt{3}}{2}\right) - I = I\left(-\frac{3}{2} - j\frac{\sqrt{3}}{2}\right)$$

$$= \sqrt{3}\,I\left(-\frac{\sqrt{3}}{2} - j\frac{1}{2}\right) = \sqrt{3}\,I \angle -\frac{5\pi}{6} \quad (5.7)$$

$$\dot{I}_c = \dot{I}_{ca} - \dot{I}_{bc} = I\left(-\frac{1}{2} + j\frac{\sqrt{3}}{2}\right) - I\left(-\frac{1}{2} - j\frac{\sqrt{3}}{2}\right)$$

$$= j\sqrt{3}\,I = \sqrt{3}\,I \angle -\frac{3\pi}{2}$$

すなわち Δ 接続の線電流は，電源の相電流より位相が $\pi/6\,\mathrm{rad}$ 遅れ，大きさが相電流の $\sqrt{3}$ 倍となる。図 5.7 に Δ 接続の相電流と線電流のフェーザ図

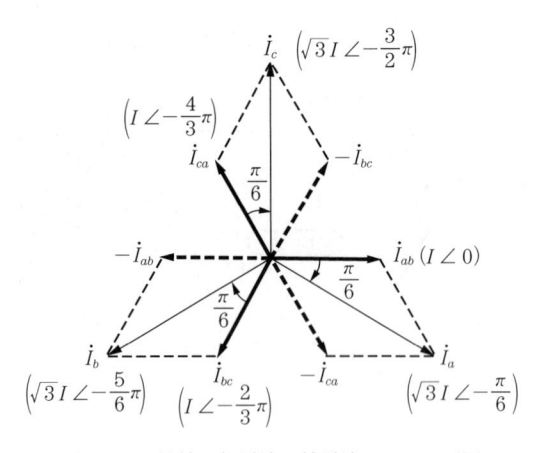

図 5.7　Δ 接続の相電流と線電流のフェーザ図

を示す．ここで $\dot{I}_c$ の位相 $-3\pi/2\,\mathrm{rad}$ は，反時計方向にとると $\pi/2\,\mathrm{rad}$ に相当する．一方，**相電流に着目すると線電流より位相が $\pi/6\,\mathrm{rad}$ 進み，大きさが $1/\sqrt{3}$ となる．**

5.1.4　平衡3相負荷インピーダンスの Δ-Y 変換

図5.4と図5.6の Y 接続と Δ 接続のそれぞれのインピーダンス $\dot{Z}$ を **Δ-Y 変換**してみよう．この場合各相ともインピーダンス $\dot{Z}$ が等しく**平衡3相負荷**となっている．ここで**図5.8**に示すように，Y 接続のインピーダンスを $\dot{Z}_Y$，Δ 接続のインピーダンスを $\dot{Z}_\Delta$ とおくと次式のように変換できる．

$$\dot{Z}_Y = \frac{\dot{Z}_\Delta}{3}, \quad \dot{Z}_\Delta = 3\dot{Z}_Y \tag{5.8}$$

表5.1に Δ 接続と Y 接続における電圧や電流などの大きさの変換表を示す．

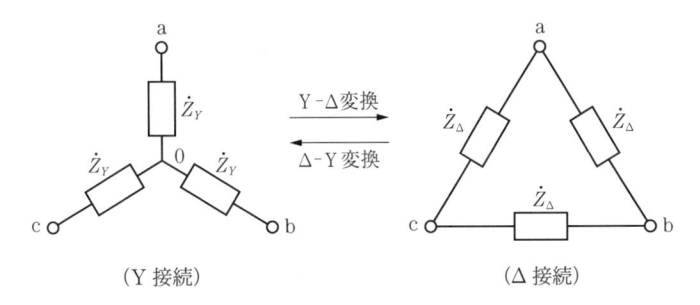

図5.8　平衡3相負荷インピーダンスの変換

表5.1　対称3相交流回路における Δ 接続と Y 接続の変換法

量　名	Δ接続 ⇄ Y接続	
1相の起電力	E	$E/\sqrt{3}$
1相の電流	I	$\sqrt{3}\,I$
1相の抵抗	R	$R/3$
1相のリアクタンス	X	$X/3$
1相のインピーダンス	Z	$Z/3$

ただし $Z = \sqrt{R^2 + X^2}$

5.2 対称3相Y接続交流回路

図5.9（a）に示す，対称3相交流電圧 $\dot{E}_a$, $\dot{E}_b$, $\dot{E}_c$ の電源と各相のインピーダンス $\dot{Z}$ が等しい平衡負荷を，ともにY接続した場合の線電流 $\dot{I}_a$, $\dot{I}_b$, $\dot{I}_c$ を求めてみよう。図5.9（a）の中で，**電源側の中性点 O と負荷側の中性点 O′ を破線で示すように接続すると，各相の電源と負荷の間に三つの閉回路が構成できる。**

ここで各相の電源と負荷の大きさが等しいので，代表的に図5.9（b）に示すa相について考えると，起電力 $\dot{E}_a$ の＋側から線電流 $\dot{I}_a = \dot{E}_a/\dot{Z}$ が負荷

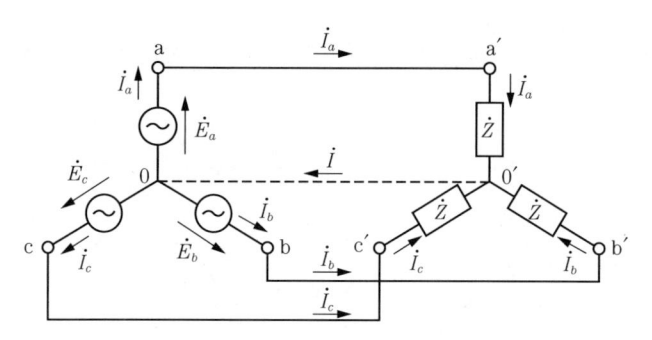

（a） 電源と負荷がY接続の場合

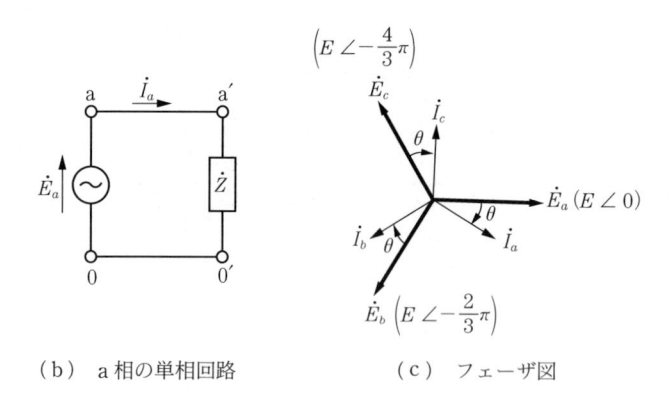

（b） a相の単相回路 　　　　　（c） フェーザ図

図5.9　対称3相Y接続交流回路

$\dot{Z}$ に流れ，中性線 (neutral line) $O' \to O$ を通って $\dot{E}_a$ の $-$ 側に戻ることがわかる．このことは3相の閉回路全体で考えると中性線には，次式に示す各相の電流の和 $\dot{I} = \dot{I}_a + \dot{I}_b + \dot{I}_c$ が流れることになる．

$$\dot{I} = \dot{I}_a + \dot{I}_b + \dot{I}_c = \frac{\dot{E}_a + \dot{E}_b + \dot{E}_c}{\dot{Z}} \tag{5.9}$$

しかしながら，上式において各相の電圧の和は，式 (5.4) で示したように $(\dot{E}_a + \dot{E}_b + \dot{E}_c) = 0$ となることから，一見不思議に思えるが中性線 $O \sim O'$ には電流 $\dot{I}$ が流れないことになる．すなわち各相に流れる対称3相交流電流の和は，電圧の場合と同様にたがいに 120° ずつ位相差があるので

$$\dot{I} = \dot{I}_a + \dot{I}_b + \dot{I}_c = 0 \tag{5.10}$$

このことは中性線のありなしにかかわらず電流 $\dot{I}$ は流れなく，さらに回路の動作が同じなので，**電源が対称で負荷が平衡している場合には中性線の接続は行わない．**

Y 接続した場合の線電流 $\dot{I}_a$, $\dot{I}_b$, $\dot{I}_c$ を求めてみよう．ただし，負荷のインピーダンスを $\dot{Z} = R + jX$ とし，電源および線路のインピーダンスは無視できるとする．

$$\begin{aligned}
\dot{I}_a &= \frac{\dot{E}_a}{\dot{Z}} = \frac{E \angle 0}{Z \angle \theta} = \frac{E}{Z} \angle -\theta \\[4pt]
\dot{I}_b &= \frac{\dot{E}_b}{\dot{Z}} = \frac{E \angle -\dfrac{2}{3}\pi}{Z \angle \theta} = \frac{E}{Z} \angle -\left(\frac{2}{3}\pi + \theta\right) \\[4pt]
\dot{I}_c &= \frac{\dot{E}_c}{\dot{Z}} = \frac{E \angle -\dfrac{4}{3}\pi}{Z \angle \theta} = \frac{E}{Z} \angle -\left(\frac{4}{3}\pi + \theta\right)
\end{aligned} \tag{5.11}$$

$$\therefore \quad \dot{Z} = R + jX = \sqrt{R^2 + X^2} \angle \tan^{-1}\frac{X}{R} = Z \angle \theta$$

図 5.9 (c) にこのフェーザ図を示す．これから各相の電圧および電流は，それぞれ $2\pi/3$ rad ずつの位相差をもち，各相の電圧と電流の位相差は θ であることがわかる．

例題 5.1 図 5.9 (a) に示す対称3相 Y 接続交流回路において，各相の電

圧の大きさが $E_a = E_b = E_c = 200$ V, 平衡3相負荷のインピーダンスが $\dot{Z} = 12 + j16$〔Ω〕のとき, 線電流 $\dot{I}_a$, $\dot{I}_b$, $\dot{I}_c$ を求めてフェーザ図を画いてみよう. ただし, 電源および線路のインピーダンスは無視できるものとする.

[解] 式 (5.11) を用いて, はじめに $\dot{Z}$ を求めてつぎに $\dot{I}_a$, $\dot{I}_b$, $\dot{I}_c$ を求める.

$$\dot{Z} = 12 + j16 = \sqrt{12^2 + 16^2} \angle \tan^{-1}\frac{16}{12} = \sqrt{400} \angle \tan^{-1}\frac{4}{3}$$
$$= 20 \angle 53.1°〔\Omega〕$$
$$\dot{I}_a = \frac{\dot{E}_a}{\dot{Z}} = \frac{200 \angle 0°}{20 \angle 53.1°} = 10 \angle -53.1°〔A〕$$
$$\dot{I}_b = \frac{\dot{E}_b}{\dot{Z}} = \frac{200 \angle -120°}{20 \angle 53.1°} = 10 \angle -173.1°〔A〕 \quad (5.12)$$
$$\dot{I}_c = \frac{\dot{E}_c}{\dot{Z}} = \frac{200 \angle -240°}{20 \angle 53.1°} = 10 \angle -293.1°〔A〕$$

図 5.10 に相電圧と線電流のフェーザ図を示す.

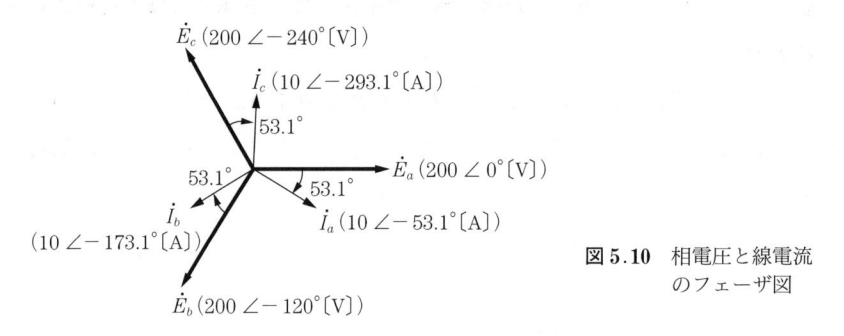

図 5.10 相電圧と線電流のフェーザ図

[例題] 5.2 例題 5.1 において, 電源のインピーダンスが $\dot{Z}_s = 0.5 + j0.8$〔Ω〕, 線路のインピーダンスが $\dot{Z}_l = 2.5 + j3.2$〔Ω〕のとき, $\dot{I}_a$, $\dot{I}_b$, $\dot{I}_c$ を求めてみよう.

[解] 全体の合成インピーダンス $\dot{Z}_0$ を求め, つぎに線電流 $\dot{I}_a$, $\dot{I}_b$, $\dot{I}_c$ を求める.
$$\dot{Z}_0 = \dot{Z}_s + \dot{Z}_l + \dot{Z} = 0.5 + j0.8 + 2.5 + j3.2 + 12 + j16 = 15 + j20$$
$$= \sqrt{15^2 + 20^2} \angle \tan^{-1}\frac{20}{15} = \sqrt{625} \angle \tan^{-1}\frac{4}{3} = 25 \angle 53.1°〔\Omega〕$$
$$\dot{I}_a = \frac{\dot{E}_a}{\dot{Z}_0} = \frac{200 \angle 0°}{25 \angle 53.1°} = 8 \angle -53.1°〔A〕 \quad (5.13)$$
$$\dot{I}_b = \frac{\dot{E}_b}{\dot{Z}_0} = \frac{200 \angle -120°}{25 \angle 53.1°} = 8 \angle -173.1°〔A〕$$

$$\dot{I}_c = \frac{\dot{E}_c}{\dot{Z}_0} = \frac{200 \angle -240°}{25 \angle 53.1°} = 8 \angle -293.1° \text{ [A]}$$

したがって，電源および線路のインピーダンスが負荷インピーダンスに比べて無視できない場合は，例題 5.1 で求めた線電流より減少することがわかる。

5.3 対称 3 相 △ 接続交流回路

図 5.11（a）に示す，対称 3 相交流電圧 $\dot{E}_{ab}$, $\dot{E}_{bc}$, $\dot{E}_{ca}$ の電源と各相のインピーダンス $\dot{Z}$ が等しい平衡負荷を，ともに △ 接続した場合の相電流 $\dot{I}_{ab}$,

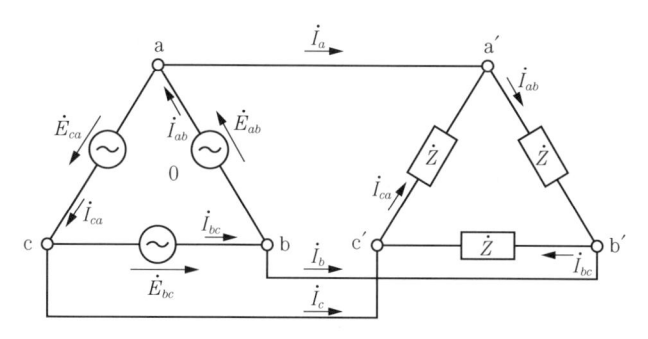

（a）電源と負荷が △ 接続の場合

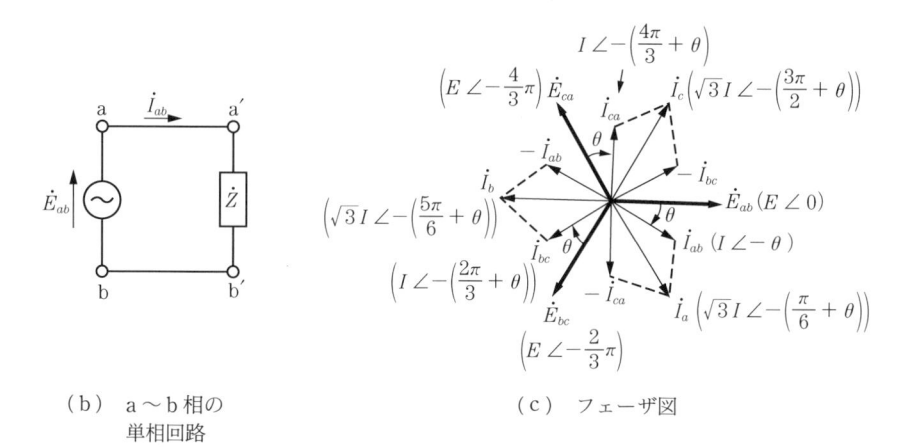

（b）a～b 相の単相回路

（c）フェーザ図

図 5.11 対称 3 相 △ 接続交流回路

$\dot{I}_{bc}$, $\dot{I}_{ca}$ と線電流 $\dot{I}_a$, $\dot{I}_b$, $\dot{I}_c$ を求めてみよう。Δ接続の場合は，各相の電圧が線間電圧 $\dot{E}_{ab}$, $\dot{E}_{bc}$, $\dot{E}_{ca}$ と等しくなる。図（a）の中で各相の電源と負荷の間には，三つの閉回路が構成できる。

ここで各相の電源と負荷の大きさが等しいので，代表的に図（b）に示す **a～b相について考えると，起電力 $\dot{E}_{ab}$ の＋側から相電流 $\dot{I}_{ab}$ が負荷 $\dot{Z}$ に a → a′ のように流れ，さらに b′ → b を通って $\dot{E}_{ab}$ の－側に戻る**ことがわかる。このことは3相の閉回路全体で考えたときのおのおのの**線電流は，$\dot{I}_a = \dot{I}_{ab} - \dot{I}_{ca}$, $\dot{I}_b = \dot{I}_{bc} - \dot{I}_{ab}$, $\dot{I}_c = \dot{I}_{ca} - \dot{I}_{bc}$ のように，相電流の差で表すこと**ができる。

はじめに，Δ接続したときの相電流 $\dot{I}_{ab}$, $\dot{I}_{bc}$, $\dot{I}_{ca}$ を求めてみよう。ただし，負荷のインピーダンスを $\dot{Z} = R + jX$ とし，電源および線路のインピーダンスは無視できるものとする。

$$\dot{I}_{ab} = \frac{\dot{E}_{ab}}{\dot{Z}} = \frac{E \angle 0}{Z \angle \theta} = \frac{E}{Z} \angle -\theta$$

$$\dot{I}_{bc} = \frac{\dot{E}_{bc}}{\dot{Z}} = \frac{E \angle -\frac{2}{3}\pi}{Z \angle \theta} = \frac{E}{Z} \angle -\left(\frac{2}{3}\pi + \theta\right) \quad (5.14)$$

$$\dot{I}_{ca} = \frac{\dot{E}_{ca}}{\dot{Z}} = \frac{E \angle -\frac{4}{3}\pi}{Z \angle \theta} = \frac{E}{Z} \angle -\left(\frac{4}{3}\pi + \theta\right)$$

$$\because \quad \dot{Z} = R + jX = \sqrt{R^2 + X^2} \angle \tan^{-1}\frac{X}{R} = Z \angle \theta$$

図5.11（c）に，これらの電圧と電流のフェーザ図を示す。つぎにΔ接続したときの線電流 $\dot{I}_a$, $\dot{I}_b$, $\dot{I}_c$ は，すでに式（5.7）で述べたように**相電流 $\dot{I}_{ab}$, $\dot{I}_{bc}$, $\dot{I}_{ca}$ に比べて，位相が π/6 rad 遅れ，大きさが $\sqrt{3}$ 倍となる**ことから，式（5.14）を用いると次式のように表せる。

$$\dot{I}_a = \dot{I}_{ab} - \dot{I}_{ca} = \sqrt{3} I \angle -\frac{\pi}{6} = \frac{\sqrt{3}E}{Z} \angle -\left(\frac{\pi}{6} + \theta\right)$$

$$\dot{I}_b = \dot{I}_{bc} - \dot{I}_{ab} = \sqrt{3} I \angle -\frac{5\pi}{6} = \frac{\sqrt{3}E}{Z} \angle -\left(\frac{5\pi}{6} + \theta\right) \quad (5.15)$$

$$\dot{I}_c = \dot{I}_{ca} - \dot{I}_{bc} = \sqrt{3}\,I \angle -\frac{3\pi}{2} = \frac{\sqrt{3}\,E}{Z} \angle -\left(\frac{3\pi}{2} + \theta\right)$$

[例題] 5.3 図5.11（a）に示す対称3相Δ接続交流回路において，電圧が $E = E_{ab} = E_{bc} = E_{ca} = 220\,\mathrm{V}$，平衡3相負荷のインピーダンスが $\dot{Z} = 8 + j6\,[\Omega]$ のとき，相電流 $\dot{I}_{ab}$, $\dot{I}_{bc}$, $\dot{I}_{ca}$ と線電流 $\dot{I}_a$, $\dot{I}_b$, $\dot{I}_c$ を求めてみよう。ただし，電源および線路のインピーダンスは無視できるとする。

[解] 式 (5.14) と (5.15) を用いて，はじめに $\dot{Z}$ を求め，つぎに $\dot{I}_{ab}$, $\dot{I}_{bc}$, $\dot{I}_{ca}$ と $\dot{I}_a$, $\dot{I}_b$, $\dot{I}_c$ を求める。

$$\dot{Z} = 8 + j6 = \sqrt{8^2 + 6^2} \angle \tan^{-1}\frac{6}{8} = \sqrt{100} \angle \tan^{-1}\frac{3}{4} = 10 \angle 36.9°\,[\Omega]$$

$$\dot{I}_{ab} = \frac{\dot{E}_{ab}}{\dot{Z}} = \frac{220 \angle 0°}{10 \angle 36.9°} = 22 \angle -36.9°\,[\mathrm{A}]$$

$$\dot{I}_{bc} = \frac{\dot{E}_{bc}}{\dot{Z}} = \frac{220 \angle -120°}{10 \angle 36.9°} = 22 \angle -156.9°\,[\mathrm{A}]$$

$$\dot{I}_{ca} = \frac{\dot{E}_{ca}}{\dot{Z}} = \frac{220 \angle -240°}{10 \angle 36.9°} = 22 \angle -276.9°\,[\mathrm{A}]$$

$$\dot{I}_a = \frac{\sqrt{3}\,E \angle -30°}{\dot{Z}} = \frac{220\sqrt{3} \angle -30°}{10 \angle 36.9°} = 22\sqrt{3} \angle -66.9°\,[\mathrm{A}] \quad (5.16)$$

$$\dot{I}_b = \frac{\sqrt{3}\,E \angle -150°}{\dot{Z}} = \frac{220\sqrt{3} \angle -150°}{10 \angle 36.9°} = 22\sqrt{3} \angle -186.9°\,[\mathrm{A}]$$

$$\dot{I}_c = \frac{\sqrt{3}\,E \angle -270°}{\dot{Z}} = \frac{220\sqrt{3} \angle -270°}{10 \angle 36.9°} = 22\sqrt{3} \angle -306.9°\,[\mathrm{A}]$$

Δ接続において電源と線路のインピーダンスが無視できない場合は，例題5.2のY接続の場合と同様に合成インピーダンスを用いて解くことができる。

5.4 対称3相Y-Δ接続交流回路

対称3相交流回路において，電源と負荷がそれぞれY接続とΔ接続の場合についてすでに学んだが，**電源と負荷の接続法が異なるY-Δ接続やΔ-Y接続がしばしば用いられる。この異なった接続法の対称3相交流回路の電圧や電流を求めるには，通常Δ-Y変換などを用いて電源と負荷の接続法を同じにする**と簡単に解くことができる。ここでは具体的に例題をあげて以下に説明する。

5. 3相交流回路

[例題] 5.4 図 5.12（a）に示す対称 3 相 Y-Δ 接続交流回路において，線電流 $\dot{I}_a$, $\dot{I}_b$, $\dot{I}_c$ と負荷の相電流 $\dot{I}_{ab}{}'$, $\dot{I}_{bc}{}'$, $\dot{I}_{ca}{}'$ を求めてみよう．ただし，$E = E_a = E_b = E_c = 200$ V, $\dot{Z} = 9 + j12 \, [\Omega]$ とする．

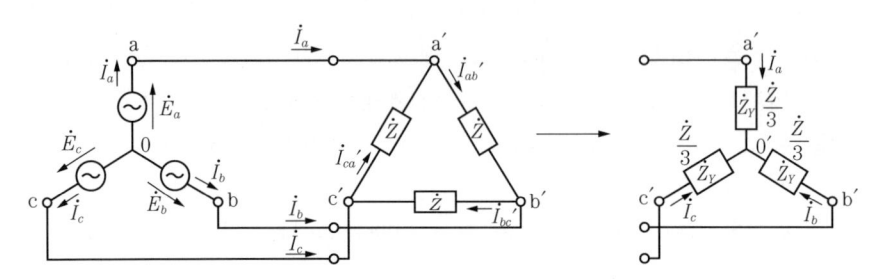

（a）対称 3 相 Y-Δ 接続交流回路　　　　（b）Δ-Y 変換した負荷

図 5.12 対称 3 相 Y-Δ 接続交流回路の解法

[解] 負荷の Δ 接続を Δ-Y 変換すると，Y 接続の負荷インピーダンス $\dot{Z}_Y$ は $\dot{Z}/3$ となる．その結果，図（b）に示す対称 3 相 Y 接続交流回路になるので，これから線電流 $\dot{I}_a$, $\dot{I}_b$, $\dot{I}_c$ を求める．

$$\dot{Z}_Y = \frac{\dot{Z}}{3} = \frac{9+j12}{3} = 3+j4 = \sqrt{3^2+4^2} \angle \tan^{-1}\frac{4}{3} = 5 \angle 53.1° \, [\Omega]$$

$$\dot{I}_a = \frac{\dot{E}_a}{\dot{Z}_Y} = \frac{200 \angle 0°}{5 \angle 53.1°} = 40 \angle -53.1° \, [\text{A}]$$

$$\dot{I}_b = \frac{\dot{E}_b}{\dot{Z}_Y} = \frac{200 \angle -120°}{5 \angle 53.1°} = 40 \angle -173.1° \, [\text{A}] \qquad (5.17)$$

$$\dot{I}_c = \frac{\dot{E}_c}{\dot{Z}_Y} = \frac{200 \angle -240°}{5 \angle 53.1°} = 40 \angle -293.1° \, [\text{A}]$$

つぎに負荷の相電流 $\dot{I}_{ab}{}'$, $\dot{I}_{bc}{}'$, $\dot{I}_{ca}{}'$ は，式 (5.7) から線電流に比べて位相が $\pi/6$ rad 進み，大きさが $1/\sqrt{3}$ となることから式 (5.17) を用いて

$$\dot{I}_{ab}{}' = \frac{\dot{I}_a}{\sqrt{3}} \angle \frac{\pi}{6} = \frac{40 \angle -53.1°}{\sqrt{3}} \angle 30° \cong 23.1 \angle -23.1° \, [\text{A}]$$

$$\dot{I}_{bc}{}' = \frac{\dot{I}_b}{\sqrt{3}} \angle \frac{\pi}{6} = \frac{40 \angle -173.1°}{\sqrt{3}} \angle 30° \cong 23.1 \angle -143.1° \, [\text{A}] \qquad (5.18)$$

$$\dot{I}_{ca}{}' = \frac{\dot{I}_c}{\sqrt{3}} \angle \frac{\pi}{6} = \frac{40 \angle -293.1°}{\sqrt{3}} \angle 30° \cong 23.1 \angle -263.1° \, [\text{A}]$$

[例題] 5.5 図 5.13（a）に示す対称 3 相 Δ-Y 接続交流回路において，線電流 $\dot{I}_a$, $\dot{I}_b$, $\dot{I}_c$ と電源の相電流 $\dot{I}_{ab}$, $\dot{I}_{bc}$, $\dot{I}_{ca}$ を求めてみよう．ただし，$E = E_{ab} = E_{bc} = E_{ca} = 240$ V, $\dot{Z} = 4 + j3 \, [\Omega]$ とする．

5.5 対称3相交流電力

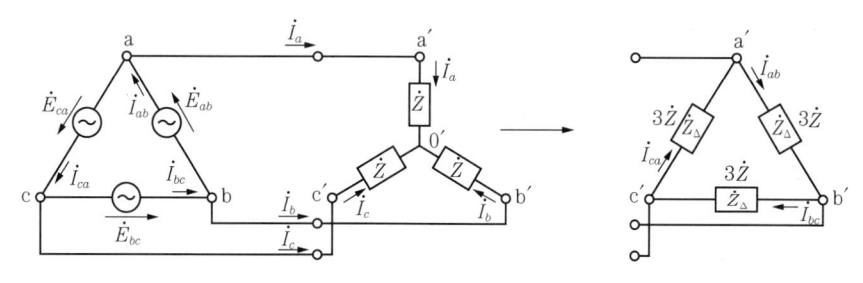

(a) 対称3相Δ-Y接続交流回路　　　(b) Y-Δ変換した負荷

図5.13　対称3相Δ-Y接続交流回路の解法

解　負荷のY接続を式(5.8)を用いてΔ接続に変換すると，負荷インピーダンス $\dot{Z}_\triangle$ が $3\dot{Z}$ をもつ対称3相Δ接続交流回路となる。これから例題5.3と同様にして相電流と線電流を求める。

$$\dot{Z}_\triangle = 3\dot{Z} = 3(4+j3) = 12+j9 = \sqrt{12^2+9^2}\,\angle \tan^{-1}\frac{9}{12}$$

$$= \sqrt{225}\,\angle \tan^{-1}\frac{3}{4} = 15\,\angle 36.9°\,[\Omega]$$

$$\dot{I}_{ab} = \frac{\dot{E}_{ab}}{\dot{Z}_\triangle} = \frac{240\,\angle 0°}{15\,\angle 36.9°} = 16\,\angle -36.9°\,[A]$$

$$\dot{I}_{bc} = \frac{\dot{E}_{bc}}{\dot{Z}_\triangle} = \frac{240\,\angle -120°}{15\,\angle 36.9°} = 16\,\angle -156.9°\,[A]$$

$$\dot{I}_{ca} = \frac{\dot{E}_{ca}}{\dot{Z}_\triangle} = \frac{240\,\angle -240°}{15\,\angle 36.9°} = 16\,\angle -276.9°\,[A] \tag{5.19}$$

$$\dot{I}_a = (\sqrt{3}\,\dot{I}_{ab})\angle -30° = (16\sqrt{3}\,\angle -36.9°)\angle -30° = 16\sqrt{3}\,\angle -66.9°\,[A]$$

$$\dot{I}_b = (\sqrt{3}\,\dot{I}_{bc})\angle -30° = (16\sqrt{3}\,\angle -156.9°)\angle -30° = 16\sqrt{3}\,\angle -186.9°\,[A]$$

$$\dot{I}_c = (\sqrt{3}\,\dot{I}_{ca})\angle -30° = (16\sqrt{3}\,\angle -276.9°)\angle -30° = 16\sqrt{3}\,\angle -306.9°\,[A]$$

5.5　対称3相交流電力

すでに図5.9 (a) に示した対称3相Y接続回路において，各相の負荷に消費される電力について考えてみよう。ここで**各相の相電圧の大きさを E，相電流の大きさを I および負荷の力率を $\cos\phi$** とおくと，各相の負荷に消費

される電力は $EI\cos\phi$ となる。3相全体では，これを3倍して次式となる。

$$P = 3EI\cos\phi \tag{5.20}$$

3相交流においては，測定のしやすさから回路の電圧は線間電圧 E_l，電流は線電流 I_l で表されることから

$$\begin{array}{ll} \text{対称 Y 接続回路では} & E_l = \sqrt{3}\,E,\ I_l = I \\ \text{対称 } \Delta \text{ 接続回路では} & E_l = E,\ I_l = \sqrt{3}\,I \end{array} \tag{5.21}$$

上式の値を式 (5.20) に代入すると消費電力（有効電力）P は，いずれの接続の場合も次式のように等しくなる。

$$P = 3\frac{E_l}{\sqrt{3}}I_l\cos\phi = 3E_l\frac{I_l}{\sqrt{3}}\cos\phi = \sqrt{3}\,E_l I_l\cos\phi\,(\text{W}) \tag{5.22}$$

すなわち，**対称3相交流電力（有効電力）P は**

$$\boldsymbol{P = \sqrt{3} \times (\text{線間電圧}) \times (\text{線電流}) \times (\text{力率})} \tag{5.23}$$

同様に**対称3相交流の無効電力 P_r と皮相電力 P_a は**

$$\begin{array}{l} P_r = \sqrt{3}\,E_l I_l \sin\phi\,(\text{Var}) \\ P_a = \sqrt{3}\,E_l I_l\,(\text{VA}) \end{array} \tag{5.24}$$

となり，有効電力 P と無効電力 P_r および皮相電力 P_a の間には

$$\begin{array}{l} \dot{P}_a = P + jP_r \\ P_a = \sqrt{P^2 + P_r^2} \end{array} \tag{5.25}$$

ここでそれぞれの単位は，P（W：ワット），P_r（Var：バール）および P_a（VA：ボルトアンペア）となっている。

[例題] 5.6 3相交流回路において，線間電圧 E_l が 200 V，線電流 I_l が 30 A および力率 $\cos\phi$ が 80% のとき，平衡3相負荷の消費電力 P を求めよ。

[解] 式 (5.23) に上記の値を代入して P を求める。

$$P = \sqrt{3}\,E_l I_l \cos\phi = \sqrt{3} \times 200 \times 30 \times 0.8 \cong 8.3\,\text{kW} \tag{5.26}$$

[例題] 5.7 Y 接続した平衡3相負荷のインピーダンス $\dot{Z} = 10 + j10\sqrt{3}$ 〔Ω〕に $E_l = 220$ V の線間電圧を加えた。このときの線電流 I_l，力率 $\cos\phi$，有効電力 P，無効電力 P_r および皮相電力 P_a を求めよ。

[解] はじめに $\dot{Z}$ を求め，線間電圧 E_l を $E_l/\sqrt{3}$ から相電圧 E に変換して線電流

I_l を求める。つぎに $\cos \phi$ と $\sin \phi$ を求めると P, P_r および P_a が求まる。

$$\dot{Z} = 10 + j10\sqrt{3} = \sqrt{10^2 + (10\sqrt{3})^2} \angle \tan^{-1} \frac{10\sqrt{3}}{10}$$

$$= \sqrt{400} \angle \tan^{-1} \sqrt{3} = 20 \angle 60° \,[\Omega]$$

$$I_l = \frac{E}{Z} = \frac{\frac{E_l}{\sqrt{3}}}{Z} = \frac{\frac{220}{\sqrt{3}}}{20} = \frac{11}{\sqrt{3}} \cong 6.36 \text{ A}$$

$$\cos \phi = \frac{R}{Z} = \frac{10}{20} = 0.5, \quad \sin \phi = \frac{X}{Z} = \frac{10\sqrt{3}}{20} = 0.865 \tag{5.27}$$

$$P = \sqrt{3}\, E_l I_l \cos \phi = \sqrt{3} \times 220 \times \frac{11}{\sqrt{3}} \times 0.5 = 1\,210 \text{ W} = 1.21 \text{ kW}$$

$$P_r = \sqrt{3}\, E_l I_l \sin \phi = \sqrt{3} \times 220 \times \frac{11}{\sqrt{3}} \times \frac{\sqrt{3}}{2} \cong 2\,093 \text{ Var} \cong 2.09 \text{ kVar}$$

$$P_a = \sqrt{3}\, E_l I_l = \sqrt{3} \times 220 \times \frac{11}{\sqrt{3}} = 2\,420 \text{ VA} = 2.42 \text{ kVA}$$

5.6 回 転 磁 界

すでに述べたように，**3 相誘導電動機**（three-phase induction motor）の**固定子巻線**に 3 相交流電流を流すと，**回転子**を動かす際必要となる**回転磁界**（rotating magnetic field）を容易につくりだすことができる。ここでは図 5.14（a）に示すように，**同じコイル a，b，c を空間的にたがいに $2\pi/3$ rad ずつ角度を変えて配置し，Y 接続もしくは △ 接続して，これにつぎのような 3 相交流電流** i_a, i_b, i_c **を流したときのコイル内にできる回転磁界**について考えてみよう。

$$i_a = I_m \sin \omega t$$

$$i_b = I_m \sin \left(\omega t - \frac{2}{3}\pi\right) \tag{5.28}$$

$$i_c = I_m \sin \left(\omega t - \frac{4}{3}\pi\right)$$

各コイルに図の $\odot$，$\otimes$ で示す方向に電流を流したとき，それぞれ磁界 $\dot{h}_a$, $\dot{h}_b$, $\dot{h}_c$ が矢印の方向にできるものとする。ここで**方向を表す記号について，**

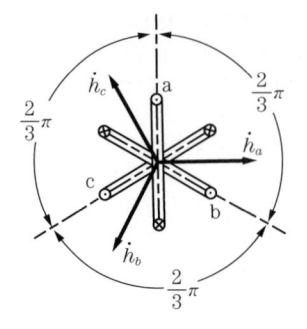

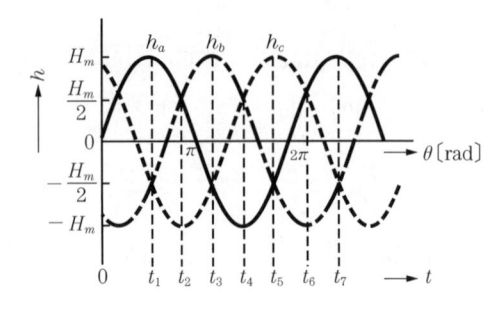

5. 3相交流回路

(a) 各コイルに生じる磁界 $\dot{h}_a$, $\dot{h}_b$, $\dot{h}_c$

(b) h_a, h_b, h_c の時間的変化

図5.14　各コイルに生じる磁界とその時間的変化

⊙ は紙面の裏側から表側に流れる場合，⊗ は紙面の表側から裏側に流れる場合をそれぞれ表している（⊙ は矢の先端，⊗ は矢の羽を連想するとよい）。

各コイルに生じる磁界の大きさ h_a, h_b, h_c は電流に比例するから，その最大値を H_m とおくと次式のようになる。

$$h_a = H_m \sin \omega t$$
$$h_b = H_m \sin \left(\omega t - \frac{2}{3}\pi \right) \tag{5.29}$$
$$h_c = H_m \sin \left(\omega t - \frac{4}{3}\pi \right)$$

上式から，各コイルにおける磁界の大きさの時間的変化は，図5.14（b）のように表すことができる。図（b）から $t = t_1$ において，各コイルに生じる磁界の大きさと方向は，図（a）を用いて表すとつぎのようになる。

コイル a では　方向が $\dot{h}_a$ と同方向　大きさが $h_a = H_m$
コイル b では　方向が $\dot{h}_b$ と逆方向　大きさが $h_b = H_m/2$
コイル c では　方向が $\dot{h}_c$ と逆方向　大きさが $h_c = H_m/2$ (5.30)

このことから**合成磁界 $\dot{h}$ の大きさ h** は，図5.15（a）に示すように

$$h = H_m + \frac{1}{2}H_m \cos \frac{\pi}{3} \times 2 = \frac{3}{2}H_m \tag{5.31}$$

(a) $t = t_1$ (b) $t = t_2$ (c) $t = t_3$

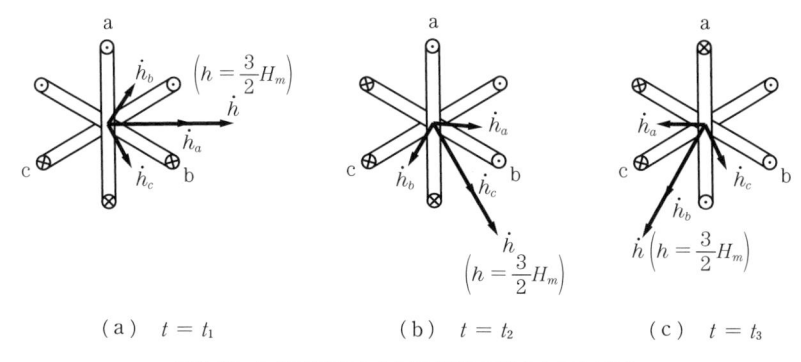

図 5.15 3相交流による回転磁界の発生と回転方向

　同様に，図 5.14（b）の $t = t_2$, t_3 における合成磁界 $\dot{h}$ は，図 5.15（b），（c）に示すように，時間に対して大きさがつねに $h = 3H_m/2$ と一定で，方向が時計方向に回転している．$t = t_4 \sim t_7$ における合成磁界 $\dot{h}$ の図は省略してあるが，3相交流電流が1周期（$t_1 \sim t_7$）を経過すると $\dot{h}$ が時計方向に1回転することが容易に推測できる．すなわち**3相交流電流の角周波数を ω とすると合成磁界 $\dot{h}$ は，$h = 3H_m/2$ の大きさをもち ω〔rad/s〕で回転する回転磁界**となる．

　このほかにも2相交流から回転磁界を得る方法がある．この場合は通常の単相交流を用いて，両コイル a，b に流れる電流の位相差がほぼ $\pi/2$ rad になるように，片方のコイルにある値のコンデンサを接続して2相交流を得ている．家庭用の洗濯機や扇風機には，上記方法による**単相誘導電動機**が多く用いられている．

演 習 問 題

(1) 図 5.16（a），（b）に示すように，抵抗 R を Y 接続および Δ 接続したときの線電流 I_{l1} と I_{l2} を求めよ．ただし，線間電圧を E_l とする．
(2) 例題 5.6 においては負荷の消費電力 $P = 4.8\sqrt{3}$ kW を求めたが，さらに皮相電力 P_a と無効電力 P_r を求めよ．
(3) 図 5.17（a）に示す回路において，$R = 36\,\Omega$，$X_L = 16\,\Omega$ のとき，線間電圧

5. 3相交流回路

(a)

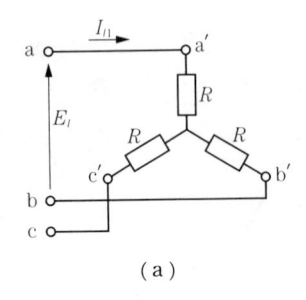

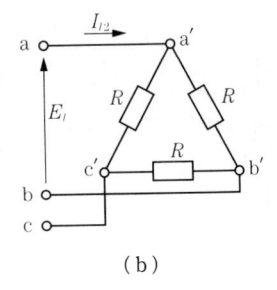

(b)

図5.16

(a)

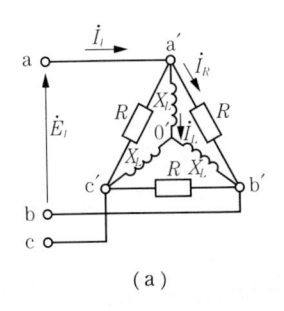

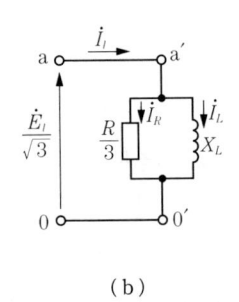

(b)

図5.17

$\dot{E}_l = 240\sqrt{3} \angle 0°$ 〔V〕を加えた。このときの線電流 $\dot{I}_l$, 力率 $\cos\phi$ および負荷の消費電力 P を図(b)を参考にして求めよ。

(4) Δ接続した平衡3相負荷のインピーダンス $\dot{Z} = 15 + j20$ 〔Ω〕に $E_l = 200$ V の線間電圧を加えた。このときの相電流 I_p, 線電流 I_l, 力率 $\cos\phi$, 有効電力 (消費電力) P, 無効電力 P_r および皮相電力 P_a を求めよ。

(5) 距離が10 km先のY接続した負荷 $\dot{Z} = 12 + j9$ 〔Ω〕まで, 線間電圧 $E_l = 200$ V の対称3相交流を送電したい。このときの線電流 I_l, 全体の力率 $\cos\phi$, 負荷の消費電力 P および電線の消費電力 (電力損失) P_L を求めよ。ただし, 電線1本当りの抵抗は 0.8 Ω/km, 誘導性リアクタンスは 0.6 Ω/km とする。

(6) 図5.16(a)に示したY接続の負荷において, $E_l = 200$ V を加えたときに $I_{l1} = 5$ A が流れた。同様に図(b)に示すΔ接続の負荷に $E_l = 200$ V を加えたときに流れる I_{l2} を求めよ。さらにY接続およびΔ接続の場合の電力 P_Y, P_Δ を求めよ。

6

2 端子対回路

複雑な回路において，その回路の入力側と出力側に注目して回路の内部をシステム的に単純化し，電圧，電流および電力を実用的に扱う方法として2端子対回路がある。この表記方法を用いると複雑な回路の設計や解析をより簡略化できる。

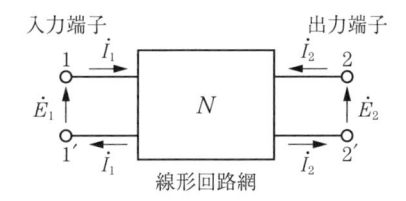

6.1 2端子対回路について

2端子対回路を図 6.1 に示す。回路網 N が左側の1対の入力端子（1～1'）と右側の1対の出力端子（2～2'）をもち，その2対の入出力端子を介して電圧や電流などが伝送される場合，この回路全体を **2端子対回路**（two-terminal pair circuit），**2ポート回路**（two-port circuit）もしくは **4端子回路**（four-terminal circuit）と呼んでいる。

図 6.1 2端子対回路

ここで2端子対回路を考える際，つぎの条件を満たしているものとする。
（1） 電圧と電流が比例する線形回路であること。
（2） 入出力端子の一端から回路に流入した電流 $\dot{I}_1$, $\dot{I}_2$ は，その端子の他端から同じ電流 $\dot{I}_1$, $\dot{I}_2$ が流出すること。

通常，入力端子の電圧と電流を $\dot{E}_1$, $\dot{I}_1$ とし，出力端子の電圧と電流を $\dot{E}_2$,

$\dot{I}_2$ とする。しかし2端子対回路の表示法によっては，出力端子の電流 $\dot{I}_2$ の方向が図6.1に示す方向と逆になる場合があるので注意すること。

この2端子対回路は，抵抗 R，インダクタンス L，キャパシタンス C および相互インダクタンス M を含む線形回路網をはじめ，電圧源や電流源を含むトランジスタなどの半導体素子回路にも応用することができる。

6.2　2端子対回路のマトリクス表示

2端子対回路を数式的に表示したり計算する場合には，**マトリクス**（matrix：**行列**）表示すると回路図との対応がつきやすく計算が単純に行える利点がある。ここでは2端子対回路の代表的な表示法について説明する。

6.2.1　Z マトリクス

図6.2（a）に2端子対回路の Z マトリクス表示を示す。図において，入出力電圧 $\dot{E}_1$, $\dot{E}_2$ を入出力電流 $\dot{I}_1$, $\dot{I}_2$ とある係数の線形結合で表すと次式のようになる。

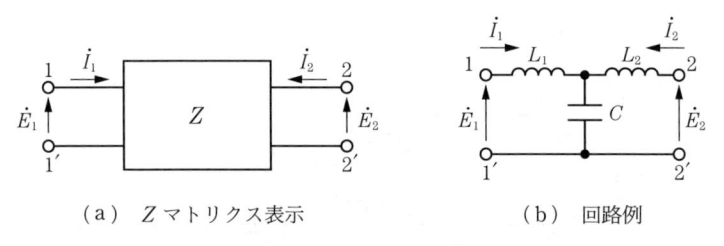

（a）　Z マトリクス表示　　　　（b）　回路例

図6.2　2端子対回路の Z マトリクス表示

$$\dot{E}_1 = \dot{Z}_{11}\dot{I}_1 + \dot{Z}_{12}\dot{I}_2$$
$$\dot{E}_2 = \dot{Z}_{21}\dot{I}_1 + \dot{Z}_{22}\dot{I}_2 \tag{6.1}$$

上式を付録にある数学の公式を参照してマトリクス表示すると

$$\begin{bmatrix} \dot{E}_1 \\ \dot{E}_2 \end{bmatrix} = \begin{bmatrix} \dot{Z}_{11} & \dot{Z}_{12} \\ \dot{Z}_{21} & \dot{Z}_{22} \end{bmatrix} \begin{bmatrix} \dot{I}_1 \\ \dot{I}_2 \end{bmatrix} \tag{6.2}$$

ここで次式の Z をインピーダンスマトリクス（Z マトリクス），その要素の $\dot{Z}_{11}\sim\dot{Z}_{22}$ をインピーダンスパラメータ（Z パラメータ）と呼んでいる。
また Z は対称マトリクスなので $\dot{Z}_{12} = \dot{Z}_{21}$ となる。

$$Z = \begin{bmatrix} \dot{Z}_{11} & \dot{Z}_{12} \\ \dot{Z}_{21} & \dot{Z}_{22} \end{bmatrix} \tag{6.3}$$

つぎに，Z パラメータ $\dot{Z}_{11}\sim\dot{Z}_{22}$ を具体的に求めてみよう。はじめに式 (6.1) から $\dot{Z}_{11}$ を求めるには，$\dot{I}_2 = 0$ すなわち**出力端子を開放**して $\dot{Z}_{11} = \dot{E}_1/\dot{I}_1$ から求まることがわかる。同様に $\dot{Z}_{12}$ を求めるには，$\dot{I}_1 = 0$ すなわち**入力端子を開放**して $\dot{Z}_{12} = \dot{E}_1/\dot{I}_2$ から求まる。このようにして Z パラメータの求め方を以下にまとめると

$$
\begin{aligned}
\dot{Z}_{11} &= \left.\frac{\dot{E}_1}{\dot{I}_1}\right|_{\dot{I}_2=0} \quad \text{（出力開放時の入力インピーダンス）} \\
\dot{Z}_{12} &= \left.\frac{\dot{E}_1}{\dot{I}_2}\right|_{\dot{I}_1=0} \quad \text{（入力開放時の逆方向伝達インピーダンス）} \\
\dot{Z}_{21} &= \left.\frac{\dot{E}_2}{\dot{I}_1}\right|_{\dot{I}_2=0} \quad \text{（出力開放時の伝達インピーダンス）} \\
\dot{Z}_{22} &= \left.\frac{\dot{E}_2}{\dot{I}_2}\right|_{\dot{I}_1=0} \quad \text{（入力開放時の出力インピーダンス）}
\end{aligned}
\tag{6.4}
$$

［例題］6.1 図 6.2（b）に示す回路の Z パラメータを求めよ。

［解］ 式 (6.4) を用いて，入出力を開放して求める。

$$
\begin{aligned}
\dot{Z}_{11} &= \left.\frac{\dot{E}_1}{\dot{I}_1}\right|_{\dot{I}_2=0} = \frac{\left(j\omega L_1 + \dfrac{1}{j\omega C}\right)\dot{I}_1}{\dot{I}_1} = j\omega L_1 + \frac{1}{j\omega C} \\
\dot{Z}_{12} &= \left.\frac{\dot{E}_1}{\dot{I}_2}\right|_{\dot{I}_1=0} = \frac{\dfrac{\dot{I}_2}{j\omega C}}{\dot{I}_2} = \frac{1}{j\omega C} \\
\dot{Z}_{21} &= \left.\frac{\dot{E}_2}{\dot{I}_1}\right|_{\dot{I}_2=0} = \frac{\dfrac{\dot{I}_1}{j\omega C}}{\dot{I}_1} = \frac{1}{j\omega C} \\
\dot{Z}_{22} &= \left.\frac{\dot{E}_2}{\dot{I}_2}\right|_{\dot{I}_1=0} = \frac{\left(j\omega L_2 + \dfrac{1}{j\omega C}\right)\dot{I}_2}{\dot{I}_2} = j\omega L_2 + \frac{1}{j\omega C}
\end{aligned}
\tag{6.5}
$$

6.2.2　Y マトリクス

図 6.3（a）に 2 端子対回路の Y マトリクス表示を示す．図において，入出力電流 $\dot{I}_1$，$\dot{I}_2$ を入出力電圧 $\dot{E}_1$，$\dot{E}_2$ とある係数の線形結合で表すと次式のようになる．

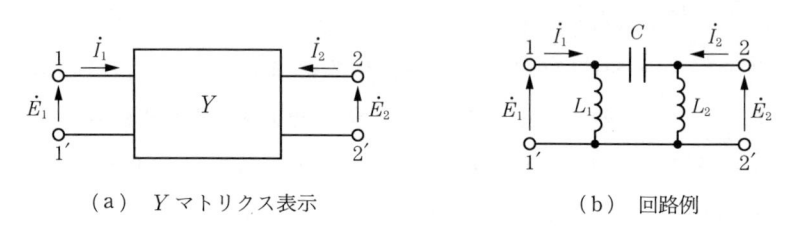

（a）　Y マトリクス表示　　　　　（b）　回路例

図 6.3　2 端子対回路の Y マトリクス表示

$$\begin{aligned}\dot{I}_1 &= \dot{Y}_{11}\dot{E}_1 + \dot{Y}_{12}\dot{E}_2 \\ \dot{I}_2 &= \dot{Y}_{21}\dot{E}_1 + \dot{Y}_{22}\dot{E}_2\end{aligned} \tag{6.6}$$

上式をマトリクス表示すると

$$\begin{bmatrix}\dot{I}_1 \\ \dot{I}_2\end{bmatrix} = \begin{bmatrix}\dot{Y}_{11} & \dot{Y}_{12} \\ \dot{Y}_{21} & \dot{Y}_{22}\end{bmatrix}\begin{bmatrix}\dot{E}_1 \\ \dot{E}_2\end{bmatrix} \tag{6.7}$$

ここで次式の Y を**アドミタンスマトリクス**（Y **マトリクス**），その要素の $\dot{Y}_{11}$〜$\dot{Y}_{22}$ を**アドミタンスパラメータ**（Y **パラメータ**）と呼んでいる．

$$Y = \begin{bmatrix}\dot{Y}_{11} & \dot{Y}_{12} \\ \dot{Y}_{21} & \dot{Y}_{22}\end{bmatrix} \tag{6.8}$$

$$\therefore \quad \dot{Y}_{12} = \dot{Y}_{21}$$

つぎに，Y パラメータ $\dot{Y}_{11}$〜$\dot{Y}_{22}$ を具体的に式（6.6）を用いて求めてみよう．式から**入力を短絡**（$\dot{E}_1 = 0$）もしくは**出力を短絡**（$\dot{E}_2 = 0$）することにより以下のように求まることがわかる．

$$\begin{aligned}\dot{Y}_{11} &= \left.\frac{\dot{I}_1}{\dot{E}_1}\right|_{\dot{E}_2=0} \text{（出力短絡時の入力アドミタンス）} \\ \dot{Y}_{12} &= \left.\frac{\dot{I}_1}{\dot{E}_2}\right|_{\dot{E}_1=0} \text{（入力短絡時の逆方向伝達アドミタンス）}\end{aligned} \tag{6.9}$$

$$\dot{Y}_{21} = \left.\frac{\dot{I}_2}{\dot{E}_1}\right|_{\dot{E}_2=0} \quad (出力短絡時の伝達アドミタンス)$$

$$\dot{Y}_{22} = \left.\frac{\dot{I}_2}{\dot{E}_2}\right|_{\dot{E}_1=0} \quad (入力短絡時の出力アドミタンス)$$

[例題] 6.2 図 6.3（b）に示す回路の Y パラメータを求めよ。

[解] 式 (6.9) を用いて，入出力を短絡して求める。

$$\begin{aligned}
\dot{Y}_{11} &= \left.\frac{\dot{I}_1}{\dot{E}_1}\right|_{\dot{E}_2=0} = \frac{\dfrac{\dot{E}_1}{j\omega L_1} + j\omega C\dot{E}_1}{\dot{E}_1} = \frac{1}{j\omega L_1} + j\omega C \\
\dot{Y}_{12} &= \left.\frac{\dot{I}_1}{\dot{E}_2}\right|_{\dot{E}_1=0} = \frac{-j\omega C\dot{E}_2}{\dot{E}_2} = -j\omega C \\
\dot{Y}_{21} &= \left.\frac{\dot{I}_2}{\dot{E}_1}\right|_{\dot{E}_2=0} = \frac{-j\omega C\dot{E}_1}{\dot{E}_1} = -j\omega C \\
\dot{Y}_{22} &= \left.\frac{\dot{I}_2}{\dot{E}_2}\right|_{\dot{E}_1=0} = \frac{\dfrac{\dot{E}_2}{j\omega L_2} + j\omega C\dot{E}_2}{\dot{E}_2} = \frac{1}{j\omega L_2} + j\omega C
\end{aligned} \quad (6.10)$$

6.2.3 F マトリクス

すでに Z および Y マトリクスについて述べたが，**縦続接続された回路網の解析などには，F マトリクス**（fundamental matrix）**と呼ばれる表示法**が多く用いられている。図 6.4（a）に 2 端子対回路の F マトリクス表示を示す。図において，入力電圧 $\dot{E}_1$ と入力電流 $\dot{I}_1$ を出力電圧 $\dot{E}_2$ と出力電流 $\dot{I}_2$ との線形結合で表すと次式のようになる。ここで**出力電流 $\dot{I}_2$ の方向が，Z や Y マトリクスとは逆になっている**ことに注意すること。

$$\begin{aligned}
\dot{E}_1 &= \dot{A}\dot{E}_2 + \dot{B}\dot{I}_2 \\
\dot{I}_1 &= \dot{C}\dot{E}_2 + \dot{D}\dot{I}_2
\end{aligned} \quad (6.11)$$

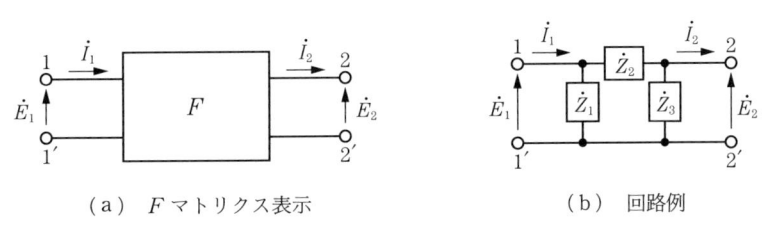

（a） F マトリクス表示　　　　　（b） 回路例

図 6.4 2 端子対回路の F マトリクス表示

上式をマトリクス表示すると

$$\begin{bmatrix} \dot{E}_1 \\ \dot{I}_1 \end{bmatrix} = \begin{bmatrix} \dot{A} & \dot{B} \\ \dot{C} & \dot{D} \end{bmatrix} \begin{bmatrix} \dot{E}_2 \\ \dot{I}_2 \end{bmatrix} \tag{6.12}$$

ここで次式の F を F マトリクス，その要素の $\dot{A}$, $\dot{B}$, $\dot{C}$, $\dot{D}$ を F パラメータもしくは 4 端子パラメータと呼んでいる。

$$F = \begin{bmatrix} \dot{A} & \dot{B} \\ \dot{C} & \dot{D} \end{bmatrix} \tag{6.13}$$

$$\because \dot{A}\dot{D} - \dot{B}\dot{C} = 1$$

つぎに，パラメータの $\dot{A}$, $\dot{B}$, $\dot{C}$, $\dot{D}$ を具体的に式 (6.11) を用いて求めてみよう。式から**出力を短絡**（$\dot{E}_2 = 0$）もしくは**出力を開放**（$\dot{I}_2 = 0$）することにより以下のように求まることがわかる。

$$\begin{aligned} \dot{A} &= \left.\frac{\dot{E}_1}{\dot{E}_2}\right|_{\dot{I}_2=0} \text{（出力開放時の逆方向電圧伝達比）} \\ \dot{B} &= \left.\frac{\dot{E}_1}{\dot{I}_2}\right|_{\dot{E}_2=0} \text{（出力短絡時の逆方向伝達インピーダンス）} \\ \dot{C} &= \left.\frac{\dot{I}_1}{\dot{E}_2}\right|_{\dot{I}_2=0} \text{（出力開放時の逆方向伝達アドミタンス）} \\ \dot{D} &= \left.\frac{\dot{I}_1}{\dot{I}_2}\right|_{\dot{E}_2=0} \text{（出力短絡時の逆方向電流伝達比）} \end{aligned} \tag{6.14}$$

このほかにも**トランジスタ**などの半導体素子を含む能動回路の表示法として，**H マトリクス**（hybrid matrix）があるが，ここでは省略する。

例題 6.3 図 6.4（b）に示す回路の F パラメータを求めよ。

解 式 (6.14) を用いて，出力を開放もしくは短絡して求める。

$$\begin{aligned} \dot{A} &= \left.\frac{\dot{E}_1}{\dot{E}_2}\right|_{\dot{I}_2=0} = \frac{\dot{E}_1}{\dfrac{\dot{Z}_3}{\dot{Z}_2 + \dot{Z}_3}\dot{E}_1} = 1 + \frac{\dot{Z}_2}{\dot{Z}_3} \\ \dot{B} &= \left.\frac{\dot{E}_1}{\dot{I}_2}\right|_{\dot{E}_2=0} = \frac{\dot{E}_1}{\dfrac{\dot{E}_1}{\dot{Z}_2}} = \dot{Z}_2 \end{aligned} \tag{6.15}$$

$$\dot{C} = \left.\frac{\dot{I}_1}{\dot{E}_2}\right|_{\dot{I}_2=0} = \frac{\dfrac{\dot{E}_1}{\dot{Z}_1} + \dfrac{\dot{E}_1}{\dot{Z}_2 + \dot{Z}_3}}{\dfrac{\dot{Z}_3}{\dot{Z}_2 + \dot{Z}_3}\dot{E}_1} = \frac{\dot{Z}_1 + \dot{Z}_2 + \dot{Z}_3}{\dot{Z}_1 \dot{Z}_3}$$

$$\dot{D} = \left.\frac{\dot{I}_1}{\dot{I}_2}\right|_{\dot{E}_2=0} = \frac{\dfrac{\dot{E}_1}{\dot{Z}_1} + \dfrac{\dot{E}_1}{\dot{Z}_2}}{\dfrac{\dot{E}_1}{\dot{Z}_2}} = 1 + \frac{\dot{Z}_2}{\dot{Z}_1}$$

ここで求めた F パラメータの値を $\dot{A}\dot{D} - \dot{B}\dot{C} = 1$ に代入することにより，それぞれの値が正しいか検算できる。

6.3　2端子対回路の相互接続

2端子対回路の利点は，複雑な回路においても単純な個々の2端子対回路の複数接続と考えることができ，単純なマトリクス計算から回路の電圧や電流を求めることができることである。**接続方法には，直列接続，並列接続および縦続接続がある。**

6.3.1　直　列　接　続

図 **6.5**（a）に示すように，1対の入力側端子（1a′～1b）および出力側端子（2a′～2b）間を接続したとき，これを2端子対回路の**直列接続**（series connection）と呼ぶ。全体の回路を図（b）に示すが，図（a）と比較すると

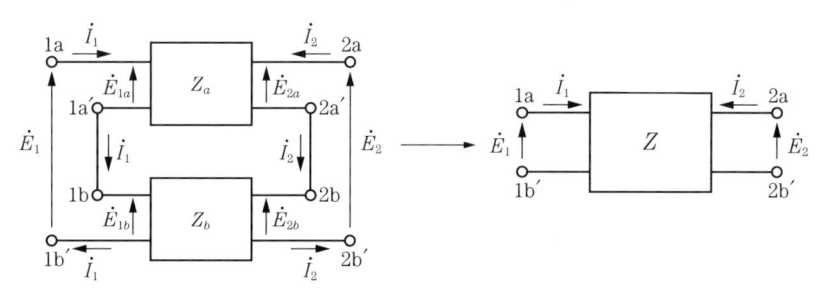

（a）　Z パラメータによる直列接続　　　　　　（b）　全体の回路

図 **6.5**　2端子対回路の直列接続

わかるように，入出力電圧がそれぞれの和になっている。このことから直列接続の場合には，Z パラメータを用いた方が実用的といえる。

図 6.5（a）のそれぞれの回路をマトリクス表示すると

$$\begin{bmatrix} \dot{E}_{1a} \\ \dot{E}_{2a} \end{bmatrix} = Z_a \begin{bmatrix} \dot{I}_1 \\ \dot{I}_2 \end{bmatrix}, \quad \begin{bmatrix} \dot{E}_{1b} \\ \dot{E}_{2b} \end{bmatrix} = Z_b \begin{bmatrix} \dot{I}_1 \\ \dot{I}_2 \end{bmatrix} \tag{6.16}$$

図 6.5（b）から全体の回路のマトリクス表示は

$$\begin{bmatrix} \dot{E}_1 \\ \dot{E}_2 \end{bmatrix} = Z \begin{bmatrix} \dot{I}_1 \\ \dot{I}_2 \end{bmatrix} \tag{6.17}$$

$\dot{E}_1 = \dot{E}_{1a} + \dot{E}_{1b}$，$\dot{E}_2 = \dot{E}_{2a} + \dot{E}_{2b}$ なので，これを式（6.17）に代入する。なお付録のマトリクスの公式を参照して求めると

$$\begin{bmatrix} \dot{E}_1 \\ \dot{E}_2 \end{bmatrix} = \begin{bmatrix} \dot{E}_{1a} \\ \dot{E}_{2a} \end{bmatrix} + \begin{bmatrix} \dot{E}_{1b} \\ \dot{E}_{2b} \end{bmatrix} = (Z_a + Z_b) \begin{bmatrix} \dot{I}_1 \\ \dot{I}_2 \end{bmatrix} = Z \begin{bmatrix} \dot{I}_1 \\ \dot{I}_2 \end{bmatrix}$$

$$\therefore \quad Z = Z_a + Z_b \tag{6.18}$$

すなわち**直列接続した回路の全体の Z マトリクスは，それぞれの回路の Z マトリクスの和**となる。

[例題] 6.4 図 6.6 に示す直列接続された回路の Z マトリクスを求めよ。

[解] 直列接続の上部の回路は，例題 6.1 と同様であり Z_a はすでに式（6.5）で求まっている。式（6.5）から下部の回路の Z_b を求め，全体の和をとる。

$$Z_a = \begin{bmatrix} j\omega L_1 + \dfrac{1}{j\omega C} & \dfrac{1}{j\omega C} \\ \dfrac{1}{j\omega C} & j\omega L_2 + \dfrac{1}{j\omega C} \end{bmatrix}, \quad Z_b = \begin{bmatrix} 2R & R \\ R & R \end{bmatrix}$$

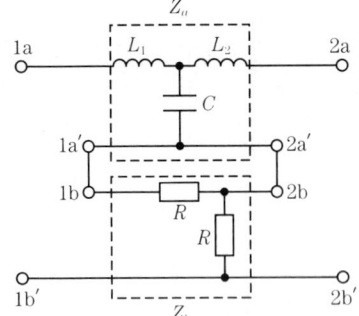

図 6.6 2 端子対回路の直列接続の例

$$\therefore \quad Z = Z_a + Z_b = \begin{bmatrix} 2R + j\left(\omega L_1 - \dfrac{1}{\omega C}\right) & R + \dfrac{1}{j\omega C} \\ R + \dfrac{1}{j\omega C} & R + j\left(\omega L_2 - \dfrac{1}{\omega C}\right) \end{bmatrix}$$
(6.19)

6.3.2 並 列 接 続

図 6.7（a）に示す接続法を 2 端子対回路の**並列接続**（parallel connection）という。図（a），（b）を比較すると入出力電流がそれぞれ和になっている。このことから並列接続の場合には，Y パラメータを用いた方が便利といえる。

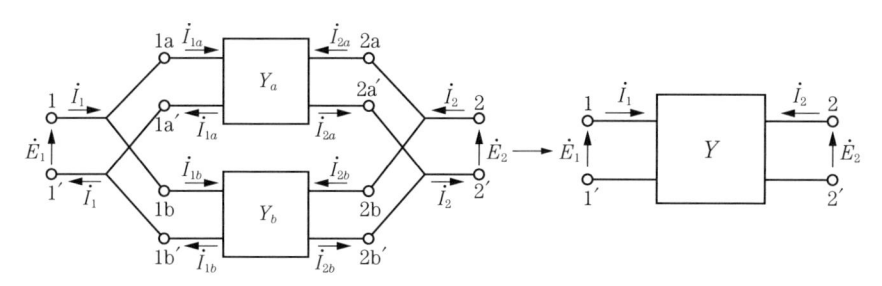

（a） Y パラメータによる並列接続　　　　　（b） 全体の回路

図 6.7 2 端子対回路の並列接続

図 6.7（a）のそれぞれの回路をマトリクス表示すると

$$\begin{bmatrix} \dot{I}_{1a} \\ \dot{I}_{2a} \end{bmatrix} = Y_a \begin{bmatrix} \dot{E}_1 \\ \dot{E}_2 \end{bmatrix}, \quad \begin{bmatrix} \dot{I}_{1b} \\ \dot{I}_{2b} \end{bmatrix} = Y_b \begin{bmatrix} \dot{E}_1 \\ \dot{E}_2 \end{bmatrix}$$
(6.20)

図 6.7（b）から全体の回路のマトリクス表示は

$$\begin{bmatrix} \dot{I}_1 \\ \dot{I}_2 \end{bmatrix} = Y \begin{bmatrix} \dot{E}_1 \\ \dot{E}_2 \end{bmatrix}$$
(6.21)

$\dot{I}_1 = \dot{I}_{1a} + \dot{I}_{1b}$，$\dot{I}_2 = \dot{I}_{2a} + \dot{I}_{2b}$ なので，これを式 (6.21) に代入すると

$$\begin{bmatrix} \dot{I}_1 \\ \dot{I}_2 \end{bmatrix} = \begin{bmatrix} \dot{I}_{1a} \\ \dot{I}_{2a} \end{bmatrix} + \begin{bmatrix} \dot{I}_{1b} \\ \dot{I}_{2b} \end{bmatrix} = (Y_a + Y_b)\begin{bmatrix} \dot{E}_1 \\ \dot{E}_2 \end{bmatrix} = Y \begin{bmatrix} \dot{E}_1 \\ \dot{E}_2 \end{bmatrix}$$

$$\therefore \quad Y = Y_a + Y_b$$
(6.22)

すなわち**並列接続した回路の全体の Y マトリクスは，それぞれの回路の Y マトリクスの和**となる。

[例題] 6.5 図 6.8 に示す並列接続された回路の Y マトリクスを求めよ。

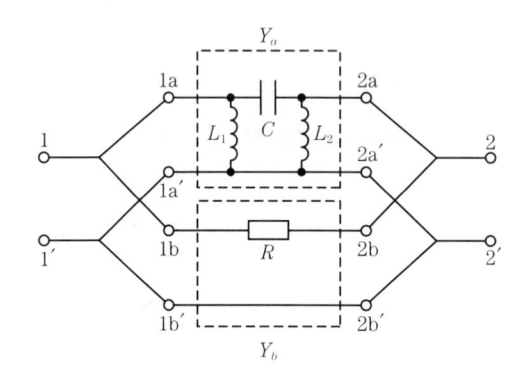

図 6.8 2 端子対回路の並列接続の例

[解] 並列接続の上部の回路の Y_a は，例題 6.2 の式 (6.10) ですでに求まっている。つぎに下部の回路の Y_b を式 (6.9) から求め，全体の和をとる。

$$Y_a = \begin{bmatrix} j\omega C + \dfrac{1}{j\omega L_1} & -j\omega C \\ -j\omega C & j\omega C + \dfrac{1}{j\omega L_2} \end{bmatrix}, \quad Y_b = \begin{bmatrix} \dfrac{1}{R} & -\dfrac{1}{R} \\ -\dfrac{1}{R} & \dfrac{1}{R} \end{bmatrix}$$

$$\therefore \ Y = Y_a + Y_b = \begin{bmatrix} \dfrac{1}{R} + j\left(\omega C - \dfrac{1}{\omega L_1}\right) & -\left(\dfrac{1}{R} + j\omega C\right) \\ -\left(\dfrac{1}{R} + j\omega C\right) & \dfrac{1}{R} + j\left(\omega C - \dfrac{1}{\omega L_2}\right) \end{bmatrix}$$

(6.23)

6.3.3 縦 続 接 続

図 6.9（a）に示すように，ある**回路の出力 $\dot{E}_{2a}$，$\dot{I}_{2a}$ が次段の入力 $\dot{E}_{1b}$，$\dot{I}_{1b}$ として接続する縦続接続**（cascade connection）は，伝送回路をはじめとして複数の回路が多段接続されているときに有効といえる。この場合は F パラメータが用いられる。

図 6.9（a）のそれぞれの回路をマトリクス表示すると

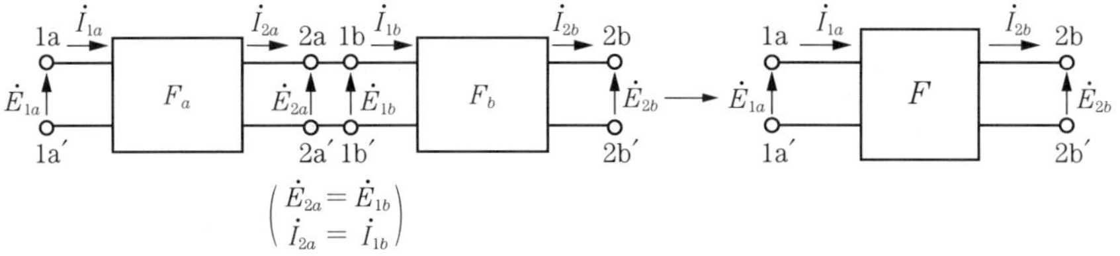

6.3 2端子対回路の相互接続

(a) F パラメータによる縦続接続　　　　(b) 全体の回路

図 6.9 2端子対回路の縦続接続

$$\begin{bmatrix} \dot{E}_{1a} \\ \dot{I}_{1a} \end{bmatrix} = F_a \begin{bmatrix} \dot{E}_{2a} \\ \dot{I}_{2a} \end{bmatrix}, \quad \begin{bmatrix} \dot{E}_{1b} \\ \dot{I}_{1b} \end{bmatrix} = F_b \begin{bmatrix} \dot{E}_{2b} \\ \dot{I}_{2b} \end{bmatrix} \tag{6.24}$$

つぎに $\dot{E}_{2a} = \dot{E}_{1b}$, $\dot{I}_{2a} = \dot{I}_{1b}$ の関係を上式の中に取り込み，図（b）から全体の回路のマトリクス表示を求めると

$$\begin{bmatrix} \dot{E}_{1a} \\ \dot{I}_{1a} \end{bmatrix} = F_a F_b \begin{bmatrix} \dot{E}_{2b} \\ \dot{I}_{2b} \end{bmatrix} = F \begin{bmatrix} \dot{E}_{2b} \\ \dot{I}_{2b} \end{bmatrix} \tag{6.25}$$

すなわち**縦続接続した回路の全体の F マトリクスは，それぞれの回路の F マトリクスの積**となる。

ここで図 6.9（a）に示す回路の各マトリクス F_a, F_b をつぎのようにおくと，全体の F マトリクスは式（6.26）となる。

$$F_a = \begin{bmatrix} \dot{A}_a & \dot{B}_a \\ \dot{C}_a & \dot{D}_a \end{bmatrix}, \quad F_b = \begin{bmatrix} \dot{A}_b & \dot{B}_b \\ \dot{C}_b & \dot{D}_b \end{bmatrix}$$

$$F = F_a F_b = \begin{bmatrix} \dot{A}_a & \dot{B}_a \\ \dot{C}_a & \dot{D}_a \end{bmatrix} \begin{bmatrix} \dot{A}_b & \dot{B}_b \\ \dot{C}_b & \dot{D}_b \end{bmatrix} = \begin{bmatrix} \dot{A}_a \dot{A}_b + \dot{B}_a \dot{C}_b & \dot{A}_a \dot{B}_b + \dot{B}_a \dot{D}_b \\ \dot{C}_a \dot{A}_b + \dot{D}_a \dot{C}_b & \dot{C}_a \dot{B}_b + \dot{D}_a \dot{D}_b \end{bmatrix} \tag{6.26}$$

[例題] 6.6 図 6.10（a）に示す T 形回路の F マトリクスを求めよ。

[解] 図（b）に示す三つの回路の縦続接続として考える。各回路のマトリクスを F_a, F_b, F_c とおくと，求める全体のマトリクスは $F = F_a F_b F_c$ となる。F_a, F_b, F_c を式（6.14）から求め，F を式（6.25）から求める。

$$F_a = \begin{bmatrix} 1 & \dot{Z}_1 \\ 0 & 1 \end{bmatrix}, \quad F_b = \begin{bmatrix} 1 & 0 \\ \dfrac{1}{\dot{Z}_2} & 1 \end{bmatrix}, \quad F_c = \begin{bmatrix} 1 & \dot{Z}_3 \\ 0 & 1 \end{bmatrix}$$

6. 2端子対回路

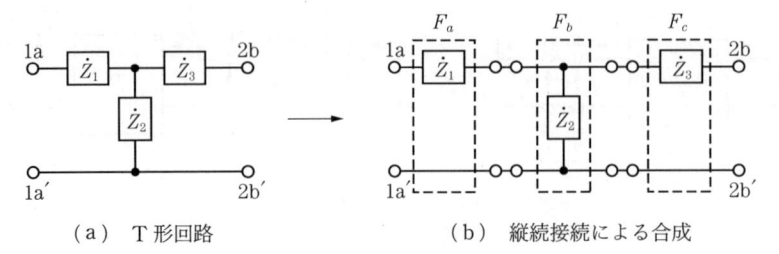

（a）T形回路

（b）縦続接続による合成

図 6.10　縦続接続による解法例 1

$$F = F_a F_b F_c = \begin{bmatrix} 1 & \dot{Z}_1 \\ 0 & 1 \end{bmatrix} \begin{bmatrix} 1 & 0 \\ \dfrac{1}{\dot{Z}_2} & 1 \end{bmatrix} \begin{bmatrix} 1 & \dot{Z}_3 \\ 0 & 1 \end{bmatrix} = \begin{bmatrix} 1+\dfrac{\dot{Z}_1}{\dot{Z}_2} & \dot{Z}_1 \\ \dfrac{1}{\dot{Z}_2} & 1 \end{bmatrix} \begin{bmatrix} 1 & \dot{Z}_3 \\ 0 & 1 \end{bmatrix}$$

$$= \begin{bmatrix} 1+\dfrac{\dot{Z}_1}{\dot{Z}_2} & \dot{Z}_3\left(1+\dfrac{\dot{Z}_1}{\dot{Z}_2}\right)+\dot{Z}_1 \\ \dfrac{1}{\dot{Z}_2} & 1+\dfrac{\dot{Z}_3}{\dot{Z}_2} \end{bmatrix} = \begin{bmatrix} 1+\dfrac{\dot{Z}_1}{\dot{Z}_2} & \dfrac{\dot{Z}_1\dot{Z}_2+\dot{Z}_2\dot{Z}_3+\dot{Z}_3\dot{Z}_1}{\dot{Z}_2} \\ \dfrac{1}{\dot{Z}_2} & 1+\dfrac{\dot{Z}_3}{\dot{Z}_2} \end{bmatrix}$$

(6.27)

複雑な回路の F マトリクスは，基本的なマトリクス F_a，F_b を種々に組み合わせることにより構成し，単純なマトリクス計算から求めることができる。

例題 6.7　図 6.11 に示す縦続接続された回路の F マトリクスを求めよ。

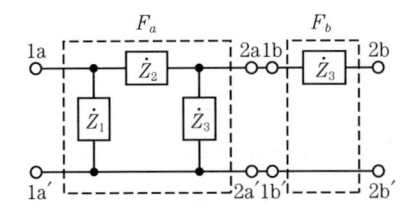

図 6.11　縦続接続による解法例 2

解　左側の回路の F_a は，例題 6.3 の式 (6.15) を用い，つぎに右側の回路の F_b は例題 6.6 を用いる。全体のマトリクス F はそれぞれの積をとる。

$$F_a = \begin{bmatrix} 1+\dfrac{\dot{Z}_2}{\dot{Z}_3} & \dot{Z}_2 \\ \dfrac{\dot{Z}_1+\dot{Z}_2+\dot{Z}_3}{\dot{Z}_1\dot{Z}_3} & 1+\dfrac{\dot{Z}_2}{\dot{Z}_1} \end{bmatrix}, \quad F_b = \begin{bmatrix} 1 & \dot{Z}_3 \\ 0 & 1 \end{bmatrix}$$

$$F = F_a F_b = \begin{bmatrix} 1 + \dfrac{\dot{Z}_2}{\dot{Z}_3} & \dot{Z}_2 \\ \dfrac{\dot{Z}_1 + \dot{Z}_2 + \dot{Z}_3}{\dot{Z}_1 \dot{Z}_3} & 1 + \dfrac{\dot{Z}_2}{\dot{Z}_1} \end{bmatrix} \begin{bmatrix} 1 & \dot{Z}_3 \\ 0 & 1 \end{bmatrix}$$

$$= \begin{bmatrix} 1 + \dfrac{\dot{Z}_2}{\dot{Z}_3} & \dot{Z}_3\left(1 + \dfrac{\dot{Z}_2}{\dot{Z}_3}\right) + \dot{Z}_2 \\ \dfrac{\dot{Z}_1 + \dot{Z}_2 + \dot{Z}_3}{\dot{Z}_1 \dot{Z}_3} & \dot{Z}_3\left(\dfrac{\dot{Z}_1 + \dot{Z}_2 + \dot{Z}_3}{\dot{Z}_1 \dot{Z}_3}\right) + 1 + \dfrac{\dot{Z}_2}{\dot{Z}_1} \end{bmatrix}$$

$$= \begin{bmatrix} 1 + \dfrac{\dot{Z}_2}{\dot{Z}_3} & \dot{Z}_3 + 2\dot{Z}_2 \\ \dfrac{\dot{Z}_1 + \dot{Z}_2 + \dot{Z}_3}{\dot{Z}_1 \dot{Z}_3} & \dfrac{2(\dot{Z}_1 + \dot{Z}_2) + \dot{Z}_3}{\dot{Z}_1} \end{bmatrix} \qquad (6.28)$$

6.4 入出力インピーダンスと影像インピーダンス

2端子対回路において信号や電力を有効に伝送するには，**回路の入出力インピーダンス**すなわち**インピーダンス整合**（impedance matching）が重要となる。ここでは影像インピーダンスについて**図 6.12** を用いて以下に説明する。この回路において出力端子（2〜2′）に $\dot{Z}_{02}$ を接続したとき，入力端子（1〜1′）から右側をみた入力インピーダンスを $\dot{Z}_{01}$ とする。

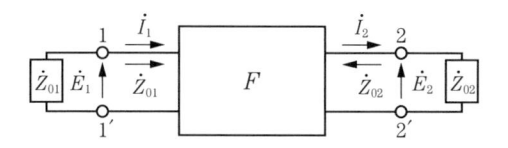

図 6.12　2端子対回路の影像整合

つぎに入力端子（1〜1′）に $\dot{Z}_{01}$ を接続したとき出力端子（2〜2′）から左側をみた入力インピーダンスを $\dot{Z}_{02}$ とする。このように入出力端子を $\dot{Z}_{01}$，$\dot{Z}_{02}$ でそれぞれ終端したときは，入力端子の左側および右側をみたインピーダンスはいずれも $\dot{Z}_{01}$ となり，出力端子の場合も同様に $\dot{Z}_{02}$ となる。このとき2端子対回路は**影像整合**（image matching）しているといい，縦続接続された複数の回路においても信号が最大の効率で伝送できる。ここで $\dot{Z}_{01}$，$\dot{Z}_{02}$ を**影像イ**

ンピーダンス (image impedance) という。$\dot{Z}_{01}$, $\dot{Z}_{02}$ を求めるために F パラメータを用いると式 (6.11) から

$$\dot{E}_1 = \dot{A}\dot{E}_2 + \dot{B}\dot{I}_2 \\ \dot{I}_1 = \dot{C}\dot{E}_2 + \dot{D}\dot{I}_2 \tag{6.29}$$

図 6.12 から $\dot{E}_2 = \dot{Z}_{02}\dot{I}_2$ を上式に代入して入力端子からみた $\dot{Z}_{01}$ は

$$\dot{Z}_{01} = \frac{\dot{E}_1}{\dot{I}_1} = \frac{\dot{A}\dot{Z}_{02} + \dot{B}}{\dot{C}\dot{Z}_{02} + \dot{D}} \tag{6.30}$$

図 6.12 から $\dot{E}_1 = -\dot{Z}_{01}\dot{I}_1$ となり，これと式 (6.29) から $\dot{E}_2$ を求めると

$$\dot{E}_2 = \frac{\dot{E}_1 - \dot{B}\dot{I}_2}{\dot{A}} = -\frac{\dot{Z}_{01}}{\dot{A}}\dot{I}_1 - \frac{\dot{B}}{\dot{A}}\dot{I}_2 = -\frac{\dot{Z}_{01}}{\dot{A}}(\dot{C}\dot{E}_2 + \dot{D}\dot{I}_2) - \frac{\dot{B}}{\dot{A}}\dot{I}_2$$

$$\left(1 + \frac{\dot{C}}{\dot{A}}\dot{Z}_{01}\right)\dot{E}_2 = -\left(\frac{\dot{D}}{\dot{A}}\dot{Z}_{01} + \frac{\dot{B}}{\dot{A}}\right)\dot{I}_2$$

$$\dot{E}_2 = \frac{-\left(\dfrac{\dot{D}}{\dot{A}}\dot{Z}_{01} + \dfrac{\dot{B}}{\dot{A}}\right)\dot{I}_2}{\left(1 + \dfrac{\dot{C}}{\dot{A}}\dot{Z}_{01}\right)} \tag{6.31}$$

出力端子からみた $\dot{Z}_{02}$ は $\dot{Z}_{02} = \dot{E}_2/(-\dot{I}_2)$ となり，これに上式の $\dot{E}_2$ を代入すると $\dot{Z}_{02}$ は

$$\dot{Z}_{02} = \frac{\dot{E}_2}{-\dot{I}_2} = \frac{\left(\dfrac{\dot{D}}{\dot{A}}\dot{Z}_{01} + \dfrac{\dot{B}}{\dot{A}}\right)}{1 + \dfrac{\dot{C}}{\dot{A}}\dot{Z}_{01}} = \frac{\dot{D}\dot{Z}_{01} + \dot{B}}{\dot{C}\dot{Z}_{01} + \dot{A}} \tag{6.32}$$

式 (6.30) の $\dot{Z}_{01}$ を変形して

$$\dot{C}\dot{Z}_{01}\dot{Z}_{02} + \dot{D}\dot{Z}_{01} - \dot{A}\dot{Z}_{02} - \dot{B} = 0 \tag{6.33}$$

式 (6.32) の $\dot{Z}_{02}$ を変形して

$$\dot{C}\dot{Z}_{01}\dot{Z}_{02} - \dot{D}\dot{Z}_{01} + \dot{A}\dot{Z}_{02} - \dot{B} = 0 \tag{6.34}$$

式 (6.33) と式 (6.34) の辺々どうしの和および差を求めると

$$\dot{Z}_{01}\dot{Z}_{02} = \frac{\dot{B}}{\dot{C}}, \quad \frac{\dot{Z}_{01}}{\dot{Z}_{02}} = \frac{\dot{A}}{\dot{D}} \tag{6.35}$$

上式から $\dot{Z}_{01}$ と $\dot{Z}_{02}$ を F パラメータで表すと

6.4 入出力インピーダンスと影像インピーダンス

$$\dot{Z}_{01} = \sqrt{\frac{\dot{A}\dot{B}}{\dot{C}\dot{D}}}, \qquad \dot{Z}_{02} = \sqrt{\frac{\dot{D}\dot{B}}{\dot{C}\dot{A}}} \tag{6.36}$$

ここで2端子対回路が**左右対称**（左と右からみた回路の形と素子の値が同じ）であれば $\dot{A} = \dot{D}$ なので，上式の影像インピーダンスを $\dot{Z}_0$ とおくと

$$\dot{Z}_0 = \dot{Z}_{01} = \dot{Z}_{02} = \sqrt{\frac{\dot{B}}{\dot{C}}} \tag{6.37}$$

ついで，2端子対回路の出力端子を開放もしくは短絡したときの入力インピーダンスを $\dot{Z}_{1o}$, $\dot{Z}_{1s}$ とおくと，式 (6.29) から $\dot{Z}_{01}$ は

$$\dot{Z}_{1o} = \left.\frac{\dot{E}_1}{\dot{I}_1}\right|_{\dot{I}_2=0} = \frac{\dot{A}}{\dot{C}}, \qquad \dot{Z}_{1s} = \left.\frac{\dot{E}_1}{\dot{I}_1}\right|_{\dot{E}_2=0} = \frac{\dot{B}}{\dot{D}}$$

$$\dot{Z}_{01} = \sqrt{\dot{Z}_{1o}\dot{Z}_{1s}} \tag{6.38}$$

同様に，入力端子を開放もしくは短絡したときの出力インピーダンスを $\dot{Z}_{2o}$, $\dot{Z}_{2s}$ とおくと，式 (6.29) から $\dot{Z}_{02}$ は

$$\dot{Z}_{2o} = \left.\frac{\dot{E}_2}{-\dot{I}_2}\right|_{\dot{I}_1=0} = \frac{\dot{D}}{\dot{C}}, \qquad \dot{Z}_{2s} = \left.\frac{\dot{E}_2}{\dot{I}_2}\right|_{\dot{E}_1=0} = \frac{\dot{B}}{\dot{A}}$$

$$\dot{Z}_{02} = \sqrt{\dot{Z}_{2o}\dot{Z}_{2s}} \tag{6.39}$$

回路が対称のときは，$\dot{Z}_o = \dot{Z}_{1o} = \dot{Z}_{2o}$, $\dot{Z}_s = \dot{Z}_{1s} = \dot{Z}_{2s}$ とおくと $\dot{Z}_0$ は

$$\dot{Z}_0 = \sqrt{\dot{Z}_o \dot{Z}_s} \tag{6.40}$$

影像インピーダンス $\dot{Z}_0$ を求める際には，F パラメータよりむしろ入出力端子の開放・短絡インピーダンス $\dot{Z}_o$, $\dot{Z}_s$ を用いた方が便利といえる。

[例題] 6.8 図 6.13（a）に示す回路の影像インピーダンス $\dot{Z}_{01}$, $\dot{Z}_{02}$ を求めよ。

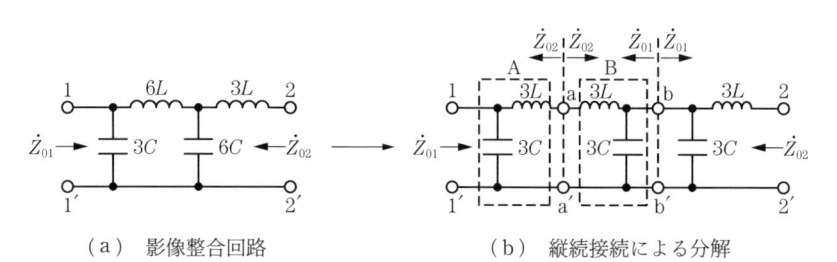

（a）影像整合回路　　　　　　（b）縦続接続による分解

図 6.13 2端子対回路の影像整合の例

図 (b) に示すように，A と B の回路が交互に縦続接続されて影像整合しているので，回路 A の $\dot{Z}_{01}$, $\dot{Z}_{02}$ を求めるとこれが回路全体の $\dot{Z}_{01}$, $\dot{Z}_{02}$ となる．

$$\dot{Z}_{01} = \sqrt{\dot{Z}_{1o}\dot{Z}_{1s}} = \sqrt{\frac{1}{j3\omega C}\left(\frac{\dfrac{L}{C}}{\dfrac{1}{j3\omega C} + j3\omega L}\right)} = \sqrt{\frac{L}{C(1-9\omega^2 LC)}}$$

$$\dot{Z}_{02} = \sqrt{\dot{Z}_{2o}\dot{Z}_{2s}} = \sqrt{\left(j3\omega L + \frac{1}{j3\omega C}\right)(j3\omega L)} = \sqrt{\frac{L(1-9\omega^2 LC)}{C}} \quad (6.41)$$

すなわち影像整合が実現されていることにより，入出力インピーダンスが影像インピーダンスと一致し，回路の解析が単純に行えることがわかる．

演 習 問 題

(1) 図 6.14 に示す回路において，以下の問いに答えよ．ただし F パラメータを求める際には，$\dot{I}_2$ の方向が逆になることに注意する．
　(a) Z パラメータを求めよ．
　(b) Y パラメータを求めよ．
　(c) F パラメータを求めよ．

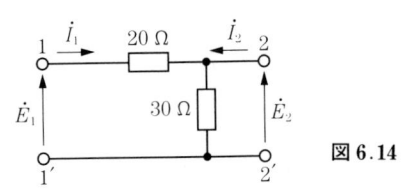

図 6.14

(2) 図 6.15 (a) に示す回路で，図 (b) のように考えて以下の問いに答えよ．
　(a) 図 (b) において，F_a, F_b の各 F パラメータを求めよ．
　(b) 全体の F パラメータを求めよ．

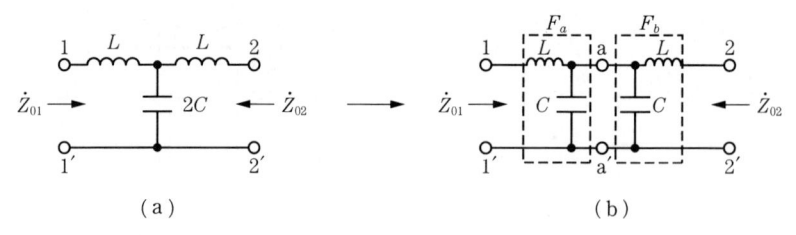

図 6.15

(c) 影像インピーダンス $\dot{Z}_{01}$, $\dot{Z}_{02}$ を求めよ。
(3) 図 6.16 に示す回路において，以下の問いに答えよ。
　(a) Z パラメータを求めよ。
　(b) Y パラメータを求めよ。
　(c) 2〜2' 間に抵抗 5Ω を接続したときの入力インピーダンス $\dot{Z}_i$ を求めよ。
　(d) 1〜1' 間に抵抗 2Ω を接続したときの出力インピーダンス $\dot{Z}_0$ を求めよ。

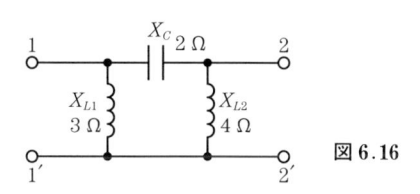

図 6.16

(4) 図 6.17 (a) に示す $+M$ 結合回路において，図 (b) の等価回路を用いて F パラメータを求めよ。

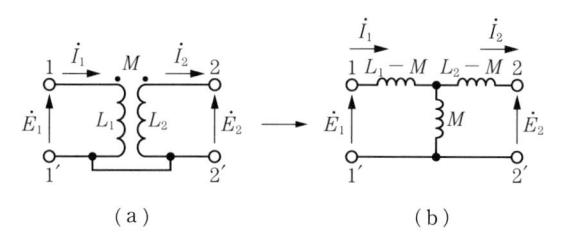

図 6.17

(5) 図 6.18 に示すトランス結合回路において以下の問いに答えよ。
　(a) 図 (a) の F パラメータを求めよ。
　(b) 図 (b) の F パラメータを求めよ。

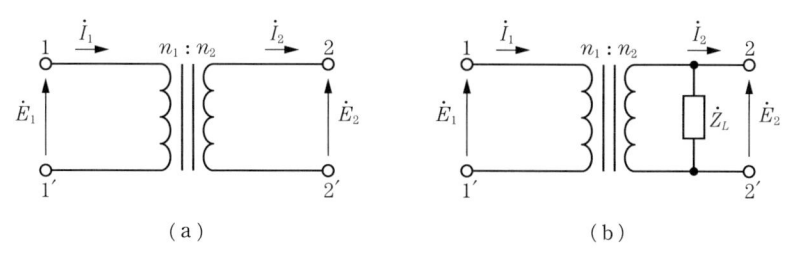

図 6.18

7 分布定数回路（伝送線路）

　これまで電気回路では，回路素子 R，L，C などが周波数に関係なく定数として扱い，導線と比較的短い距離で接続された**集中定数回路**（lumped constant circuit）とした。しかし長距離の送電線路や通信線路においては，微小な R，L，C，G が広範囲に分布しており，また短距離でも扱っている周波数が高い場合には，**分布定数回路（伝送線路）**の考え方が必要となる。

7.1 分布定数回路について

　伝送線路において，伝送する電力や信号の周波数 f に対応する電磁波の波長 λ（光速を c とおくと $\lambda = c/f$）が，線路や回路を構成する際用いる導線の長さと同程度になると，導線の位置によって電圧や電流の大きさが変化する。この場合には**回路素子の値が定数ではなく，位置（距離）によってその大きさが変化する**。すなわち微小な R，L，C，G が導線（線路）上に分布していることに相当するので，**分布定数回路**（distributed constant circuit）と呼んでいる。

図 7.1　高電圧送電線路の例

分布定数回路の例として，おおむね以下の二つの場合がある。
(1) 長距離の高電圧送電線路や通信線路（海底ケーブルも含む）。
(2) 線路長が短くとも，高い周波数を扱うアンテナと通信機器などを結ぶ給電線やその通信端末機内の配線。

図7.1に電力を伝送する**高電圧送電線路**の例を示す。

7.2 等価回路表示と基本方程式

図7.2（a）に示すような**平行2線の伝送線路**において，**線路定数 R，L，C，G** が線路上やその間に一様に分布しているとき，入力端に正弦波交流電圧を加えた場合の任意の距離における電圧と電流の分布を考えてみよう。これは図7.1で示した**高架線と大地の間を平行2線線路**とみなしてもよい。

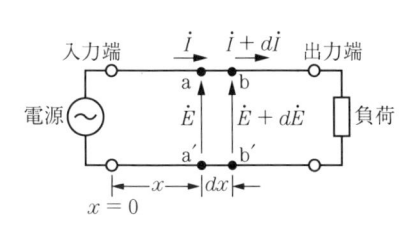

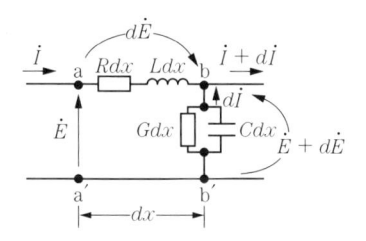

（a） 伝送線路のモデル　　（b） 微小区間 dx の等価回路表示

図7.2 分布定数回路（伝送線路）

ここで，その線路における単位長あたりの抵抗を R〔Ω/m〕，インダクタンスを L〔H/m〕，線路間のキャパシタンスを C〔F/m〕，線路間の大きな絶縁抵抗を介して流れる漏れ電流に対するコンダクタンスを G〔S/m〕とおくと，線路に沿って分布している単位長あたりのインピーダンス $\dot{Z}$ および線路間のアドミタンス $\dot{Y}$ は

$$\dot{Z} = R + j\omega L \text{〔Ω/m〕}, \quad \dot{Y} = G + j\omega C \text{〔S/m〕} \tag{7.1}$$

入力端から距離 x のところにある a～b 間の微小区間を dx とおくと，この区間のインピーダンス $\dot{Z}dx$ および線路間のアドミタンス $\dot{Y}dx$ は

7. 分布定数回路（伝送線路）

$$\dot{Z}dx = (R + j\omega L)dx, \quad \dot{Y}dx = (G + j\omega C)dx \tag{7.2}$$

したがって**分布定数回路では，図7.2（b）に示す微小区間 dx の等価回路が連続的に縦続接続されている**ことに相当する．ここで通常の線路では，$R \ll \omega L$，$G \ll \omega C$ が成立する．図（b）において，入力端から距離 x の a 点の電圧を $\dot{E}$，電流を $\dot{I}$ とし，距離 $x + dx$ の b 点の電圧を $\dot{E} + d\dot{E}$，電流を $\dot{I} + d\dot{I}$ とする．b 点から a 点をみた電圧 $-d\dot{E}$ はインピーダンス $\dot{Z}dx$ に電流 $\dot{I}$ が流れることにより生じる電圧降下 $\dot{Z}\dot{I}dx$ に相当し，b 点から b′ 点に流れる電流 $-d\dot{I}$ はアドミタンス $\dot{Y}dx$ を通って分流する電流 $\dot{Y}(\dot{E} + d\dot{E})dx$ に相当する．すなわち

$$\begin{cases} \dot{Z}\dot{I}dx = -d\dot{E} \\ \dot{Y}(\dot{E} + d\dot{E})dx = -d\dot{I} \end{cases} \tag{7.3}$$

ここで $d\dot{E}dx$ は，きわめて小さいので無視すると**分布定数回路の基本式**は

$$\begin{cases} \dot{Z}\dot{I}dx = -d\dot{E} \\ \dot{Y}\dot{E}dx = -d\dot{I} \end{cases} \tag{7.4}$$

上式を変形するとつぎの**分布定数回路の基本方程式**が得られる．

$$\begin{cases} \dfrac{d\dot{E}}{dx} = -\dot{Z}\dot{I} \\ \dfrac{d\dot{I}}{dx} = -\dot{Y}\dot{E} \end{cases} \tag{7.5}$$

さらに上式の連立微分方程式を解くために $d\dot{E}/dx = -\dot{Z}\dot{I}$ を x で微分し，これに $d\dot{I}/dx = -\dot{Y}\dot{E}$ を代入すると，つぎの**波動方程式**と呼ばれる2階線形微分方程式が得られる．

$$\frac{d^2\dot{E}}{dx^2} = \dot{Z}\dot{Y}\dot{E} \tag{7.6}$$

付録にある数学の公式を参照すると上式の解は

$$\dot{E} = Ae^{-\sqrt{\dot{Z}\dot{Y}}x} + Be^{\sqrt{\dot{Z}\dot{Y}}x} \quad (A, B：積分定数) \tag{7.7}$$

上式を x で微分して，式（7.4）を変形して得られる $\dot{I} = -(1/\dot{Z})(d\dot{E}/dx)$ に，これを代入すると

$$\dot{I} = \sqrt{\frac{\dot{Y}}{\dot{Z}}} \left(A e^{-\sqrt{\dot{Z}\dot{Y}}x} - B e^{\sqrt{\dot{Z}\dot{Y}}x} \right) \tag{7.8}$$

ここで $\dot{Z}_0$ を次式のようにおくと，$\dot{Z}_0$ は線路上の電圧と電流の比を表しており，その線路の形状や材質などによって定まる固有の値をもつことから**特性インピーダンス**（characteristic impedance）と呼ばれ，単位は〔Ω〕である．

$$\dot{Z}_0 = \sqrt{\frac{\dot{Z}}{\dot{Y}}} = \sqrt{\frac{R + j\omega L}{G + j\omega C}} \tag{7.9}$$

また $\dot{\gamma}$ を次式のようにおくと，$\dot{\gamma}$ は線路上を伝搬する信号波などの距離に対する振幅と位相を表す量で，**伝搬定数**（propagation constant）と呼ばれ，その実部 α は振幅の減衰の度合いを示す**減衰定数**（attenuation constant），虚部 β は位相の変化する度合いを表す**位相定数**（phase constant）という．

$$\dot{\gamma} = \alpha + j\beta = \sqrt{\dot{Z}\dot{Y}} = \sqrt{(R + j\omega L)(G + j\omega C)} \tag{7.10}$$

ここで α の単位は，ネーパ/m〔Neper/m〕，β の単位は〔rad/m〕である．

式 (7.7) と式 (7.8) を特性インピーダンス $\dot{Z}_0$ および伝搬定数 $\dot{\gamma}$ で表すとつぎのようになり，線路上の任意の距離 x における電圧 $\dot{E}$，電流 $\dot{I}$ の状態を知ることができる．この式を**線路上の任意の距離 x における電圧・電流分布 $\dot{E}$，$\dot{I}$ の一般式**と呼ぶことにする．

$$\begin{cases} \dot{E} = A e^{-\dot{\gamma}x} + B e^{\dot{\gamma}x} = A e^{-\alpha x} e^{-j\beta x} + B e^{\alpha x} e^{j\beta x} \\ \dot{I} = \dfrac{1}{\dot{Z}_0}(A e^{-\dot{\gamma}x} - B e^{\dot{\gamma}x}) = \dfrac{1}{\dot{Z}_0}(A e^{-\alpha x} e^{-j\beta x} - B e^{\alpha x} e^{j\beta x}) \end{cases} \tag{7.11}$$

ここで上式の A，B は任意定数で，入力端および出力端の電圧，電流の条件（状態）すなわち**境界条件**によって決定される．上式から電圧 $\dot{E}$ は，x の増加（正方向）につれて振幅が減衰する項 $A e^{-\alpha x}$ と位相が遅れる項 $e^{-j\beta x}$ からなる**入力端からの入射波** $A e^{-\dot{\gamma}x}$ で表し，同様に x の減少（負方向）につれて振幅が減衰する項 $B e^{\alpha x}$ と位相が進む項 $e^{j\beta x}$ の**出力端からの反射波** $B e^{\dot{\gamma}x}$ で表される．また電流 $\dot{I}$ は，電圧 $\dot{E}$ の入射波および反射波を特性インピーダンス $\dot{Z}_0$ で割ったものの差となっている．**図 7.3**（a），（b）に例として，線路上を伝搬する**正弦波交流電圧 e の入射波**（incident wave）と**反射波**（reflected

(a) 入射波 Ae^{-ax}

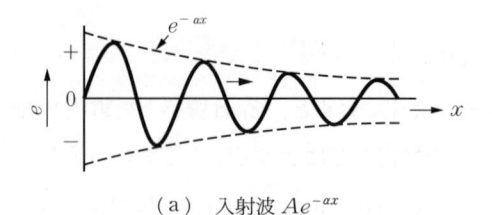

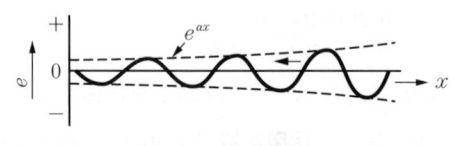

(b) 反射波 Be^{ax}

図 7.3 線路上を伝搬する正弦波交流電圧 e の入射波と反射波の例

wave) の例を示す。

ここで**入力端**のことを**送電端**（sending end）または**送端**，**出力端**のことを**受電端**（receiving end），または**受端**もしくは**終端**と呼ぶことがある。

7.3 特性インピーダンスと伝搬定数

ここでは，特性インピーダンス $\dot{Z}_0$ と伝搬定数 $\dot{\gamma}$ を具体的に線路定数 R，L，C，G で表してみよう。

7.3.1 特性インピーダンス

線路によって固有の値をもつ特性インピーダンス $\dot{Z}_0$ は，式 (7.9) から実部を R_0，虚部を X_0 とおくと

$$\dot{Z}_0 = R_0 + jX_0 = \frac{\sqrt{R + j\omega L}}{\sqrt{G + j\omega C}} \tag{7.12}$$

上式から電源の周波数が高いときもしくは**無損失線路**の場合には，$R \ll \omega L$，$G \ll \omega C$ が成立するので

7.3 特性インピーダンスと伝搬定数

$$R_0 = \sqrt{\frac{L}{C}}, \quad X_0 = 0 \tag{7.13}$$

すなわちリアクタンス X_0 が無視できるので，特性インピーダンスは $\dot{Z}_0 = R_0$ の純抵抗とみなせる。

7.3.2 伝搬定数と伝搬速度

すでに述べたように伝搬定数 $\dot{\gamma}$ は，式（7.10）から実部 α と虚部 β で表される。この式を再び表すと

$$\dot{\gamma} = \alpha + j\beta = \sqrt{(R + j\omega L)(G + j\omega C)}$$

特性インピーダンスの場合と同様に，上式において $R \ll \omega L$，$G \ll \omega C$ が成立する場合は，$\dot{\gamma} = j\omega\sqrt{LC}$ とみなせられるので

$$\alpha = 0, \quad \beta = \omega\sqrt{LC} \tag{7.14}$$

すなわち，$R = 0$，$G = 0$ の**無損失線路**における特性インピーダンス $\dot{Z}_0$ および伝搬定数 $\dot{\gamma}$ は，つぎのようになる。

$$\dot{Z}_0 = \sqrt{\frac{L}{C}}, \quad \dot{\gamma} = j\omega\sqrt{LC} \tag{7.15}$$

つぎに線路上を伝搬する電圧や電流の入射波および反射波の**伝搬速度**（propagation velocity）を求めてみよう。はじめに式（7.11）において，電圧 $\dot{E}$ の入射波 $Ae^{-\dot{\gamma}x}$ である位相の項 $e^{-j\beta x}$ に注目すると，βx は位相角 θ を表していることがわかる。反射波の場合も同様に考えることができる。ここで入力端の**電源の波長**（wave length）を λ とおくと $x = \lambda \to \theta = 2\pi$ rad なので，$\beta\lambda = 2\pi$ より位相定数 β を求めると

$$\beta = \frac{2\pi}{\lambda} \tag{7.16}$$

入射波および反射波の伝搬速度を V_p，周期を T とおくと波長 λ は

$$\lambda = V_p T \tag{7.17}$$

また $\omega T = 2\pi$ より得られる $T = 2\pi/\omega$ と式（7.16）の $\lambda = 2\pi/\beta$ を上式に代入して V_p を求めると

$$V_p = \frac{\lambda}{T} = \frac{\omega}{\beta} \tag{7.18}$$

電源の周波数が高いときまたは無損失線路の場合には，式 (7.14) から $\beta = \omega\sqrt{LC}$ を上式に代入して

$$V_p = \frac{\omega}{\beta} = \frac{\omega}{\omega\sqrt{LC}} = \frac{1}{\sqrt{LC}} \tag{7.19}$$

ここで V_p を**位相速度**（phase velocity）とも呼び，**光速度**（$c \cong 3 \times 10^8$ m/s）にほぼ近い値をもっている。

[例題] 7.1 線路定数が $R = 0.1\,\Omega/\text{km}$, $L = 1\,\text{mH/km}$, $C = 1\,000\,\text{pF/km}$, $G = 0$ の伝送線路において，角周波数が $\omega = 1\,000\,\text{rad/s}$ のときの特性インピーダンス $\dot{Z}_0$，伝搬定数 $\dot{\gamma}$，伝搬速度 V_p および波長 λ を求めよ。

[解] 式 (7.12) から $\dot{Z}_0$，式 (7.10) から $\dot{\gamma}$，式 (7.18) から V_p および式 (7.16) から得られる $\lambda = 2\pi/\beta$ を用いて λ を求める。

$$\dot{Z}_0 = \sqrt{\frac{R + j\omega L}{j\omega C}} = \sqrt{\frac{0.1 + j1\,000 \times 1 \times 10^{-3}}{j1\,000 \times 1\,000 \times 10^{-12}}} = \sqrt{\frac{0.1 + j}{j10^{-6}}}$$

$$= \sqrt{1 - j0.1} \times 10^3$$

$$= \left\{\sqrt{1^2 + 0.1^2} \angle -\tan^{-1}\left(\frac{0.1}{1}\right)\right\}^{\frac{1}{2}} \times 10^3 = (1.005 \angle -5.71°)^{\frac{1}{2}} \times 10^3$$

$$= 1\,002 \angle -2.86° = 1\,002(\cos 2.86° - j\sin 2.86°) = 1\,001 - j50\,\Omega$$

$$\dot{\gamma} = \sqrt{j\omega C(R + j\omega L)} = \sqrt{j1\,000 \times 1\,000 \times 10^{-12}(0.1 + j1\,000 \times 1 \times 10^{-3})}$$

$$= \sqrt{j10^{-6}(0.1 + j)} = j\sqrt{1 - j0.1} \times 10^{-3}$$

$$= 1 \angle 90° \times (1.002 \times 10^{-3} \angle -2.86°)$$

$$= 1.002 \times 10^{-3} \angle 87.14° = 1.002 \times 10^{-3}(\cos 87.14° + j\sin 87.14°)$$

$$= (0.05 + j1.001) \times 10^{-3} = \alpha + j\beta$$

$$\therefore \quad \alpha = 5.0 \times 10^{-5}\,\text{Neper/m}, \quad \beta = 1.001 \times 10^{-3}\,\text{rad/m} \tag{7.20}$$

上式の β の値を $V_p = \omega/\beta$, $\lambda = 2\pi/\beta$ にそれぞれ代入して

$$V_p = \frac{\omega}{\beta} = \frac{1\,000}{1.001 \times 10^{-3}} = 0.999 \times 10^6\,\text{m/s}$$

$$\lambda = \frac{2\pi}{\beta} = \frac{2 \times 3.142}{1.001 \times 10^{-3}} = 6.28 \times 10^3 = 6.28\,\text{km} \tag{7.21}$$

この例題では V_p, λ を求める際，$R \ll \omega L$ とみなせられるので R を無視して，$V_p = 1/\sqrt{LC}$, $\lambda = 2\pi/(\omega\sqrt{LC})$ の式を用いてもよい。

7.4 伝送線路の例

ここでは代表的な伝送線路である平行2線線路と同軸線路の線路定数 L, C や特性インピーダンス Z_0 について扱う。

7.4.1 平行2線線路

平行2線線路は，図7.4（a）に示すように断面が円形の同じ太さの導線を平行に配置した伝送線路で，身近な例として図（b）に示す**線路間の絶縁物としてポリエチレンを用いたテレビの受信用フィーダ線**などが挙げられる。

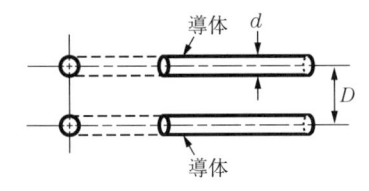

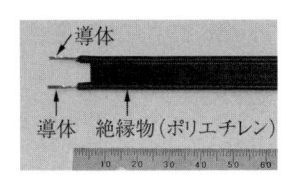

(a) 代表的な平行2線線路　　(b) テレビの受信用フィーダ
線（$Z_0 = 300\ \Omega$）の例
（単位は mm）

図 7.4 平行2線線路

導線の断面の直径を d〔m〕，導線の中心からの間隔を D〔m〕とおくと，単位長あたりの2線のインダクタンス L，線路間のキャパシタンス C および特性インピーダンス Z_0 は，$d \ll D$ でしかも電源の周波数が高くなると生じる電流が導体の表面部分を流れるという**表皮効果**を考慮すると，次式のように表される（式の導出などは電気磁気学のテキストを参照されたい）。式の中で ln（ルン）は，自然対数 $\log_e$ を表している。

$$L = \frac{\mu}{\pi} \ln \frac{2D}{d}\ \text{〔H/m〕}, \quad C = \frac{\pi \varepsilon}{\ln \dfrac{2D}{d}}\ \text{〔F/m〕},$$

$$Z_0 = \frac{276}{\sqrt{\varepsilon_s}} \log_{10} \frac{2D}{d}\ \text{〔Ω〕}$$

(7.22)

7. 分布定数回路（伝送線路）

∵ $\mu = \mu_0 \mu_s$, $\varepsilon = \varepsilon_0 \varepsilon_s$

ここで μ は線路の周囲（線路間）の**媒質の透磁率**，μ_0 は**真空の透磁率**，μ_s はその**媒質の比透磁率**を表し，**媒質が空気の場合はほぼ真空中と同様に** $\mu_s = 1$ となる。同様に ε は線路の周囲の**媒質の誘電率**，ε_0 は**真空の誘電率**，ε_s はその**媒質の比誘電率**を表し，**媒質が空気の場合はほぼ** $\varepsilon_s = 1$ となる。具体的に μ_0 および ε_0 の値は，真空中の光速度を $c_0 = 2.998 \times 10^8$ m/s とおくと

$$\mu_0 = 4\pi \times 10^{-7} \text{ H/m}$$

$$\varepsilon_0 = \frac{1}{\mu_0 c_0^2} = 8.855 \times 10^{-12} \text{ F/m} \tag{7.23}$$

つぎに平行2線線路上の伝搬速度 V_p を求めてみよう。式 (7.22) で求めた L, C を式 (7.19) に代入し，線路間の媒質は**非磁性の誘電体**なので $\mu_s = 1$ とおき，また真空中の光速度を c_0 とおくと V_p は

$$V_p = \frac{1}{\sqrt{LC}} = \frac{1}{\sqrt{\mu\varepsilon}} = \frac{1}{\sqrt{\mu_0\varepsilon_0}}\frac{1}{\sqrt{\mu_s\varepsilon_s}} = \frac{c_0}{\sqrt{\varepsilon_s}} \tag{7.24}$$

∵ $c_0 = \dfrac{1}{\sqrt{\mu_0\varepsilon_0}} = 2.998 \times 10^8$ m/s

[例題] 7.2 図7.4（b）のリボンフィーダと呼ばれる平行フィーダ線において，直径 $d = 0.8$ mm，中心線間隔 $D = 9$ mm で，線路間の絶縁物には比誘電率 $\varepsilon_s \cong 2.3$ のポリエチレンを用いたとき，特性インピーダンス Z_0 を求めよ。さらにこの線路で周波数 $f = 100$ MHz の高周波信号を伝送したとき，伝搬速度 V_p と波長 λ を求めよ。

[解] 式 (7.22) の Z_0 と式 (7.24) の V_p に与えられた数値を代入し，波長は式 (7.17) に $T = 1/f$ を代入して，$\lambda = V_p/f$ から求める。

$$Z_0 = \frac{276}{\sqrt{\varepsilon_s}} \log_{10}\frac{2D}{d} = \frac{276}{\sqrt{2.3}} \log_{10}\frac{2 \times 9 \times 10^{-3}}{0.8 \times 10^{-3}} = 246 \text{ Ω}$$

$$V_p = \frac{c_0}{\sqrt{\varepsilon_s}} = \frac{2.998 \times 10^8}{\sqrt{2.3}} = 1.977 \times 10^8 \text{ m/s} \tag{7.25}$$

$$\lambda = \frac{V_p}{f} = \frac{1.977 \times 10^8}{100 \times 10^6} = 1.977 \text{ m}$$

テレビ受信用の平行フィーダ線には，300 Ω または 200 Ω の特性インピーダンス Z_0 が一般に用いられている。

7.4.2 同軸線路（同軸ケーブル）

同軸線路は，図7.5（a）に示すように内部導体と外部導体を同心円上に軸を共通にして配置し，導体間には絶縁体（ポリエチレンなどの誘電体）を通常満たしたものである。例として図（b）に示すように，高周波信号を伝送する際多く用いられている同軸ケーブルなどが挙げられる。

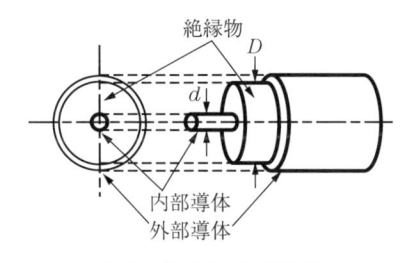

（a）代表的な同軸線路

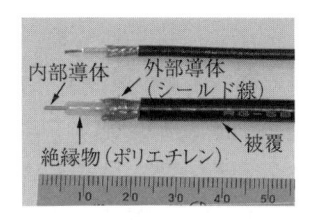

（b）同軸ケーブルの例
　　上：RG-174/U
　　下：RG-58/U

図7.5　同軸線路

内部導体の直径を d〔m〕，外部導体の内側の直径を D〔m〕，導体間の誘電体の比誘電率を ε_s とおき，透磁率 μ を用いると単位長あたりのインダクタンス L，導体間のキャパシタンス C および特性インピーダンス Z_0 は，電源の周波数が高くなると生じる表皮効果を考慮すると次式のように表される。また伝搬速度 V_p は平行2線線路の場合と同様になる。

$$L = \frac{\mu}{2\pi} \ln \frac{D}{d} \text{〔H/m〕}, \quad C = \frac{2\pi\varepsilon}{\ln \dfrac{D}{d}} \text{〔F/m〕}$$

$$Z_0 = \frac{138}{\sqrt{\varepsilon_s}} \log_{10} \frac{D}{d} \text{〔Ω〕}, \quad V_p = \frac{c_0}{\sqrt{\varepsilon_s}} \text{〔m/s〕} \tag{7.26}$$

ここで同軸ケーブルでは，内部導体と外部導体の内側表面を高周波電流が流れ，外部導体を接地して用いるので**シールド効果**も兼ねることができ，平行2線線路に比べて電界が外部に漏れないまたは内部に入ってこないという利点がある。さらに特性インピーダンスが小さいことから，同一電力を送る場合には電圧が低くてすむことがわかる。

[例題] 7.3 図 7.5（b）に示した同軸ケーブル（RG-58/U）において，$d = 0.81\,\text{mm}$, $D = 3.4\,\text{mm}$ で，導体間の絶縁物には比誘電率 $\varepsilon_s \cong 2.3$ のポリエチレンを用いたとき，特性インピーダンス Z_0 を求めよ．

解 式（7.26）に示す Z_0 に与えられた数値を代入して求める．

$$Z_0 = \frac{138}{\sqrt{\varepsilon_s}} \log_{10} \frac{D}{d} = \frac{138}{\sqrt{2.3}} \log_{10} \frac{3.4 \times 10^{-3}}{0.81 \times 10^{-3}} = 56.7\,\Omega \tag{7.27}$$

RG-58/U の特性インピーダンス Z_0 の公称値は $53.5\,\Omega$ である．

7.5 無 限 長 線 路

長さが無限の線路は実際には存在しないが，このような無限長の線路を想定して実際の線路に対応させるとその特性が容易に理解できる．

7.5.1 無限長線路の特性

無限長線路の入力端に正弦波交流電圧 $\dot{E}_s$ を加えて，入力端に電流 $\dot{I}_s$ が流れたときの線路上の任意の距離 x における電圧 $\dot{E}$ と電流 $\dot{I}$ を求めてみよう．

すでに記した電圧 $\dot{E}$，電流 $\dot{I}$ の式（7.11）において，任意定数 A, B を境界条件から定めてみる．境界条件は，① $x = 0$ のとき $\dot{E} = \dot{E}_s$, $\dot{I} = \dot{I}_s$ ② $x \to \infty$ のとき $\dot{E} \to 0$, $\dot{I} \to 0$ のときの二つの条件からなる．②の条件において $\dot{E}$, $\dot{I}$ の第 2 項の $e^{\alpha x} e^{j\beta x} \to \infty$ となるが，$\dot{E} \to 0$, $\dot{I} \to 0$ であるためには任意定数 $B = 0$ でなければならない．また①の条件から $A = \dot{E}_s$ となる．

式（7.11）に $A = \dot{E}_s$, $B = 0$ を代入すると**無限長線路**（infinite line）の距離 x における電圧 $\dot{E}$，電流 $\dot{I}$ は次式のようになる．

$$\begin{cases} \dot{E} = \dot{E}_s e^{-\alpha x} e^{-j\beta x} \\ \dot{I} = \dfrac{\dot{E}_s}{\dot{Z}_0} e^{-\alpha x} e^{-j\beta x} \end{cases} \tag{7.28}$$

上式から**無限長線路の場合は，反射波が存在しないので入射波のみ**となり，線路上の $\dot{E}$, $\dot{I}$ は x の増加につれてその大きさが指数関数的に減衰していき，その位相は x に比例して遅れていくことがわかる．**図 7.6** に無限長線路の電

7.5 無限長線路

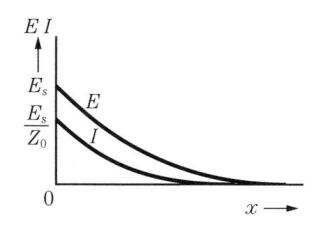

図7.6 無限長線路の特性

圧 $\dot{E}$ と電流 $\dot{I}$ の大きさ，$E = |\dot{E}|$，$I = |\dot{I}|$ の特性の概略を示す．

入力端からこの線路の右側をみたインピーダンスすなわち入力インピーダンス $\dot{Z}_i$ は，$\dot{E}$ と $\dot{I}$ の比をとり次式のように特性インピーダンス $\dot{Z}_0$ となる．

$$\dot{Z}_i = \left.\frac{\dot{E}}{\dot{I}}\right|_{x=0} = \frac{\dot{E}_s}{\frac{\dot{E}_s}{\dot{Z}_0}} = \dot{Z}_0 \tag{7.29}$$

さらに任意の距離 x から右側をみたインピーダンスも，つねに特性インピーダンス $\dot{Z}_0$ に等しいことがわかる．ここで**入力インピーダンスのことを送端インピーダンス**ともいう．

7.5.2 無損失線路

線路に損失がない $R = G = 0$ の無損失線路の場合には，すでに述べたように

$$\dot{Z}_0 = R_0 = \sqrt{\frac{L}{C}}, \ X_0 = 0, \ \alpha = 0, \ \beta = \omega\sqrt{LC} = \frac{2\pi}{\lambda}, \ \dot{\gamma} = j\omega\sqrt{LC}$$

式（7.28）に上式を代入すると**無損失線路**（lossless line）の距離 x における電圧 $\dot{E}$，電流 $\dot{I}$ は次式のようになる．

$$\dot{E} = \dot{E}_s e^{-j\beta x}, \quad \dot{I} = \frac{\dot{E}_s}{R_0} e^{-j\beta x} \tag{7.30}$$

図7.7 に無損失線路の電圧 $\dot{E}$ と電流 $\dot{I}$ の大きさ E，I の特性の概略を示す．図からわかるように x に対して，$E = E_s$，$I = E_s/R_0$ のいずれも一定値となっている．

図 7.7 無損失線路の特性

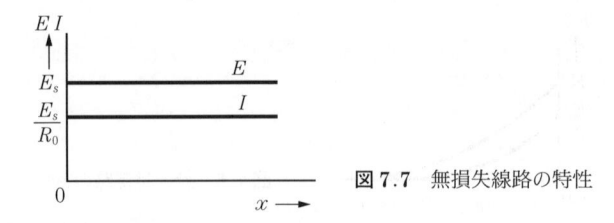

7.5.3 無ひずみ線路

線路定数 R, L, C, G の間に次式の関係があるとき

$$\frac{R}{L} = \frac{G}{C}, \quad \therefore \quad RC = GL \tag{7.31}$$

この線路を**無ひずみ線路**（distortionless line）と呼び，この場合には

$$\dot{Z}_0 = R_0 = \sqrt{\frac{L}{C}}, \quad X_0 = 0, \quad \alpha = \sqrt{RG}, \quad \beta = \omega\sqrt{LC} = \frac{2\pi}{\lambda},$$

$$\dot{\gamma} = \alpha + j\beta$$

上式の関係を式（7.28）に代入すると無ひずみ線路の距離 x における電圧 $\dot{E}$，電流 $\dot{I}$ は次式のようになる。

$$\dot{E} = \dot{E}_s e^{-\alpha x} e^{-j\beta x}, \quad \dot{I} = \frac{\dot{E}_s}{R_0} e^{-\alpha x} e^{-j\beta x} \tag{7.32}$$

無ひずみ線路における電圧 $\dot{E}$ と電流 $\dot{I}$ の大きさ E, I の特性の概略は，すでに示した図 7.6 とほぼ同様になる。ここで無ひずみというのは，入力端の電圧，電流の波形と，任意の距離における電圧，電流の波形とが振幅が減衰するとはいえ同じ形をしていることを意味している。すでに述べた**無損失線路**は，$R = G = 0$ から式（7.31）の**無ひずみの条件を満足している**ことがわかる。また通常，通信線路や電力線路においては次式のようになり，無ひずみ

$$\frac{R}{L} > \frac{G}{C} \tag{7.33}$$

の条件を満足しない。

7.6 有限長線路

すでに無限長線路について学んだが,実際の線路はすべて有限長といえる。ここでは有限長線路上の電圧・電流分布について,入射波のほかにその線路条件によって生じる反射波,定在波および反射係数と定在波比について述べる。

7.6.1 有限長線路の特性

図 7.8 に示す有限長線路において,長さ l の線路の入力端 $x=0$ に正弦波交流電圧 $\dot{E}_s$ を加えて,出力端 $x=l$ にインピーダンス $\dot{Z}_L$ の負荷を接続したとき,線路上の任意の距離 x における電圧 $\dot{E}$ および電流 $\dot{I}$ を求めてみよう。

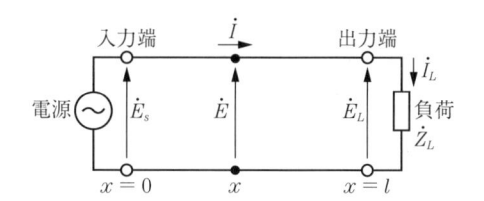

図 7.8 有限長線路

すでに述べた式 (7.11) の電圧・電流分布の一般式において,任意定数 A, B を出力端の境界条件から定めてみる。境界条件は,① $x=0$ のとき $\dot{E}=\dot{E}_s$,② $x=l$ のとき $\dot{E}=\dot{E}_L=\dot{Z}_L\dot{I}_L$ からなる。

境界条件 ①:$x=0 \to \dot{E}=\dot{E}_s$ を式 (7.11) の電圧 $\dot{E}$ に代入すると

$$\dot{E}_s = A + B \tag{7.34}$$

境界条件 ②:$x=l \to \dot{E}=\dot{E}_L=\dot{Z}_L\dot{I}_L$ を式 (7.11) の $\dot{E}$, $\dot{I}$ に代入すると

$$\begin{cases} \dot{E}_L = Ae^{-\dot{\gamma}l} + Be^{\dot{\gamma}l} \\ \dot{I}_L = \dfrac{1}{\dot{Z}_0}(Ae^{-\dot{\gamma}l} - Be^{\dot{\gamma}l}) \end{cases} \tag{7.35}$$

出力端においては $\dot{Z}_L = \dot{E}_L/\dot{I}_L$ なので,上式の比をとると

$$\dot{Z}_L = \frac{\dot{E}_L}{\dot{I}_L} = \dot{Z}_0 \frac{Ae^{-\dot{\gamma}l} + Be^{\dot{\gamma}l}}{Ae^{-\dot{\gamma}l} - Be^{\dot{\gamma}l}} \tag{7.36}$$

式 (7.34) の $A = \dot{E}_s - B$ を上式の $\dot{Z}_L$ に代入し，B について整理して B を求めると

$$B = \frac{\dot{E}_s(\dot{Z}_L - \dot{Z}_0)e^{-\dot{\gamma}l}}{(\dot{Z}_L - \dot{Z}_0)e^{-\dot{\gamma}l} + (\dot{Z}_L + \dot{Z}_0)e^{\dot{\gamma}l}} \tag{7.37}$$

上式の B を式 (7.34) の $A = \dot{E}_s - B$ に代入して A を求めると

$$A = \frac{\dot{E}_s(\dot{Z}_L + \dot{Z}_0)e^{\dot{\gamma}l}}{(\dot{Z}_L - \dot{Z}_0)e^{-\dot{\gamma}l} + (\dot{Z}_L + \dot{Z}_0)e^{\dot{\gamma}l}} \tag{7.38}$$

得られた任意定数 A, B を式 (7.11) に代入して，**線路長 l の有限長線路の任意の距離 x における電圧・電流分布 $\dot{E}$, $\dot{I}$ の一般式**を求めると

$$\begin{cases} \dot{E} = \dot{E}_s \dfrac{(\dot{Z}_L + \dot{Z}_0)e^{\dot{\gamma}(l-x)} + (\dot{Z}_L - \dot{Z}_0)e^{-\dot{\gamma}(l-x)}}{(\dot{Z}_L - \dot{Z}_0)e^{-\dot{\gamma}l} + (\dot{Z}_L + \dot{Z}_0)e^{\dot{\gamma}l}} \\ \dot{I} = \dfrac{\dot{E}_s}{\dot{Z}_0} \dfrac{(\dot{Z}_L + \dot{Z}_0)e^{\dot{\gamma}(l-x)} - (\dot{Z}_L - \dot{Z}_0)e^{-\dot{\gamma}(l-x)}}{(\dot{Z}_L - \dot{Z}_0)e^{-\dot{\gamma}l} + (\dot{Z}_L + \dot{Z}_0)e^{\dot{\gamma}l}} \end{cases} \tag{7.39}$$

上式の分母，分子を $(\dot{Z}_L + \dot{Z}_0)e^{\dot{\gamma}l}$ で割り，$\dot{K} = \{(\dot{Z}_L - \dot{Z}_0)/(\dot{Z}_L + \dot{Z}_0)\} \times e^{-2\dot{\gamma}l}$ を定数とおくと $\dot{E}$, $\dot{I}$ は

$$\dot{E} = \dot{E}_s \frac{e^{-\dot{\gamma}x} + \dot{K}e^{\dot{\gamma}x}}{1 + \dot{K}}, \quad \dot{I} = \frac{\dot{E}_s}{\dot{Z}_0} \frac{e^{-\dot{\gamma}x} - \dot{K}e^{\dot{\gamma}x}}{1 + \dot{K}} \tag{7.40}$$

$$\therefore \quad \dot{K} = \dot{\rho}_e e^{-2\dot{\gamma}l}, \quad \dot{\rho}_e = \frac{\dot{Z}_L - \dot{Z}_0}{\dot{Z}_L + \dot{Z}_0}$$

ここで上式の電圧 $\dot{E}$，電流 $\dot{I}$ において，分子の第 1 項の $e^{-\dot{\gamma}x}$ は入力端 $x = 0$ からの入射波，分子の第 2 項の $e^{\dot{\gamma}x}$ は出力端 $x = l$ からの反射波をそれぞれ表している。また 7.6.2 項で述べるが $\dot{\rho}_e$ を電圧反射係数という。

出力端の電圧 $\dot{E}_L$，電流 $\dot{I}_L$ は，式 (7.39) の $\dot{E}$, $\dot{I}$ に $x = l$ を代入して

$$\begin{cases} \dot{E}_L = \dot{E}_s \dfrac{2\dot{Z}_L}{(\dot{Z}_L - \dot{Z}_0)e^{-\dot{\gamma}l} + (\dot{Z}_L + \dot{Z}_0)e^{\dot{\gamma}l}} \\ \dot{I}_L = \dot{E}_s \dfrac{2}{(\dot{Z}_L - \dot{Z}_0)e^{-\dot{\gamma}l} + (\dot{Z}_L + \dot{Z}_0)e^{\dot{\gamma}l}} = \dfrac{\dot{E}_L}{\dot{Z}_L} \end{cases} \tag{7.41}$$

また入力端からみた**有限長線路における入力インピーダンス $\dot{Z}_i$ は**，式

7.6 有限長線路

(7.39) に $x=0$ を代入して $\dot{E}$ と $\dot{I}$ の比をとり

$$\dot{Z}_i = \left.\frac{\dot{E}}{\dot{I}}\right|_{x=0} = \dot{Z}_0 \frac{(\dot{Z}_L+\dot{Z}_0)e^{\dot{\gamma}l}+(\dot{Z}_L-\dot{Z}_0)e^{-\dot{\gamma}l}}{(\dot{Z}_L+\dot{Z}_0)e^{\dot{\gamma}l}-(\dot{Z}_L-\dot{Z}_0)e^{-\dot{\gamma}l}} = \dot{Z}_0 \frac{1+\dot{K}}{1-\dot{K}}$$

(7.42)

つぎに有限長線路において，負荷 $\dot{Z}_L$ が（1）$\dot{Z}_L = \dot{Z}_0$（2）$\dot{Z}_L = 0$（3）$\dot{Z}_L = \infty$ の特別な場合についての電圧・電流分布を考えてみよう。

（1）出力端整合（$\dot{Z}_L = \dot{Z}_0$）の場合　式 (7.39) に $\dot{Z}_L = \dot{Z}_0$ を代入して，負荷 $\dot{Z}_L$ が特性インピーダンス $\dot{Z}_0$ に等しく整合しているときの $\dot{E}$，$\dot{I}$ を求めると

$$\dot{E} = \dot{E}_s e^{-\dot{\gamma}x}, \quad \dot{I} = \frac{\dot{E}_s}{\dot{Z}_0} e^{-\dot{\gamma}x}$$

(7.43)

上式は，すでに述べた式 (7.28) の無限長線路の電圧・電流分布式と等しく，その特性は図 7.6 と同様になる。さらに入力インピーダンス $\dot{Z}_i$ も無限長線路の場合と同様に特性インピーダンス $\dot{Z}_0$ と等しくなる。

（2）出力端短絡（$\dot{Z}_L = 0$）の場合　式 (7.39) に $\dot{Z}_L = 0$ を代入して，負荷 $\dot{Z}_L$ が短絡しているときの $\dot{E}$，$\dot{I}$ は

$$\begin{cases} \dot{E} = \dot{E}_s \dfrac{e^{\dot{\gamma}(l-x)} - e^{-\dot{\gamma}(l-x)}}{e^{\dot{\gamma}l} - e^{-\dot{\gamma}l}} \\ \dot{I} = \dfrac{\dot{E}_s}{\dot{Z}_0} \dfrac{e^{\dot{\gamma}(l-x)} + e^{-\dot{\gamma}(l-x)}}{e^{\dot{\gamma}l} - e^{-\dot{\gamma}l}} \end{cases}$$

(7.44)

入力インピーダンス $\dot{Z}_i$ は，上式に $x=0$ を代入して $\dot{E}$ と $\dot{I}$ の比をとり，双曲線関数（付録にある数学の公式を参照のこと）で表すと

$$\dot{Z}_i = \left.\frac{\dot{E}}{\dot{I}}\right|_{x=0} = \dot{Z}_0 \frac{e^{\dot{\gamma}l} - e^{-\dot{\gamma}l}}{e^{\dot{\gamma}l} + e^{-\dot{\gamma}l}} = \dot{Z}_0 \tanh \dot{\gamma}l$$

(7.45)

ここで**無損失線路**の場合には $\alpha = 0$ なので $\dot{\gamma} = j\beta$ となり，さらに $\dot{Z}_0 = R_0$ なのでこれを上式に代入して，$e^{\pm j\beta l} = \cos\beta l \pm j\sin\beta l$ のオイラーの式を用いると $\dot{Z}_i$ はつぎのような三角関数で表せる。

$$\dot{Z}_i = jR_0 \tan\beta l = jR_0 \tan\frac{2\pi}{\lambda}l$$

(7.46)

7. 分布定数回路（伝送線路）

上式から $\dot{Z}_i$ はリアクタンス X_i となり，角度 βl もしくは線路長 l に対して X_i および回路状態が**表7.1**のように連続的に変化する。表の中で**λは波長，共振は直列共振**（$X_i = 0$）および**反共振は並列共振**（$X_i = \pm\infty$）を表している。これをグラフにすると**図7.9**のようになる。

表7.1　無損失線路の出力端短絡時のリアクタンス変化

角度 βl 〔rad〕	0	$0<\beta l<\dfrac{\pi}{2}$	$\dfrac{\pi}{2}$	$\dfrac{\pi}{2}<\beta l<\pi$	π	$\pi<\beta l<\dfrac{3}{2}\pi$	$\dfrac{3}{2}\pi$	$\dfrac{3}{2}\pi<\beta l<2\pi$	2π
線路長 l 〔m〕	0	$0<l<\dfrac{\lambda}{4}$	$\dfrac{\lambda}{4}$	$\dfrac{\lambda}{4}<l<\dfrac{\lambda}{2}$	$\dfrac{\lambda}{2}$	$\dfrac{\lambda}{2}<l<\dfrac{3}{4}\lambda$	$\dfrac{3}{4}\lambda$	$\dfrac{3}{4}\lambda<l<\lambda$	λ
リアクタンス X_i 〔Ω〕	0	＋	$+\infty \to -\infty$	－	0	＋	$+\infty \to -\infty$	－	0
回路状態	共振	L性	反共振	C性	共振	L性	反共振	C性	共振

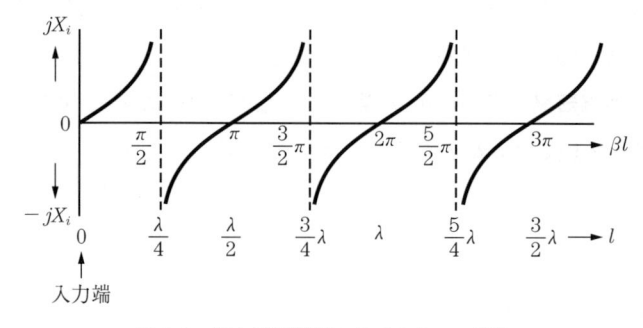

図7.9　出力端短絡時のリアクタンス特性

同様に**出力端短絡時の無損失線路の** $\dot{E}$, $\dot{I}$ は，式（7.44）に $\dot{\gamma} = j\beta$, $\dot{Z}_0 = R_0$ を代入して

$$\begin{cases} \dot{E} = \dot{E}_s \dfrac{e^{j\beta(l-x)} - e^{-j\beta(l-x)}}{e^{j\beta l} - e^{-j\beta l}} = \dot{E}_s \dfrac{e^{j\beta(l-x)} - e^{-j\beta(l-x)}}{j2\sin\beta l} \\ \dot{I} = \dfrac{\dot{E}_s}{R_0} \dfrac{e^{j\beta(l-x)} + e^{-j\beta(l-x)}}{e^{j\beta l} - e^{-j\beta l}} = \dfrac{\dot{E}_s}{R_0} \dfrac{e^{j\beta(l-x)} + e^{-j\beta(l-x)}}{j2\sin\beta l} \end{cases} \quad (7.47)$$

つぎに出力端付近の電圧・電流分布の様子を知るために，① 出力端の $x = l$　② 出力端から左側に長さ $\lambda/4$ の $x = l - \lambda/4$ を上式にそれぞれ代入して，

$\dot{E}$, $\dot{I}$ の大きさ E, I を求めると

① $x = l$ のとき

$$E = 0, \quad I = I_p = \frac{E_s}{R_0 \sin \beta l} \tag{7.48}$$

② $x = l - \lambda/4$ のとき

$$E = E_p = \frac{E_s}{\sin \beta l}, \quad I = 0 \tag{7.49}$$

このことから無損失線路の出力端短絡時の電圧・電流分布は，図 7.10 のようになる。

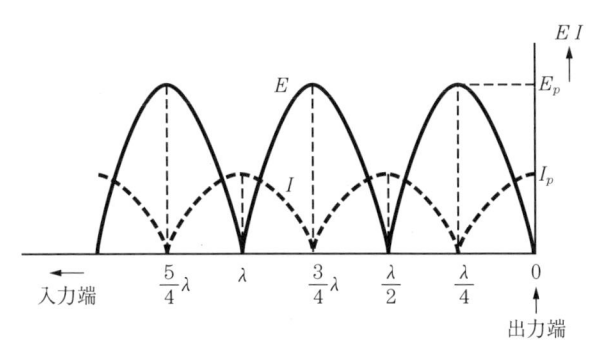

図 7.10 出力端短絡時の電圧・電流分布

(3) 出力端開放（$\dot{Z}_L = \infty$）の場合　式 (7.39) の分母，分子を $\dot{Z}_L$ で割り，$\dot{Z}_L = \infty$ を代入して $\dot{Z}_0/\dot{Z}_L \to 0$ とおき，**負荷 $\dot{Z}_L$ が開放しているときの $\dot{E}$, $\dot{I}$** を求めると

$$\begin{cases} \dot{E} = \dot{E}_s \dfrac{e^{\dot{\gamma}(l-x)} + e^{-\dot{\gamma}(l-x)}}{e^{\dot{\gamma}l} + e^{-\dot{\gamma}l}} \\ \dot{I} = \dfrac{\dot{E}_s}{\dot{Z}_0} \dfrac{e^{\dot{\gamma}(l-x)} - e^{-\dot{\gamma}(l-x)}}{e^{\dot{\gamma}l} + e^{-\dot{\gamma}l}} \end{cases} \tag{7.50}$$

入力インピーダンス $\dot{Z}_i$ は，上式に $x = 0$ を代入して $\dot{E}$ と $\dot{I}$ の比をとり，双曲線関数で表すと

$$\dot{Z}_i = \frac{\dot{E}}{\dot{I}}\bigg|_{x=0} = \dot{Z}_0 \frac{e^{\dot{\gamma}l} + e^{-\dot{\gamma}l}}{e^{\dot{\gamma}l} - e^{-\dot{\gamma}l}} = \dot{Z}_0 \coth \dot{\gamma} l \tag{7.51}$$

ここで**無損失線路**の場合には $\alpha = 0$ なので $\dot{\gamma} = j\beta$ となり、さらに $\dot{Z}_0 = R_0$ なのでこれを上式に代入すると $\dot{Z}_i$ は

$$\dot{Z}_i = -jR_0 \cot \beta l = -jR_0 \cot \frac{2\pi}{\lambda} l \tag{7.52}$$

上式から $\dot{Z}_i$ はリアクタンス X_i となり、角度 βl もしくは線路長 l に対して X_i および回路状態が表 7.2 のように連続的に変化する。これをグラフにすると図 7.11 のようになる。

表 7.2 無損失線路の出力端開放時のリアクタンス変化

角度 βl 〔rad〕	0	$0 < \beta l < \frac{\pi}{2}$	$\frac{\pi}{2}$	$\frac{\pi}{2} < \beta l < \pi$	π	$\pi < \beta l < \frac{3}{2}\pi$	$\frac{3}{2}\pi$	$\frac{3}{2}\pi < \beta l < 2\pi$	2π
線路長 l 〔m〕	0	$0 < l < \frac{\lambda}{4}$	$\frac{\lambda}{4}$	$\frac{\lambda}{4} < l < \frac{\lambda}{2}$	$\frac{\lambda}{2}$	$\frac{\lambda}{2} < l < \frac{3}{4}\lambda$	$\frac{3}{4}\lambda$	$\frac{3}{4}\lambda < l < \lambda$	λ
リアクタンス X_i 〔Ω〕	$-\infty$	$-$	0	$+$	$+\infty \to -\infty$	$-$	0	$+$	$+\infty$
回路状態	反共振	C 性	共振	L 性	反共振	C 性	共振	L 性	反共振

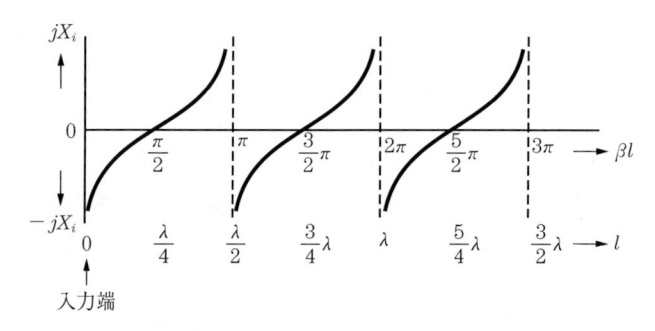

図 7.11 出力端開放時のリアクタンス特性

同様に**出力端開放時の無損失線路**の $\dot{E}$, $\dot{I}$ は、式 (7.50) に $\dot{\gamma} = j\beta$, $\dot{Z}_0 = R_0$ を代入して

$$\begin{cases} \dot{E} = \dot{E}_s \dfrac{e^{j\beta(l-x)} + e^{-j\beta(l-x)}}{e^{j\beta l} + e^{-j\beta l}} = \dot{E}_s \dfrac{e^{j\beta(l-x)} + e^{-j\beta(l-x)}}{2\cos\beta l} \\ \dot{I} = \dfrac{\dot{E}_s}{R_0} \dfrac{e^{j\beta(l-x)} - e^{-j\beta(l-x)}}{e^{j\beta l} + e^{-j\beta l}} = \dfrac{\dot{E}_s}{R_0} \dfrac{e^{j\beta(l-x)} - e^{-j\beta(l-x)}}{2\cos\beta l} \end{cases} \tag{7.53}$$

つぎに出力端付近の電圧・電流分布の様子を知るために，① 出力端の $x = l$　② 出力端から左側に長さ $\lambda/4$ の $x = l - \lambda/4$ を上式にそれぞれ代入して，$\dot{E}, \dot{I}$ の大きさ E, I を求めると

① $x = l$ のとき

$$E = E_p = \frac{E_s}{\cos \beta l}, \quad I = 0 \tag{7.54}$$

② $x = l - \lambda/4$ のとき

$$E = 0, \quad I = I_p = \frac{E_s}{R_0 \cos \beta l} \tag{7.55}$$

よって無損失線路の出力端開放時の電圧・電流分布は**図7.12**のようになる。

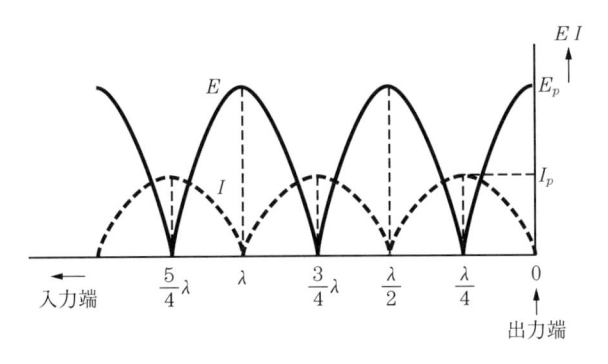

図7.12 出力端開放時の電圧・電流分布

7.6.2 入射波，反射波および反射係数

有限長線路において負荷 $\dot{Z}_L$ が特性インピーダンス $\dot{Z}_0$ と等しくないすなわち整合がとれてない場合には，式 (7.40) で示したように**入力端からの入射波** $e^{-\dot{\gamma}x}$ のほかに，負荷に電力などが一部しか吸収されないことによって**出力端からの反射波** $e^{\dot{\gamma}x}$ が生じる。そのため**反射の程度を表す量**として**反射係数 ρ** (reflection coefficient) が用いられる。**反射係数は，出力端における入射波に対する反射波の比**で定義され，電圧に対する**電圧反射係数** $\dot{\rho}_e$ と電流に対する**電流反射係数** $\dot{\rho}_i$ の2種類からなるが，一般に反射係数というと電圧反射係数のことをいう。ここで入射波電圧・電流を $\dot{E}_s, \dot{I}_s$ および反射波電圧・電流を

$\dot{E}_r$, $\dot{I}_r$ とおき，式 (7.40) を用いてそれぞれの反射係数 $\dot{\rho}_e$, $\dot{\rho}_i$ を求めると

$$\dot{\rho}_e = \frac{\dot{E}_r}{\dot{E}_s}\bigg|_{x=l} = \frac{\dot{K}e^{\dot{\gamma}l}}{e^{-\dot{\gamma}l}} = \frac{\dot{Z}_L - \dot{Z}_0}{\dot{Z}_L + \dot{Z}_0}$$

$$\dot{\rho}_i = \frac{\dot{I}_r}{\dot{I}_s}\bigg|_{x=l} = \frac{-\dot{K}e^{\dot{\gamma}l}}{e^{-\dot{\gamma}l}} = \frac{\dot{Z}_0 - \dot{Z}_L}{\dot{Z}_L + \dot{Z}_0}$$

$$\therefore \quad \dot{\rho}_e = -\dot{\rho}_i, \quad \rho = |\dot{\rho}_e| = |\dot{\rho}_i|, \quad -1 \leq \rho \leq 1$$

(7.56)

上式から**電圧反射係数** $\dot{\rho}_e$ と**電流反射係数** $\dot{\rho}_i$ は，大きさが等しくたがいに正，負の符号が逆なことがわかる。

[例題] 7.4 有限長線路において，負荷 $\dot{Z}_L$ が線路の特性インピーダンス $\dot{Z}_0$ に対して ① $\dot{Z}_L = 0$ ② $\dot{Z}_L = \dot{Z}_0/2$ ③ $\dot{Z}_L = \dot{Z}_0$ ④ $\dot{Z}_L = 2\dot{Z}_0$ ⑤ $\dot{Z}_L = \infty$ のとき，電圧・電流反射係数 $\dot{\rho}_e$, $\dot{\rho}_i$ を求めよ。

[解] 式 (7.56) に $\dot{Z}_L$ の値を代入して求める。
① $\dot{Z}_L = 0$: $\dot{\rho}_e = -1$, $\dot{\rho}_i = 1$
② $\dot{Z}_L = \dot{Z}_0/2$: $\dot{\rho}_e = -1/3$, $\dot{\rho}_i = 1/3$
③ $\dot{Z}_L = \dot{Z}_0$: $\dot{\rho}_e = \dot{\rho}_i = 0$ (7.57)
④ $\dot{Z}_L = 2\dot{Z}_0$: $\dot{\rho}_e = 1/3$, $\dot{\rho}_i = -1/3$
⑤ $\dot{Z}_L = \infty$: $\dot{\rho}_e = 1$, $\dot{\rho}_i = -1$

ここで $\dot{\rho} = 0$ は反射波がなし，$\dot{\rho} = 1$ は反射波と入射波の大きさが等しく位相が同じ，同様に $\dot{\rho} = -1$ は大きさが等しく位相が逆方向を表している。

7.6.3 定在波と定在波比

すでに有限長の無損失線路において，図 7.10 に出力端短絡時および図 7.12 に出力端開放時のそれぞれの電圧・電流分布を示した。この線路長に対する電圧・電流分布は，**入射波と反射波の干渉によって山（腹）と谷（節）ができたもので時間とは無関係な波でとくに定在波**（standing wave）と呼ばれている。電圧および電流の定在波は，概形が同じであるがそれぞれ腹点と節点が対応し，$x = \lambda/4$ ずれている。定在波は出力端の反射係数の大きさによって定まるが，**定在波の山と谷の割合を表す量**として**定在波比**（standing wave ratio）が定義されている。図 7.13 に示すような電圧定在波の**電圧定在波比** S_e（voltage standing wave ratio: VSWR）は，山のピーク（$E_{\max}$）と谷の

7.6 有限長線路

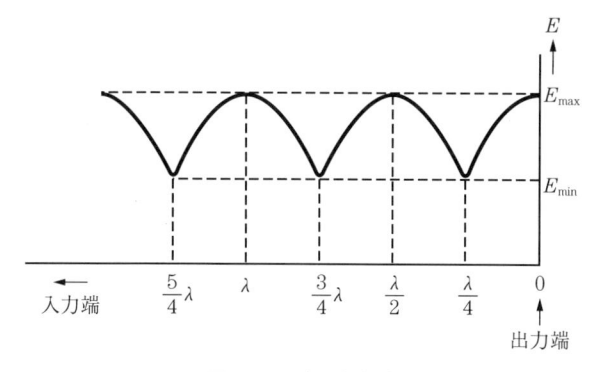

図 7.13 電圧定在波

ピーク ($E_{\min}$) の比で表される。はじめに式 (7.40) の電圧 $\dot{E}$ に $\dot{K} = \dot{\rho}_e e^{-j2\beta l}$, $\dot{\gamma} = j\beta$ を代入して線路長 x に対する $E_{\max}$ と $E_{\min}$ を求めると

$$\begin{aligned} x = l - n\lambda/2 &\quad : E_{\max} = K'(1 + \rho_e) \\ x = l - (2n+1)\lambda/4 &\quad : E_{\min} = K'(1 - \rho_e) \end{aligned} \quad (7.58)$$

$$\therefore \quad K' = \frac{E_s e^{-j\beta l}}{1 + \rho_e e^{-j2\beta l}}, \quad n = 0, 1, 2, 3, \cdots$$

ついで上式のその比から電圧定在波比 S_e を求めると

$$S_e = \frac{E_{\max}}{E_{\min}} = \frac{K'(1 + \rho_e)}{K'(1 - \rho_e)} = \frac{1 + \rho_e}{1 - \rho_e} \quad (7.59)$$

$$\therefore \quad \rho_e = |\dot{\rho}_e|$$

電圧定在波比 S_e で電圧反射係数 ρ_e を表してみると

$$\rho_e = \frac{S_e - 1}{S_e + 1} = \frac{E_{\max} - E_{\min}}{E_{\max} + E_{\min}} \quad (7.60)$$

したがって線路上の大きさを表した**電圧 E の最大値** $E_{\max}$ **と最小値** $E_{\min}$ **を測定することにより電圧反射係数が求まる**ことがわかる。

また電流定在波から電流定在波比 $S_i = I_{\max}/I_{\min}$ が求まるが，電圧定在波比 S_e と同じ値になるのでここでは省略する。

例題 7.5 負荷インピーダンス $\dot{Z}_L = 200\,\Omega$ の抵抗を接続した無損失線路において，電圧の最大値と最小値が $E_{\max} = 0.8\,\text{V}$, $E_{\min} = 0.2\,\text{V}$ であった。線

路の電圧定在波比 S_e, 電圧反射係数 ρ_e および特性インピーダンス $\dot{Z}_0$ を求めよ。ただし $\dot{Z}_0 < 200\,\Omega$ とする。

[解] 式 (7.59) と式 (7.60) から S_e, ρ_e を求める。ついでこの値を式 (7.56) の $\dot{\rho}_e$ に代入して整理し，$\dot{Z}_0$ を求める。

$$\begin{aligned}
S_e &= \frac{E_{\max}}{E_{\min}} = \frac{0.8}{0.2} = 4 \\
\rho_e &= \frac{S_e - 1}{S_e + 1} = \frac{4-1}{4+1} = \frac{3}{5} = 0.6 \\
\dot{\rho}_e &= \frac{\dot{Z}_L - \dot{Z}_0}{\dot{Z}_L + \dot{Z}_0} = \frac{200 - \dot{Z}_0}{200 + \dot{Z}_0} = \frac{3}{5} \quad \text{より} \\
5(200 &- \dot{Z}_0) = 3(200 + \dot{Z}_0) \\
\therefore\ \dot{Z}_0 &= 50\,\Omega
\end{aligned} \quad (7.61)$$

[例題] 7.6 特性インピーダンス $\dot{Z}_0 = 50\,\Omega$ の無損失線路において，線路長 $l = \lambda/2$ の出力端に負荷 $\dot{Z}_L = 150\,\Omega$ の抵抗を接続したときの電圧反射係数 $\dot{\rho}_e$ と入力インピーダンス $\dot{Z}_i$ を求めよ。

[解] 式 (7.42) の $\dot{K} = \dot{\rho}_e\,e^{-j\beta l}$ に $\dot{Z}_0$, $\dot{Z}_i$, l の値を代入して求める。

$$\dot{K} = \dot{\rho}_e\,e^{-j2\beta l} = \frac{\dot{Z}_L - \dot{Z}_0}{\dot{Z}_L + \dot{Z}_0}\,e^{-j\frac{4\pi}{\lambda}\frac{\lambda}{2}} = \frac{150 - 50}{150 + 50}\,e^{-j2\pi} = \frac{100}{200} \times 1 = 0.5$$

上式から $\dot{\rho}_e = 0.5$ が得られ，さらに $\dot{K}$ を式 (7.42) の $\dot{Z}_i$ に代入すると

$$\dot{Z}_i = \dot{Z}_0\,\frac{1+\dot{K}}{1-\dot{K}} = 50 \times \frac{1+0.5}{1-0.5} = 50 \times 3 = 150\,\Omega \quad (7.62)$$

ここで**無損失線路において，出力端に負荷 $\dot{Z}_L$ を接続したときの線路長 l に対する入力インピーダンス $\dot{Z}_i$** は，線路の特性インピーダンスを $\dot{Z}_0$ とおくと

① 線路長 l が $\lambda/2$ の整数倍のとき：$\dot{Z}_i = \dot{Z}_L$ (7.63)
② 線路長 l が $\lambda/4$ の奇数倍のとき：$\dot{Z}_i = \dot{Z}_0^2/\dot{Z}_L$ (7.64)

[例題] 7.7 図 7.14 に示す回路において，特性インピーダンス $\dot{Z}_0 = 50\,\Omega$ をもつ長さ $l = \lambda/4$ の無損失線路に負荷 $\dot{Z}_L = 100\,\Omega$ を接続して，これに出力インピーダンス $\dot{Z}$ の電源 $\dot{E} = 100\,\text{V}$ を加える。つぎに線路の入力インピーダン

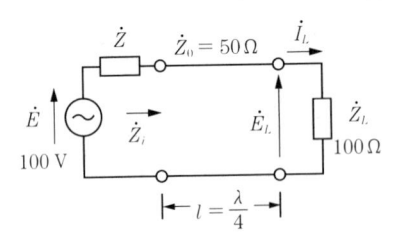

図 7.14 $l = \lambda/4$ の無損失線路

ス $\dot{Z}_i$ に等しくなるように $\dot{Z}$ を定め，そのときの $\dot{Z}_L$ の端子電圧 $\dot{E}_L$ と流れる電流 $\dot{I}_L$ を求めよ．

解 式 (7.64) から $\dot{Z}_i$ を求め，これを $\dot{Z}$ とする．線路の入力端では整合がとれるので線路に加わる電圧 $\dot{E}_s$ は，$\dot{E}_s = \dot{E}/2$ となる．つぎに式 (7.41) に値を代入して $\dot{E}_L$, $\dot{I}_L$ を求める．

$$\dot{Z}_i = \frac{\dot{Z}_0^2}{\dot{Z}_L} = \frac{50^2}{100} = 25\,\Omega$$

$$\dot{Z} = \dot{Z}_i = 25\,\Omega, \quad \dot{E}_s = \frac{\dot{E}}{2} = \frac{100}{2} = 50\,\text{V}$$

$$\dot{E}_L = \dot{E}_s \frac{2\dot{Z}_L}{(\dot{Z}_L - \dot{Z}_0)e^{-j\beta l} + (\dot{Z}_L + \dot{Z}_0)e^{j\beta l}}$$

$$= 50 \times \frac{2 \times 100}{(100 - 50)e^{-j\frac{2\pi}{\lambda}\frac{\lambda}{4}} + (100 + 50)e^{j\frac{2\pi}{\lambda}\frac{\lambda}{4}}} \quad (7.65)$$

$$= 50 \times \frac{200}{50e^{-j\frac{\pi}{2}} + 150e^{j\frac{\pi}{2}}} = 50 \times \frac{200}{50 \times -1 + 150 \times 1} = 100\,\text{V}$$

$$\dot{I}_L = \frac{\dot{E}_L}{\dot{Z}_L} = \frac{100}{100} = 1\,\text{A}$$

演 習 問 題

(1) 線路定数が $R = G = 0$, $L = 0.1\,\text{mH/km}$, $C = 100\,\text{pF/km}$ の無損失線路において，角周波数が $\omega = 1\,000\,\text{rad/s}$ のときの特性インピーダンス Z_0，伝搬定数 $\dot{\gamma}$，伝搬速度 V_p および波長 λ を求めよ．

(2) 平行2線線路において，直径 $d = 4\,\text{mm}$，中心線間隔 $D = 20\,\text{cm}$ の線路が空中に設置されている．この線路の特性インピーダンス Z_0 を求めよ．

(3) 特性インピーダンスが $Z_0 = 75\,\Omega$ の同軸ケーブルにおいて，内部導体の直径が $d = 0.5\,\text{mm}$ であった．外部導体の内側の直径 D を求めよ．ただし導体間の絶縁物は比誘電率 $\varepsilon_s \cong 2.3$ のポリエチレンとする．

(4) $\dot{Z}_0 = 20\,\Omega$ の無損失線路に負荷 $\dot{Z}_L = 20 + j30\,\Omega$ を接続したときの電圧反射係数 ρ_e と電圧定在波比 S_e を求めよ．

(5) 例題 7.7 の図 7.14 において $\dot{Z}_0 = \dot{Z}_L = \dot{Z} = 50\,\Omega$ のとき，入力インピーダンス $\dot{Z}_i$，入力端電圧 $\dot{E}_s$ および負荷 $\dot{Z}_L$ の端子電圧 $\dot{E}_L$ を求めよ．また電源 $\dot{E}$ の供給電力 P_i，負荷の消費電力 P_L およびその効率 $\eta = P_L/P_i$ を求めよ．

8 非正弦波交流

いままでの交流回路では，周期的に振幅が正弦波状に変化する正弦波交流を扱った。一方，パワーエレクトロニクスをはじめ情報・通信のマルチメディアおよび計測・制御などの分野においては，電源や信号源として正弦波交流ではなくパルス波や方形波などの非正弦波交流が多く用いられている。非正弦波交流は，正弦波交流の多くの周波数をもつ波の合成によって表すことができる。

8.1 非正弦波交流について

交流とはすでに述べたが，時間に対して大きさと方向が周期的に変化する電圧や電流の波のことをいう。交流を波形で分類すると，正弦波交流と正弦波でない交流との2種類になり，正弦波でない交流は**非正弦波交流**（non-sinusoidal wave alternating current）と呼ばれている。すなわち**非正弦波交流は，正弦波ではないが一定の周期で同じ波形を繰り返す交流**を意味している。ここで代表的な非正弦波交流の波形を**図 8.1**に示す。

図（a）はディジタル信号の 1，0 のパルス波，図（b）はテレビなどに画像を表示させるのに用いるのこぎり波および図（c）は方形波である。これら

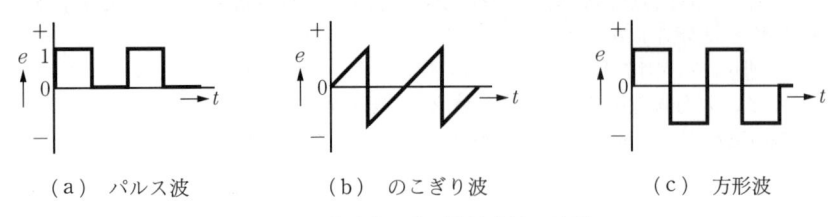

　　　　　(a) パルス波　　　　　　(b) のこぎり波　　　　　(c) 方形波

図 8.1　代表的な非正弦波交流の波形

の波形はいずれもハードウェア的には電気・電子回路によって，ソフトウェア的にはパソコンのプログラムによって発生させることができる。

8.2 正弦波交流による合成

　非正弦波交流をどのように表したらよいか考えてみよう。非正弦波交流ここでは方形波の正弦波交流による合成例を**図 8.2** に示す。図のように，ある周波数と振幅の正弦波交流 e_1 とこれの 3 倍の周波数で 1/3 の振幅をもつ正弦波交流 e_3，さらに 5 倍の周波数で 1/5 の振幅もつ正弦波交流 e_5 とを一つの座標軸上に画き，この三つの交流の各瞬時値を加えると $e = e_1 + e_3 + e_5$ のような非正弦波交流が得られる。

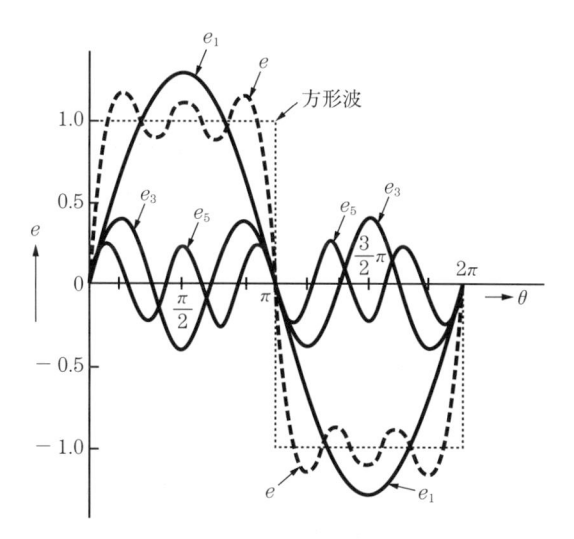

図 8.2　非正弦波交流の正弦波交流による合成

　ここで横軸の角度 $\theta = \omega t$ または時間 t は，正弦波交流 e_1 の座標軸に合わせてある。図から破線で示した合成波 e は，後述する高調波の次数をより多くして加えると図 8.1（c）の方形波に近づいてゆくことが推測できる。このことから**非正弦波交流は，周波数，位相および振幅などの異なる正弦波交流を**

116   8. 非正弦波交流

合成（重ね合わせ）することにより得られることがわかる．逆に非正弦波交流を分解すると，周波数や振幅の異なった多くの正弦波交流からなっている．

8.3 非正弦波交流の基本波と高調波

時間 t の関数 $f(t)$ において，周期 T に対して $f(t+T)=f(t)$ なる関係があるとき，$f(t)$ を t の**周期関数**（periodic function）という．一般に周期関数 $f(t)$ はつぎのような**周波数や振幅の異なる多くの cos 成分と sin 成分の重ね合わせ**，すなわち**フーリエ級数**（Fourier series）で表すことができる．

$$\begin{aligned}f(t) &= (a_0 + a_1\cos\omega t + a_2\cos 2\omega t + \cdots)\\&\quad + (b_1\sin\omega t + b_2\sin 2\omega t + \cdots)\\&= a_0 + \sum_{n=1}^{\infty} a_n\cos n\omega t + \sum_{n=1}^{\infty} b_n\sin n\omega t\end{aligned} \quad (8.1)$$

ここで同じ ω の cos 成分と sin 成分を合成して一つの sin 成分で表すと，つぎのような**角周波数 $n\omega$（周波数 nf）に対する振幅分布 A_n を表す式**となる．

$$\begin{aligned}f(t) &= a_0 + A_1\sin(\omega t + \phi_1) + A_2\sin(2\omega t + \phi_2) + \cdots\\&\quad + A_n\sin(n\omega t + \phi_n) + \cdots\\&= a_0 + \sum_{n=1}^{\infty} A_n\sin(n\omega t + \phi_n)\end{aligned} \quad (8.2)$$

$$\because\ a_n\cos n\omega t + b_n\sin n\omega t = \sqrt{a_n^2 + b_n^2}\sin(n\omega t + \phi_n)$$

$$A_n = \sqrt{a_n^2 + b_n^2},\ \phi_n = \tan^{-1}\frac{a_n}{b_n},\ \omega = 2\pi f = \frac{2\pi}{T}$$

上式の第 1 項 a_0 は，時間 t を含まないので一定となり**直流成分**を表す．また正と負の波の面積（平均値）が等しい交流では，直流項が $a_0 = 0$ となる．

第 2 項 $A_1\sin(\omega t + \phi_1)$ の正弦波は，図 8.2 に示す正弦波交流 e_1 のようにその非正弦波の周期と同じ周期で周波数が最も低い正弦波を表し，これが基本となっているので**基本波**（fundamental wave）という．

第 3 項 $A_2\sin(2\omega t + \phi_2)$ 以降の各項は 2ω, 3ω, … というように，基本波 ω の 2 倍，3 倍，… という角周波数をもつ正弦波なので，**高調波**（higher harmonic wave）という。基本波の2倍の高調波 2ω を**第2調波**（second harmonic wave），3倍の高調波 3ω を**第3調波**（third harmonic wave），同様に n 倍の高調波を**第 n 調波**という。この n を高調波の**次数**という。高調波のうち次数が奇数（$n = 3, 5, 7, \cdots$）のものを**奇数調波**，次数が偶数（$n = 2, 4, 6, \cdots$）のものを**偶数調波**という。このことから正弦波交流は，直流および高調波の成分がなく基本波のみからなることがわかる。

ここで非正弦波交流波形の中に直流分，基本波および高調波の各成分がどの程度含まれているかを調べることを**波形分析**（wave analysis）という。具体的には**周波数スペクトル**（frequency spectrum）を求めることになるが，これは横軸に周波数，縦軸に直流分または基本波の最大値を1とし，これに対する規格化した高調波成分の**線スペクトル**を画く（例題8.1を参照）ことに相当する。計測器としては**スペクトラムアナライザ**などがある。

8.4 フーリエ級数の基礎

周期関数 $f(t)$ が式（8.2）のようなフーリエ級数に展開できることを学んだが，この式の各係数 a_0，a_n，b_n を定めてみよう。

各係数の導出を容易にするために ωt を θ に置き換えると

$$f(\theta) = a_0 + \sum_{n=1}^{\infty} a_n \cos n\theta + \sum_{n=1}^{\infty} b_n \sin n\theta \tag{8.3}$$

つぎに $f(\theta)$ の両辺に $\cos m\theta$ をかけ，θ について 0 から 2π まで積分すると

$$\int_0^{2\pi} f(\theta) \cos m\theta \, d\theta = a_0 \int_0^{2\pi} \cos m\theta \, d\theta + \sum_{n=1}^{\infty} a_n \int_0^{2\pi} \cos n\theta \cos m\theta \, d\theta$$
$$+ \sum_{n=1}^{\infty} b_n \int_0^{2\pi} \sin n\theta \cos m\theta \, d\theta$$

ここで加法定理を用いて三角関数の積を和に直して積分すると各項は

$$\int_0^{2\pi} \cos m\theta \, d\theta = 0 \ (m \neq 0), \ \int_0^{2\pi} \cos m\theta \, d\theta = 2\pi \ (m=0)$$

$$\int_0^{2\pi} \cos n\theta \cos m\theta \, d\theta = \pi \ (m=n),$$

$$\int_0^{2\pi} \cos n\theta \cos m\theta \, d\theta = 0 \ (m \neq n)$$

$$\int_0^{2\pi} \sin n\theta \cos m\theta \, d\theta = 0$$

したがって a_0, a_n は

$$a_0 = \frac{1}{2\pi} \int_0^{2\pi} f(\theta) \, d\theta, \quad a_n = \frac{1}{\pi} \int_0^{2\pi} f(\theta) \cos n\theta \, d\theta,$$

また b_n を求めるために $f(\theta)$ の両辺に $\sin m\theta$ をかけ，θ について 0 から 2π まで積分すると

$$\int_0^{2\pi} f(\theta) \sin m\theta \, d\theta = a_0 \int_0^{2\pi} \sin m\theta \, d\theta + \sum_{n=1}^{\infty} a_n \int_0^{2\pi} \cos n\theta \sin m\theta \, d\theta$$
$$+ \sum_{n=1}^{\infty} b_n \int_0^{2\pi} \sin n\theta \sin m\theta \, d\theta$$

ここで

$$\int_0^{2\pi} \sin m\theta \, d\theta = 0, \quad \int_0^{2\pi} \cos n\theta \sin m\theta \, d\theta = 0$$

$$\int_0^{2\pi} \sin n\theta \sin m\theta \, d\theta = \pi \ (m=n),$$

$$\int_0^{2\pi} \sin n\theta \sin m\theta \, d\theta = 0 \ (m \neq n)$$

したがって b_n は

$$b_n = \frac{1}{\pi} \int_0^{2\pi} f(\theta) \sin n\theta \, d\theta$$

これを整理すると**横軸を角度 θ で表した周期関数 $f(\theta+2\pi) = f(\theta)$ のフーリエ級数**は

$$f(\theta) = a_0 + \sum_{n=1}^{\infty} a_n \cos n\theta + \sum_{n=1}^{\infty} b_n \sin n\theta \tag{8.4}$$

$$\therefore \quad a_0 = \frac{1}{2\pi} \int_0^{2\pi} f(\theta) \, d\theta, \quad a_n = \frac{1}{\pi} \int_0^{2\pi} f(\theta) \cos n\theta \, d\theta,$$

$$b_n = \frac{1}{\pi} \int_0^{2\pi} f(\theta) \sin n\theta \, d\theta$$

また横軸が時間 t の場合は，$\omega t = \theta$ の角度から t は θ に対応し，同様に $\omega T = 2\pi$ の周期から T は 2π に対応することがわかる。すなわち**横軸を時間 t で表した周期関数 $f(t+T) = f(t)$ のフーリエ級数**は

$$f(t) = a_0 + \sum_{n=1}^{\infty} a_n \cos n\omega t + \sum_{n=1}^{\infty} b_n \sin n\omega t \tag{8.5}$$

$$\because \quad a_0 = \frac{1}{T}\int_0^T f(t)\,dt, \quad a_n = \frac{2}{T}\int_0^T f(t)\cos n\omega t\,dt,$$

$$b_n = \frac{2}{T}\int_0^T f(t)\sin n\omega t\,dt$$

以上まとめると式 (8.4) は角度 θ で，式 (8.5) は時間 t でそれぞれ表した場合の**フーリエ級数の標準形**となっている。

周期関数 $f(t)$ の種類に対して，すなわち（**1**）**対称波** $f(t+T/2) = -f(t)$，（**2**）**偶関数波** $f(t) = f(-t)$，（**3**）**奇関数波** $f(t) = -f(-t)$ および（**4**）**偶関数波や奇関数波ではない関数波**におけるフーリエ級数やその係数を求めてみよう。

（**1**）**対　称　波**　図 8.3（a）に示す波形のように，周期関数 $f(t)$ が $f(t+T/2) = -f(t)$ であれば，正の半波と負の半波が $f(a) = E_{m1}$，$f(a+T/2) = -E_{m1}$ のように**横軸を中心とする対称波**となる。

このときのフーリエ級数は次式のように，**n が奇数次の cos 成分と sin 成分の高調波のみ**からなる。

$$f(t) = \sum_{n=1}^{\infty} a_n \cos n\omega t + \sum_{n=1}^{\infty} b_n \sin n\omega t \tag{8.6}$$

$$\because \quad a_n = \frac{4}{T}\int_0^{\frac{T}{2}} f(t)\cos n\omega t\,dt, \quad b_n = \frac{4}{T}\int_0^{\frac{T}{2}} f(t)\sin n\omega t\,dt$$

$$(n = 1,\ 3,\ 5,\ 7,\ \cdots)$$

（**2**）**偶 関 数 波**　図（b）に示す全波整流波のように，周期関数 $f(t)$ が $f(t) = f(-t)$ であれば，縦軸に対して $f(a) = f(-a) = E_a$ の**左右対称**となり**偶関数波**となる。

このときのフーリエ級数は次式のように，**直流成分 a_0 と cos 成分の高調波**

120　8. 非正弦波交流

(a) 対称波 $f(a + T/2) = -f(a)$

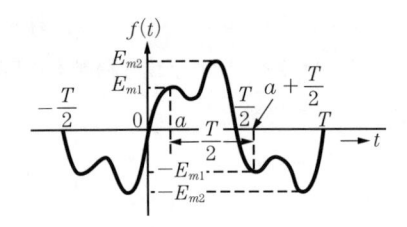

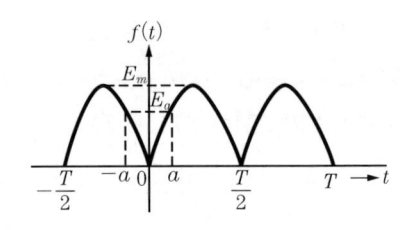

(b) 全波整流波（偶関数波）
$f(a) = f(-a)$

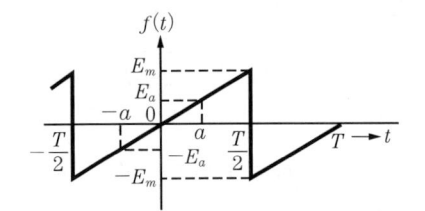

(c) のこぎり波（奇関数波）
$f(a) = -f(-a)$

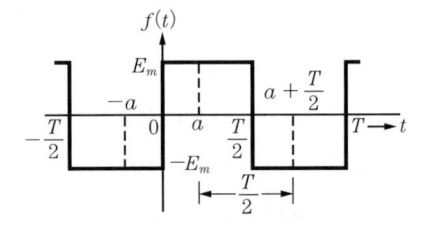

(d) 方形波（対称波） $f(a + T/2) = -f(a)$, $f(a) = -f(-a)$
＊対称波の中には奇関数波が含まれる場合がある

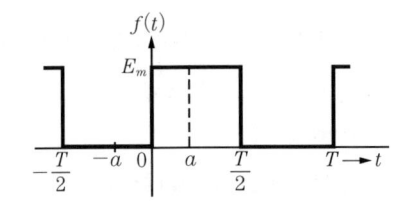

(e) パルス波（偶・奇関数波ではない関数波） $f(a) \neq \pm f(-a)$

図 8.3　周期関数波

からなる。

$$f(t) = a_0 + \sum_{n=1}^{\infty} a_n \cos n\omega t \tag{8.7}$$

$$\therefore \ a_0 = \frac{2}{T}\int_0^{\frac{T}{2}} f(t)\,dt, \quad a_n = \frac{4}{T}\int_0^{\frac{T}{2}} f(t) \cos n\omega t\,dt$$

$$(n = 1,\ 2,\ 3,\ 4,\ 5,\ \cdots)$$

(3) 奇関数波　図 (c) に示すのこぎり波のように，周期関数 $f(t)$

が $f(t) = -f(-t)$ であれば，**原点に対して** $f(a) = E_a$, $f(-a) = -E_a$ **の点対称となり奇関数波**となる。

このときのフーリエ級数は次式のように，**sin 成分の高調波のみ**からなる。

$$f(t) = \sum_{n=1}^{\infty} b_n \sin n\omega t \tag{8.8}$$

$$\therefore \ b_n = \frac{4}{T}\int_0^{\frac{T}{2}} f(t) \sin n\omega t \, dt \quad (n = 1, \ 2, \ 3, \ 4, \ 5, \ \cdots)$$

ここで図（d）に示す方形波のように，奇関数波の中には対称波に含まれる場合がある。そのとき n は奇数次（$n = 1, \ 3, \ 5, \ 7, \ \cdots$）のみとなる。

（4） **偶関数波や奇関数波ではない関数波** 図（e）に示すパルス波のように，周期関数 $f(t)$ が $f(t) \neq \pm f(-t)$ であれば，**偶関数波や奇関数波ではない関数波**となる。

このときのフーリエ級数は，式（8.5）の標準形となる。

8.5 非正弦波交流のフーリエ級数による展開例

代表的な非正弦波交流波形について以下に例題形式で説明する。

例題 8.1 図 8.3（b）に示す全波整流波をフーリエ級数に展開し，周波数スペクトルを画く。ただし，$f(t) = e(t)$ とおき電圧波形とする。

解 この波形は**偶関数波**なので式（8.5）を用いる。時間 t が $(0 \leq t \leq T/2)$ の区間では $e(t) = E_m \sin \omega t$ となる。ここで $\omega T = 2\pi$ である。

$$a_0 = \frac{2}{T}\int_0^{\frac{T}{2}} E_m \sin \omega t \, dt = \frac{2E_m}{T}\left[-\frac{1}{\omega}\cos \omega t\right]_0^{\frac{T}{2}} = -\frac{2E_m}{\omega T}\left[\cos \omega t\right]_0^{\frac{T}{2}}$$

$$= -\frac{2E_m}{2\pi}\left[\cos \frac{\omega T}{2} - \cos 0\right] = -\frac{E_m}{\pi}\left[\cos \frac{2\pi}{2} - 1\right] = \frac{2}{\pi}E_m \tag{8.9}$$

$$a_n = \frac{4}{T}\int_0^{\frac{T}{2}} E_m \sin \omega t \cos n\omega t \, dt = \frac{4E_m}{T}\int_0^{\frac{T}{2}} \sin \omega t \cos n\omega t \, dt$$

ここで上式の $\sin \omega t \cos n\omega t$ は，加法定理を用いて積を和に直して行うと

$$a_n = \frac{4E_m}{T}\int_0^{\frac{T}{2}} \frac{1}{2}\{\sin(n+1)\omega t - \sin(n-1)\omega t\} dt$$

$$= \frac{2E_m}{T}\left[-\frac{\cos(n+1)\omega t}{(n+1)\omega} + \frac{\cos(n-1)\omega t}{(n-1)\omega}\right]_0^{\frac{T}{2}}$$

$$= \frac{2E_\mathrm{m}}{\omega T}\left[-\frac{1}{n+1}\left\{\cos(n+1)\frac{\omega T}{2}-1\right\}\right.$$
$$\left.+\frac{1}{n-1}\left\{\cos(n-1)\frac{\omega T}{2}-1\right\}\right]$$
$$=\frac{E_\mathrm{m}}{\pi}\left[-\frac{(-1)^{n+1}-1}{n+1}+\frac{(-1)^{n-1}-1}{n-1}\right]=\frac{2E_\mathrm{m}}{\pi(n^2-1)}\{(-1)^{n-1}-1\} \tag{8.10}$$

上式において n の奇数,偶数によって a_n の解が異なるので求めると

$$a_n = 0 \quad (n=1,\ 3,\ 5,\ \cdots)$$
$$a_n = \frac{-4E_\mathrm{m}}{\pi(n^2-1)} \quad (n=2,\ 4,\ 6,\ \cdots) \tag{8.11}$$

したがって式 (8.7) に,式 (8.9) の a_0 と式 (8.11) の a_n を代入して全波整流波 $e(t)$ のフーリエ級数を求めると

$$e(t) = a_0 + \sum_{n=1}^{\infty} a_n \cos n\omega t = \frac{2E_\mathrm{m}}{\pi} + \sum_{n=1}^{\infty} \frac{2E_\mathrm{m}}{\pi(n^2-1)}\{(-1)^{n-1}-1\}\cos n\omega t$$
$$= \frac{2E_\mathrm{m}}{\pi}\left\{1 - \frac{2}{3}\cos 2\omega t - \frac{2}{15}\cos 4\omega t - \frac{2}{35}\cos 6\omega t - \cdots\right\} \tag{8.12}$$

つぎに全波整流波 $e(t)$ の周波数スペクトルは,上式から基本波 ω がないので直流分の大きさを 1 とおき,a_n/a_0 の大きさ $|a_n/a_0|$ をとると高調波の 2ω 成分は 2/3,4ω 成分は 2/15,6ω 成分は 2/35 となり,それ以降は大きさがより小さくなるので省略する。これを図 8.4 (a) に示す。横軸は角周波数 $\omega = 2\pi f$ で表したが,周波数 f で表してもよい。これは単に 2π が乗じてあるかの違いで,周波数スペクトルは同じになる。

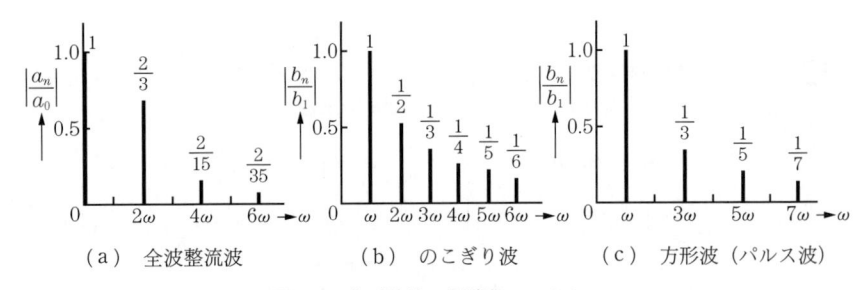

図 8.4 非正弦波の周波数スペクトル

(a) 全波整流波　　(b) のこぎり波　　(c) 方形波 (パルス波)

例題 8.2 図 8.3 (c) に示すのこぎり波をフーリエ級数に展開し,周波数スペクトルを画く。ただし,$f(t)=e(t)$ とおき電圧波形とする。

解 この波形は**奇関数波**なので式 (8.8) を用いる。時間 t が $(0 \leq t \leq T/2)$ の区間では $e(t)=\{E_\mathrm{m}/(T/2)\}t=(2E_\mathrm{m}/T)t$ となる。ここで $\omega T = 2\pi$ である。

8.5 非正弦波交流のフーリエ級数による展開例

$$b_n = \frac{4}{T}\int_0^{\frac{T}{2}} \left(\frac{2E_\mathrm{m}}{T}t\right)\sin n\omega t\, dt = \frac{8E_\mathrm{m}}{T^2}\int_0^{\frac{T}{2}} t\sin n\omega t\, dt$$

$$= \frac{8E_\mathrm{m}}{T^2}\int_0^{\frac{T}{2}} t\left(-\frac{\cos n\omega t}{n\omega}\right)' dt = \frac{8E_\mathrm{m}}{T^2}\int_0^{\frac{T}{2}} f(t)\, g'(t)\, dt$$

部分積分法 $\int_0^{\frac{T}{2}} f(t)\, g'(t)\, dt = [f(t)\, g(t)]_0^{\frac{T}{2}} - \int_0^{\frac{T}{2}} f'(t)\, g(t)\, dt$ を用いて

$$b_n = \frac{8E_\mathrm{m}}{T^2}\left\{\left[-t\frac{\cos n\omega t}{n\omega}\right]_0^{\frac{T}{2}} - \int_0^{\frac{T}{2}}\left(-\frac{\cos n\omega t}{n\omega}\right)dt\right\}$$

$$= \frac{8E_\mathrm{m}}{T^2}\left\{\left[-\frac{T}{2}\frac{\cos n\pi}{n\omega}\right] + \frac{1}{n\omega}\left[\frac{1}{n\omega}\sin n\omega t\right]_0^{\frac{T}{2}}\right\}$$

$$= \frac{4E_\mathrm{m}T}{T^2 n\omega}(-\cos n\pi) = \frac{4E_\mathrm{m}}{n\omega T}(-1)^{n+1} = \frac{2E_\mathrm{m}}{n\pi}(-1)^{n+1} \tag{8.13}$$

したがって式 (8.8) に，式 (8.13) の b_n を代入してのこぎり波 $e(t)$ のフーリエ級数を求めると

$$e(t) = \sum_{n=1}^{\infty} b_n \sin n\omega t = \sum_{n=1}^{\infty} \frac{2E_\mathrm{m}}{n\pi}(-1)^{n+1}\sin n\omega t$$

$$= \frac{2E_\mathrm{m}}{\pi}\left\{\sin \omega t - \frac{1}{2}\sin 2\omega t + \frac{1}{3}\sin 3\omega t - \frac{1}{4}\sin 4\omega t + \cdots\right\} \tag{8.14}$$

つぎにのこぎり波 $e(t)$ の周波数スペクトルは，上式から基本波 ω の大きさを 1 とおき，b_n/b_1，$(n>2)$ の大きさ $|b_n/b_1|$ をとると高調波の 2ω 成分は 0.5，3ω 成分は 1/3，4ω 成分は 1/4，5ω 成分は 1/5 となり，大きさが $1/n$ で減少していく。これを図 8.4(b) に示す。

例題 8.3 図 8.3（d）に示す方形波をフーリエ級数に展開し，周波数スペクトルを画く。ただし，$f(t) = e(t)$ とおき電圧波形とする。

解 この波形は**奇関数波**なので式 (8.8) を用いる。さらに**対称波**なので係数 b_n の n が**奇数次のみ**からなる。時間 t が $(0 \leq t \leq T/2)$ の区間では $e(t) = E_\mathrm{m}$ となる。ここで $\omega T = 2\pi$ である。

$$b_n = \frac{4}{T}\int_0^{\frac{T}{2}} E_\mathrm{m}\sin n\omega t\, dt = \frac{4E_\mathrm{m}}{T}\left[-\frac{\cos n\omega t}{n\omega}\right]_0^{\frac{T}{2}}$$

$$= \frac{2E_\mathrm{m}}{n\pi}(1-\cos n\pi) = \frac{4E_\mathrm{m}}{n\pi} \qquad (n = 1,\ 3,\ 5,\ 7,\ \cdots) \tag{8.15}$$

したがって式 (8.8) に，式 (8.15) の b_n を代入して方形波 $e(t)$ の奇数次のフーリエ級数を求めると

$$e(t) = \sum_{n=1}^{\infty} b_n \sin n\omega t = \sum_{n=1}^{\infty} \frac{4E_\mathrm{m}}{n\pi}\sin n\omega t$$

$$= \frac{4E_\mathrm{m}}{\pi}\left\{\sin \omega t + \frac{1}{3}\sin 3\omega t + \frac{1}{5}\sin 5\omega t + \cdots\right\} \tag{8.16}$$

つぎに方形波 $e(t)$ の周波数スペクトルは，上式から基本波 ω の大きさを1とおき，b_n/b_1, $(n > 3)$ の大きさ $|b_n/b_1|$ をとると高調波の 3ω 成分は $1/3$，5ω 成分は $1/5$ となり，大きさが $1/n$ で減少していく。これを図8.4（c）に示す。

[例題] 8.4 図8.3（e）に示すパルス波をフーリエ級数に展開し，周波数スペクトルを画く。ただし，$f(t) = e(t)$ とおき電圧波形とする。

[解] この波形は**偶関数・奇関数波以外の波**なので式（8.5）を用いる。時間 t が（$0 \leq t \leq T/2$）の区間では $e(t) = E_m$，（$T/2 \leq t \leq T$）の区間では $e(t) = 0$ となる。したがって（$0 \leq t \leq T/2$）の区間のみ積分する。ここで $\omega T = 2\pi$ である。

$$a_0 = \frac{1}{T}\int_0^{\frac{T}{2}} E_m dt = \frac{E_m}{T}\left[t\right]_0^{\frac{T}{2}} = \frac{E_m}{T}\frac{T}{2} = \frac{E_m}{2} \quad (8.17)$$

$$a_n = \frac{2}{T}\int_0^{\frac{T}{2}} E_m \cos n\omega t\, dt = \frac{2E_m}{T}\left[\frac{1}{n\omega}\sin n\omega t\right]_0^{\frac{T}{2}} = \frac{E_m}{n\pi}[\sin n\pi] = 0 \quad (8.18)$$

$$b_n = \frac{2}{T}\int_0^{\frac{T}{2}} E_m \sin n\omega t\, dt = \frac{2E_m}{T}\left[-\frac{1}{n\omega}\cos n\omega t\right]_0^{\frac{T}{2}} = -\frac{E_m}{n\pi}(\cos n\pi - 1)$$

$$= \frac{E_m}{n\pi}\{1 - (-1)^n\} \quad (8.19)$$

したがって式（8.5）に，式（8.17）の a_0，式（8.18）の a_n および式（8.19）の b_n を代入して，パルス波 $e(t)$ のフーリエ級数を求めると

$$e(t) = a_0 + \sum_{n=1}^{\infty} a_n \cos n\omega t + \sum_{n=1}^{\infty} b_n \sin n\omega t$$

$$= \frac{E_m}{2} + \sum_{n=1}^{\infty}\frac{E_m}{n\pi}\{1 - (-1)^n\}\sin n\omega t$$

$$= \frac{E_m}{2} + \frac{2E_m}{\pi}\left\{\sin \omega t + \frac{1}{3}\sin 3\omega t + \frac{1}{5}\sin 5\omega t + \cdots\right\} \quad (8.20)$$

つぎにパルス波 $e(t)$ の周波数スペクトルは，上式から基本波 ω の大きさを1とおき，b_n/b_1, $(n > 3)$ の大きさ $|b_n/b_1|$ をとると高調波の 3ω 成分は $1/3$，5ω 成分は $1/5$，7ω 成分は $1/7$ となり，奇数 n に対して大きさが $1/n$ で減少していく。この周波数スペクトルは図8.4（c）と同様になる。

8.6 非正弦波交流の電圧，電流および電力

基本波のほかに高調波成分をもつ非正弦波交流電圧，電流および電力などの取り扱いについて考えてみよう。

8.6.1 非正弦波交流の実効値

交流電圧の実効値 E は，その瞬時値 $e(t)$ の 2 乗の平均の平方根なので，周期を T とおくと次式のようになる．

$$E = \sqrt{\frac{1}{T}\int_0^T e^2(t)\,dt} \tag{8.21}$$

式 (8.2) から非正弦波交流電圧の瞬時値 $e(t)$ は，第 n 調波の振幅を E_{mn} とおくと次式のようになる．

$$e(t) = E_0 + \sum_{n=1}^{\infty} E_{mn}\sin(n\omega t + \phi_n) \tag{8.22}$$

ここで上式の瞬時値 $e(t)$ の 2 乗を展開すると

$$\begin{aligned}
e^2(t) &= \{E_0 + E_{m1}\sin(\omega t + \phi_1) + E_{m2}\sin(2\omega t + \phi_2) + \cdots\}^2 \\
&= E_0^2 + E_{m1}^2\sin^2(\omega t + \phi_1) + E_{m2}^2\sin^2(2\omega t + \phi_2) + \cdots \\
&\quad + 2E_0\{E_{m1}\sin(\omega t + \phi_1) + E_{m2}\sin(2\omega t + \phi_2) + \cdots\} \\
&\quad + 2E_{m1}\sin(\omega t + \phi_1)\{E_{m2}\sin(2\omega t + \phi_2) + \cdots\} \\
&\quad + 2E_{m2}\sin(2\omega t + \phi_2)\{E_{m3}\sin(3\omega t + \phi_3) + \cdots\} \\
&\quad + \cdots
\end{aligned} \tag{8.23}$$

$e^2(t)$ の各項を 1 周期 T について平均すると

① 直流項 E_0^2 の平均は

$$\frac{1}{T}\int_0^T E_0^2\,dt = \frac{E_0^2}{T}\int_0^T dt = \frac{E_0^2}{T}[t]_0^T = E_0^2$$

② 正弦波の 2 乗項の平均は，加法定理の半角の式 $\sin^2\theta = (1 - \cos 2\theta)/2$ を用いて最大値 E_{mn} の代わりに，実効値 $E_n = E_{mn}/\sqrt{2}$ で表すと

$$\frac{1}{T}\int_0^T E_{mn}^2\sin^2(n\omega t + \phi_n)\,dt = \frac{E_{mn}^2}{2T}\int_0^T \{1 - \cos(2n\omega t + 2\phi_n)\}\,dt$$

$$= \frac{E_{mn}^2}{2T}\left[t - \frac{1}{2n\omega}\sin(2n\omega t + 2\phi_n)\right]_0^T = \frac{1}{2}E_{mn}^2 = \left(\frac{E_{mn}}{\sqrt{2}}\right)^2 = E_n^2$$

そのほかの項は平均すると 0 になるので，**非正弦波交流電圧 $e(t)$ の実効値 E** は，この E_0^2 と E_n^2 を式 (8.21) に代入して

$$E = \sqrt{E_0^2 + E_n^2} = \sqrt{E_0^2 + E_1^2 + E_2^2 + \cdots} \tag{8.24}$$

同様に非正弦波交流電流 $i(t)$ の実効値 I は

$$I = \sqrt{I_0^2 + I_1^2 + I_2^2 + \cdots} \tag{8.25}$$

すなわち**非正弦波交流の実効値は，（直流成分，基本波および高調波の実効値）の2乗の和の平方根**で表される。

[例題] 8.5 図8.3（b）に示した波形 $f(t)$ を最大値が E_m の全波整流波電圧 $e(t)$ とおくとき，この波形の実効値 E を求めよ。

[解] 式（8.12）のフーリエ級数展開式において，最大値 E_m の cos 成分を $E_\mathrm{m}/\sqrt{2}$ の実効値で表し，式（8.24）を用いて実効値 E を求める。またこの波形の実効値は，式（8.21）の定義式からも容易に求めることができる。

$$e(t) = \frac{2E_\mathrm{m}}{\pi}\left\{1 - \frac{2}{3\sqrt{2}}\cos 2\omega t - \frac{2}{15\sqrt{2}}\cos 4\omega t - \cdots\right\}$$

$$E = \frac{2E_\mathrm{m}}{\pi}\sqrt{1^2 + \left(\frac{2}{3\sqrt{2}}\right)^2 + \left(\frac{2}{15\sqrt{2}}\right)^2 + \cdots}$$

$$= \frac{2E_\mathrm{m}}{\pi}\sqrt{1 + \frac{2}{9} + \frac{2}{225} + \cdots} = \frac{2E_\mathrm{m}}{\pi}\sqrt{\frac{\pi^2}{8}} = \frac{2E_\mathrm{m}}{\pi}\frac{\pi}{2\sqrt{2}} = \frac{E_\mathrm{m}}{\sqrt{2}} \tag{8.26}$$

$$\because \quad \frac{\pi^2}{8} = 1 + \frac{2}{1^2 \cdot 3^2} + \frac{2}{3^2 \cdot 5^2} + \cdots = 1 + \frac{2}{9} + \frac{2}{225} + \cdots$$

参考までにこの波形の実効値 E を直流成分，第2調波および第4調波までの実効値で計算すると，第4調波までに全体の実効値 E の 99.8% が占められている。

8.6.2 非正弦波交流の電力

ある交流回路に非正弦波の瞬時電圧 $e(t)$ を加えたとき，非正弦波の瞬時電流 $i(t)$ がそれぞれ次式のように流れたとすると，式（8.2）から

$$\begin{aligned}e(t) &= E_0 + \sum_{h=1}^{\infty} E_{\mathrm{m}h}\sin(h\omega t + \theta_h) \\ i(t) &= I_0 + \sum_{h=1}^{\infty} I_{\mathrm{m}h}\sin(h\omega t + \theta_h - \phi_h)\end{aligned} \tag{8.27}$$

この回路の**瞬時電力** $p(t)$ は，上式の $e(t)$ と $i(t)$ の積をとり

$$\begin{aligned}p(t) &= e(t)\,i(t) \\ &= E_0 I_0 + \sum_{h=1}^{\infty} E_{\mathrm{m}h} I_{\mathrm{m}h} \sin(h\omega t + \theta_h)\sin(h\omega t + \theta_h - \phi_h) \\ &\quad + E_0 \sum_{h=1}^{\infty} I_{\mathrm{m}h}\sin(h\omega t + \theta_h - \phi_h)\end{aligned}$$

$$+ I_0 \sum_{h=1}^{\infty} E_{mh} \sin(h\omega t + \theta_h)$$

$$+ \sum_{h=1}^{\infty} \sum_{k=1}^{\infty} E_{mh} I_{mk} \sin(h\omega t + \theta_h) \sin(k\omega t + \theta_k - \phi_k)$$

(8.28)

ただし上式の第5項は $h = k$ となる場合を除く。

(1) 有効電力 P　　有効電力（平均電力）P は次式で定義される。

$$P = \frac{1}{T} \int_0^T p(t)\, dt \tag{8.29}$$

したがって，式 (8.28) の $p(t)$ の各項を1周期 T について平均すると

① **直流項 $E_0 I_0$ の平均は**

$$\frac{1}{T} \int_0^T E_0 I_0\, dt = E_0 I_0$$

② **電圧と電流が同じ次数調波の積の項の平均は**，三角関数の積を和に直して積分し，実効値 E_h, I_h で表すと

$$\frac{1}{T} \int_0^T E_{mh} I_{mh} \sin(h\omega t + \theta_h) \sin(h\omega t + \theta_h - \phi_h)\, dt$$

$$= \frac{E_{mh} I_{mh}}{T} \int_0^T -\frac{1}{2} \{\cos(2h\omega t + 2\theta_h - \phi_h) - \cos \phi_h\}\, dt$$

$$= -\frac{E_{mh} I_{mh}}{2T} \left[\frac{1}{2h\omega} \sin(2h\omega t + 2\theta_h - \phi_h) - t \cos \phi_h\right]_0^T$$

$$= \frac{E_{mh} I_{mh}}{2} \cos \phi_h = \frac{E_{mh}}{\sqrt{2}} \frac{I_{mh}}{\sqrt{2}} \cos \phi_h = E_h I_h \cos \phi_h$$

そのほかの項は平均すると **0** になるので，**非正弦波交流の有効電力 P は**，これを式 (8.29) に代入して

$$P = E_0 I_0 + \sum_{h=1}^{\infty} E_h I_h \cos \phi_h = E_0 I_0 + E_1 I_1 \cos \phi_1 + E_2 I_2 \cos \phi_2 + \cdots$$

(8.30)

上式から**非正弦波交流の有効電力は，周波数を等しくする各調波の有効電力の総和**となり，その単位はワット〔W〕である。

(2) 皮相電力 P_a　　皮相電力 P_a は，電圧と電流の実効値 E, I の積で

次式のように表され，その単位はボルトアンペア〔VA〕である。

$$P_a = EI = \sqrt{(E_0^2 + E_1^2 + E_2^2 + \cdots)(I_0^2 + I_1^2 + I_2^2 + \cdots)} \quad (8.31)$$

（3）**力率 cos φ**　力率 cos φ は次式のように表される。

$$\cos\phi = \frac{P}{P_a} = \frac{E_0 I_0 + E_1 I_1 \cos\phi_1 + E_2 I_2 \cos\phi_2 + \cdots}{\sqrt{(E_0^2 + E_1^2 + E_2^2 + \cdots)(I_0^2 + I_1^2 + I_2^2 + \cdots)}}$$
$$(8.32)$$

例題 8.6　ある回路に以下の電圧 $e(t)$ を加えたら電流 $i(t)$ が流れた。$e(t)$ と $i(t)$ の実効値 E, I，有効電力 P と皮相電力 P_a および力率 $\cos\phi$ を求めよ。

$$e(t) = 80\sqrt{2}\sin\omega t + 60\sqrt{2}\sin(3\omega t - 90°)\,[\text{V}]$$
$$i(t) = 16\sqrt{2}\sin(\omega t + 60°) + 12\sqrt{2}\sin(3\omega t - 30°)\,[\text{A}]$$

解　基本波に対する $e(t)$, $i(t)$ の実効値 E_1, I_1 と位相差 ϕ_1 は

$$E_1 = \frac{80\sqrt{2}}{\sqrt{2}} = 80\text{ V},\quad I_1 = \frac{16\sqrt{2}}{\sqrt{2}} = 16\text{ A},\quad \phi_1 = 0° - 60° = -60°$$

同様に，第3調波に対する実効値 E_3, I_3 と位相差 ϕ_3 は

$$E_3 = \frac{60\sqrt{2}}{\sqrt{2}} = 60\text{ V},\quad I_3 = \frac{12\sqrt{2}}{\sqrt{2}} = 12\text{ A},\quad \phi_3 = -90° - (-30°) = -60°$$

$e(t)$ と $i(t)$ の実効値 E, I は

$$\begin{aligned}E &= \sqrt{E_1^2 + E_3^2} = \sqrt{80^2 + 60^2} = 100\text{ V}\\ I &= \sqrt{I_1^2 + I_3^2} = \sqrt{16^2 + 12^2} = 20\text{ A}\end{aligned} \quad (8.33)$$

有効電力 P は

$$\begin{aligned}P &= E_1 I_1 \cos\phi_1 + E_3 I_3 \cos\phi_3 \\ &= 80 \times 16 \times \cos(-60°) + 60 \times 12 \times \cos(-60°) = 640 + 360 = 1\text{ kW}\end{aligned}$$
$$(8.34)$$

皮相電力 P_a は

$$P_a = EI = 100 \times 20 = 2\text{ kVA} \quad (8.35)$$

力率 $\cos\phi$ は

$$\cos\phi = \frac{P}{P_a} = \frac{1\text{ k}}{2\text{ k}} = 0.5 \quad (8.36)$$

8.6.3　非正弦波交流のひずみの表示法

非正弦波の波形が正弦波からどの程度ひずんでいるかを表す目安として，**ひずみ率**（klirrfactor, distortion factor），**波形率**（form factor）および**波高率**

(peak factor, crest factor) などが用いられる。ここで E_n ($n = 1, 2, 3,$ …) を実効値とする非正弦波交流電圧を例にとり，以下に説明する。

（1）ひずみ率 K　ひずみ率 K は高調波の含まれる度合いを表し，おもに情報・通信の分野で用いられており，つぎのように表される。

$$K = (高調波の実効値)/(基本波の実効値)$$
$$= \frac{\sqrt{E_2^2 + E_3^2 + E_4^2 + \cdots}}{E_1} \tag{8.37}$$

上式から正弦波の場合は高調波がないので $K = 0$ となる。参考までに三角波では $K = 0.118$，方形波では $K = 0.4834$ となっており，K が大きいほどひずんでいることを表している。

（2）波形率 K_f　波形率 K_f は正弦波に比べて波が平らになっているか，すなわちなめらかさの目安を示し，つぎのように表される。

$$K_f = (実効値)/(平均値) \tag{8.38}$$

正弦波の場合は $K_f = 1.11$ であり，波のピークが平坦な方形波では $K_f = 1.00$，同様に鋭い三角波では $K_f = 1.155$ となっている。

（3）波高率 K_p　波高率 K_p は正弦波に比べて波の鋭さの目安を示し，つぎのように表される。

$$K_p = (最大値)/(実効値)$$
$$= \frac{E_m}{\sqrt{E_0^2 + E_1^2 + E_2^2 + E_3^2 + \cdots}} \tag{8.39}$$

正弦波の場合は $K_p = 1.414$ であり，方形波では $K_p = 1.00$ および三角波では $K_p = 1.732$ となっている。

[例題] **8.7** 非正弦波交流電圧

$$e(t) = 60\sqrt{2} \sin \omega t - 30\sqrt{2} \sin 2\omega t$$
$$+ 20\sqrt{2} \sin 3\omega t - 15\sqrt{2} \sin 4\omega t \, [\text{V}]$$

のひずみ率 K を求めよ。

[解]　式(8.37)に値を代入して求める。

$$K = \frac{\sqrt{30^2 + 20^2 + 15^2}}{60} = \frac{\sqrt{1\,525}}{60} = \frac{39.05}{60} = 0.651 \tag{8.40}$$

例題 8.8 図 8.3(e) に示したパルス波電圧 $e(t)$ のひずみ率 K, 波形率 K_f および波高率 K_p を例題 8.4 のフーリエ級数展開式を用いて求めよ.

解 波形が単純なので実効値 E と平均値 E_a は定義式から求め, これを各係数の式に代入する.

$$E = \sqrt{\frac{1}{T}\int_0^{\frac{T}{2}} E_m{}^2 dt} = \frac{E_m}{\sqrt{2}}, \quad E_a = \frac{1}{T}\int_0^{\frac{T}{2}} E_m dt = \frac{E_m}{2}$$

ひずみ率 K を求める際の高調波の実効値は

$$\frac{\pi^2}{8} = 1 + \frac{1}{3^2} + \frac{1}{5^2} + \frac{1}{7^2} + \cdots \quad \text{より}$$

$$\frac{\pi^2}{8} - 1 = \frac{1}{3^2} + \frac{1}{5^2} + \frac{1}{7^2} + \cdots \quad \text{を用いて}$$

$$K = \sqrt{\frac{1}{3^2} + \frac{1}{5^2} + \frac{1}{7^2} + \cdots} = \sqrt{\frac{\pi^2}{8} - 1} = 0.483\,4 \tag{8.41}$$

$$K_f = \frac{E}{E_a} = \frac{\dfrac{E_m}{\sqrt{2}}}{\dfrac{E_m}{2}} = \frac{2}{\sqrt{2}} = \sqrt{2} \tag{8.42}$$

$$K_p = \frac{E_m}{E} = \frac{E_m}{\dfrac{E_m}{\sqrt{2}}} = \sqrt{2} \tag{8.43}$$

8.7 非正弦波交流回路の計算

非正弦波交流回路の電圧, 電流および電力の計算例について説明する.

例題 8.9 $e(t) = 180\sqrt{2}\sin\omega t + 90\sqrt{2}\sin 2\omega t$ 〔V〕の非正弦波電圧を RLC 直列回路に加えたとき, 流れる電流 $i(t)$, 電流の実効値 I, 電圧の実効値 E, 有効電力 P, 皮相電力 P_a および力率 $\cos\phi$ を求めよ.

ただし $R = 9\,\Omega$, $\omega L = 4\,\Omega$, $1/\omega C = 16\,\Omega$ とする.

解 基本波と第 2 調波に対する回路のインピーダンス $\dot{Z}_1$, $\dot{Z}_2$ を求める.
基本波に対するインピーダンス $\dot{Z}_1$ は

$$\dot{Z}_1 = 9 + j4 - j16 = 9 - j12 = \sqrt{9^2 + 12^2}\,\angle\tan^{-1}\frac{12}{9} = 15\,\angle 53.1°\,〔\Omega〕$$

8.7 非正弦波交流回路の計算

第2調波に対する $\dot{Z}_2$ は，$2\omega L$，$1/2\omega C$ のリアクタンスを用いて

$$\dot{Z}_2 = 9 + j4 \times 2 - j\frac{16}{2} = 9 + j8 - j8 = 9 \,[\Omega]$$

電流 $i(t)$ は各調波ごとにオームの法則を適用し，重ね合わせて

$$i(t) = \frac{180\sqrt{2}}{15\,\angle 53.1°}\sin\omega t + \frac{90\sqrt{2}}{9}\sin 2\omega t$$

$$= 12\sqrt{2}\sin(\omega t - 53.1°) + 10\sqrt{2}\sin 2\omega t \,[\text{A}] \tag{8.44}$$

電流および電圧の実効値 I，E は

$$I = \sqrt{12^2 + 10^2} = \sqrt{244} = 15.62\,\text{A}$$
$$E = \sqrt{180^2 + 90^2} = \sqrt{40\,500} = 201.2\,\text{V} \tag{8.45}$$

有効電力 P は各調波の電力を重ね合わせるか，または抵抗の消費電力から

$$P = E_1 I_1 \cos\phi_1 + E_2 I_2 \cos\phi_2 = I^2 R = (\sqrt{244})^2 \times 9 = 2.196\,\text{kW} \tag{8.46}$$

皮相電力 P_a および力率 $\cos\phi$ は

$$P_a = EI = 201.2 \times 15.62 = 3.143\,\text{kVA}$$

$$\cos\phi = \frac{P}{P_a} = \frac{2.196\,\text{k}}{3.143\,\text{k}} = 0.699 \tag{8.47}$$

[例題] 8.10 $e(t) = 30\sqrt{2}\sin\omega t + 10\sqrt{2}\sin 3\omega t \,[\text{V}]$ の非正弦波電圧を RC 並列回路に加えたとき，流れる電流 $i(t)$，電流の実効値 I，電圧の実効値 E，有効電力 P，皮相電力 P_a および力率 $\cos\phi$ を求めよ。

ただし $R = 5/3\,\Omega$，$1/\omega C = 5/4\,\Omega$ とする。

[解] 基本波と第3調波に対する回路のアドミタンス $\dot{Y}_1$，$\dot{Y}_3$ を求める。
基本波に対するアドミタンス $\dot{Y}_1$ は

$$\dot{Y}_1 = \frac{1}{R} + j\omega C = \frac{3}{5} + j\frac{4}{5} = \sqrt{0.6^2 + 0.8^2}\,\angle\tan^{-1}\frac{0.8}{0.6} = 1\,\angle 53.1°\,[\text{S}]$$

第3調波に対するアドミタンス $\dot{Y}_3$ は，$1/3\omega C$ のリアクタンスを用いて

$$\dot{Y}_3 = \frac{1}{R} + j3\omega C = \frac{3}{5} + j\frac{12}{5} = \sqrt{0.6^2 + 2.4^2}\,\angle\tan^{-1}\frac{2.4}{0.6}$$
$$= 2.474\,\angle 75.96°\,[\text{S}]$$

電流 $i(t)$ は各調波ごとに $i(t) = \dot{Y}e(t)$ を求め，重ね合わせて

$$i(t) = 1 \times 30\sqrt{2}\sin(\omega t + 53.1°) + 2.474 \times 10\sqrt{2}\sin(3\omega t + 75.96°)$$
$$= 30\sqrt{2}\sin(\omega t + 53.1°) + 24.74\sqrt{2}\sin(3\omega t + 75.96°) \,[\text{A}] \tag{8.48}$$

電流および電圧の実効値 I，E は

$$I = \sqrt{30^2 + 24.74^2} = \sqrt{1\,512} = 38.9\,\text{A}$$
$$E = \sqrt{30^2 + 10^2} = \sqrt{1\,000} = 31.6\,\text{V} \tag{8.49}$$

有効電力 P は各調波ごとの電力を重ね合わせて

$$P = 30 \times 30 \times \cos 53.1° + 10 \times 24.74 \times \cos 75.96°$$
$$= 900 \times 0.6 + 247.4 \times 0.243 = 600 \text{ W} \tag{8.50}$$

皮相電力 P_a および力率 $\cos \phi$ は

$$P_a = EI = 38.9 \times 31.6 = 1.229 \text{ kVA}$$
$$\cos \phi = \frac{P}{P_a} = \frac{0.6 \text{ k}}{1.229 \text{ k}} = 0.488 \tag{8.51}$$

演 習 問 題

(1) 図 8.5 に示す三角波 $e_1(t)$ をフーリエ級数に展開し，5ω までの周波数スペクトルを画け．またこの三角波 $e_1(t)$ に直流成分 E_0 が加わった場合のフーリエ級数展開式 $e_2(t)$ を求めよ．

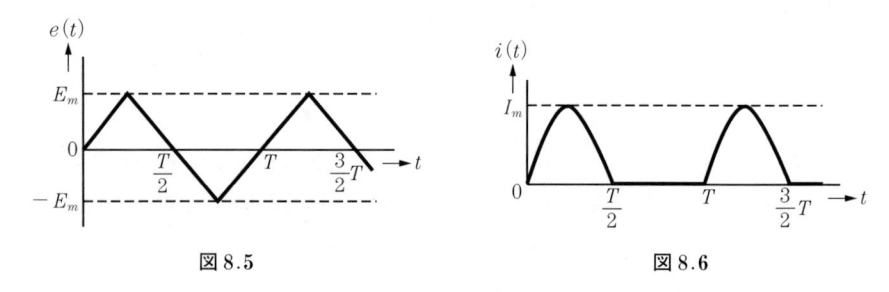

図 8.5

図 8.6

(2) 図 8.6 に示す半波整流波 $i(t)$ をフーリエ級数に展開せよ．

(3) ある回路に $e(t) = 80\sqrt{2} \sin \omega t - 40\sqrt{2} \sin 2\omega t + 24\sqrt{2} \sin 3\omega t$ 〔V〕の電圧を加えたとき $i(t) = 20\sqrt{2} \sin \omega t - 10\sqrt{2} \sin 2\omega t + 6\sqrt{2} \sin 3\omega t$ 〔A〕の電流が流れた．この回路の抵抗 R の大きさ，電圧と電流の実効値 E，I および抵抗の消費電力 P を求めよ．

(4) 非線形回路の電圧-電流特性が $i(t) = 2e(t) + e^2(t)$ で表されるとき，これに $e(t) = 10 \sin \omega t$ の入力電圧を加えたときの出力電流 $i(t)$ と，そのひずみ率 K を求めよ．

(5) $e(t) = 60\sqrt{2} \sin \omega t + 20\sqrt{2} \sin 3\omega t$ 〔V〕の非正弦波電圧を RL 直列回路に加えたとき，基本波のインピーダンス $\dot{Z}_1$，第 3 調波のインピーダンス $\dot{Z}_3$，流れる電流 $i(t)$，電流の実効値 I，電圧の実効値 E，有効電力 P，皮相電力 P_a および力率 $\cos \phi$ を求めよ．ただし $R = 8 \, \Omega$，$\omega L = 6 \, \Omega$ とする．

(6) $e(t) = 20\sqrt{2} \sin \omega t + 10e\sqrt{2} \sin 2\omega t$ 〔V〕の非正弦波電圧を RL 並列回路に加えたとき，基本波のアドミタンス $\dot{Y}_1$，第 2 調波のアドミタンス $\dot{Y}_2$，流れる電流 $i(t)$，電流の実効値 I，電圧の実効値 E，有効電力 P，皮相電力 P_a および力率 $\cos \phi$ を求めよ．ただし $R = 1/3 \, \Omega$，$\omega L = 1/4 \, \Omega$ とする．

9 過渡現象

いままでは，電源をオンにしたのちに時間が十分経過した定常状態の回路動作について扱ってきた。通常，スイッチのオン-オフなどによって回路状態が変化するとそれに伴い回路中の抵抗 R，インダクタンス L およびキャパシタンス C などによって電圧，電流が過渡的に変化する。この現象を過渡現象と呼ぶが，情報・通信分野におけるパルス信号の発生などに応用されている。

9.1 過渡現象とは

抵抗 R，インダクタンス L およびキャパシタンス C などを含む回路において，エネルギーの消費や蓄積という観点から回路素子の性質を考えてみよう。
抵抗 R はエネルギーを I^2R **の発熱などのかたちで消費するが**（I は電流の実効値），**インダクタンス L においては** $Li^2/2$ **の電磁エネルギーとして，およびキャパシタンス C では** $Ce^2/2$ **の静電エネルギーとして各素子の中にそれぞれ蓄積される**（i, e は電流と電圧の瞬時値）。さらに**回路状態が変化する前後においてインダクタンス L やキャパシタンス C に蓄えられたりまたは放出されるエネルギーの変化は，時間に対して必ず連続的**となる。

電気・電子回路では，スイッチのオン-オフをはじめなんらかの方法によって回路状態が変化すると，**もとの定常状態**（steady state, stationary state）から**過渡状態**（transient state）を経て**新しい定常状態へ移行するための過渡的な時間が存在する。この過渡的な時間の中で生じるエネルギーの蓄積や放出によって発生する電気現象を過渡現象**（transient phenomena）という。

過渡現象は，回路の種類によって単エネルギー回路と複エネルギー回路に分

類される．**単エネルギー回路**は，抵抗 R のほかにインダクタンス L やキャパシタンス C のいずれか一つを含み，その素子にエネルギーを蓄えたりまたは蓄えたエネルギーを抵抗で消費するなど比較的単純な動作となる．**複エネルギー回路**は，抵抗 R のほかにインダクタンス L およびキャパシタンス C を同時に含みそれぞれの素子にエネルギーを蓄えたり，また抵抗が小さい場合には L と C の素子間でエネルギーの蓄積や放出を繰り返して，電圧や電流が振動したり複雑な動作をする場合が多い．

9.2 初期条件について

過渡現象を解析するうえで，回路状態が変化する前後におけるインダクタンス L やキャパシタンス C の回路条件，すなわち**初期条件**（initial condition）について考えてみよう．ここで回路状態が変化した時点の時間を $t = 0$ とし，さらに**変化の直前**を $t = 0^-$ および**直後**を $t = 0^+$ と表す．また変化する直前の $t = 0^-$ における回路条件を**第1種初期条件**，変化した直後の $t = 0^+$ における**回路条件を第2種初期条件**という．通常，はじめに与えられている条件は第1種初期条件で，これに基づいて回路を解析すると第2種初期条件が求まる．

9.3 磁束量や電荷量の不変の法則

インダクタンス L に流れる電流やキャパシタンス C の端子電圧は，いずれも時間に対して連続的に変化する．これは磁束量や電荷量の不変の法則として知られており，第2種初期条件の決定に使用されている．

（1） **磁束量不変の法則**　図 **9.1**（a）に示すように，はじめにインダクタンス L に電磁エネルギーを蓄積しておき，つぎにスイッチ S をオンにしてこのエネルギーを抵抗 R に消費させることを考えてみよう．図から回路状態が変化する直前 $t = 0^-$ と直後 $t = 0^+$ を通じて，巻数 N をもつインダクタンス L に鎖交する磁束量 $N\phi(t)$ は等しい．またインダクタンス L の電流を

(a) 磁束量不変の法則 (b) 電荷量不変の法則

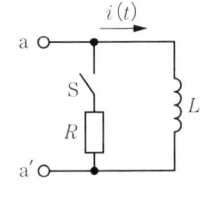

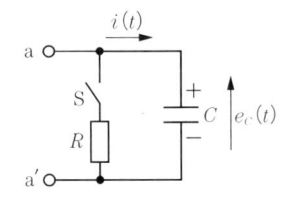

図 9.1 磁束量と電荷量の不変の法則

$i(t)$ とおくと，$N\phi(t) = Li(t)$ の関係から $Li(0^-) = Li(0^+)$ となる。このことから $i(0^-) = i(0^+)$ となり，直前と直後を通じて電流 $i(t)$ が等しくまた連続的に変化することがわかる。

（2） 電荷量不変の法則　　図 9.1（b）に示すように，はじめにキャパシタンス C に静電エネルギーを蓄積しておき，つぎにスイッチ S をオンにしてこのエネルギーを抵抗 R に消費させることを考えてみよう。図から回路状態が変化する直前 $t = 0^-$ と直後 $t = 0^+$ を通じて，キャパシタンス C の電荷量 $q(t)$ は $q(0^-) = q(0^+)$ と等しい。またキャパシタンス C の端子電圧を $e_c(t)$ とおくと，$q(t) = Ce_c(t)$ の関係から $Ce_c(0^-) = Ce_c(0^+)$ となる。このことから $e_c(0^-) = e_c(0^+)$ となり，直前と直後を通じて端子電圧 $e_c(t)$ が等しくまた連続的に変化することがわかる。

9.4 直 流 回 路

　抵抗，インダクタンスおよびキャパシタンスを含む回路に直流電圧を加えたり，または直流電圧を取り去って短絡する場合に生じる過渡現象について学ぶ。過渡現象は回路方程式を作成して解くことになるが，解き方には微分方程式とラプラス変換の 2 種類の方法がある。この場合，**微分方程式**による方法を学んでから**ラプラス変換**（Laplace transformation）に進まれたほうが現象的に理解しやすいと思われるので，ここでは微分方程式による方法を用いた。

9.4.1 RL 直列回路

（1） 直流電圧を加える場合　　RL 直列回路の過渡現象を図 9.2 に示す。図（a）に示すように抵抗 R とインダクタンス L の直列回路において，$t=0$ でスイッチ S を a に倒して直流電圧 E を加えるとき，流れる電流 $i(t)$ と各端子電圧 $e_R(t)$，$e_L(t)$ が時間 t に対してどのように変化するか求めてみよう。このとき初期条件は $t=0^-$ のとき**初期電流**を $i=0$ とする。このときスイッチ S の切り換え時においては，連続的なステップ状の $0 \to E$ および $E \to 0$ に変化する電源とみなす。また電流 $i(t)$ と各端子電圧 $e_R(t)$，$e_L(t)$ の表し方として，変数である時間 t は以下省略する。

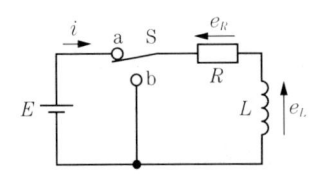

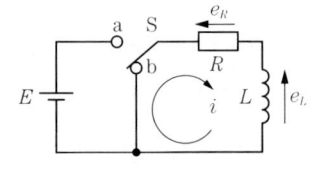

（a）直流電圧 E を加える場合　　（b）回路を短絡する場合

図 9.2　RL 直列回路の過渡現象

キルヒホッフの電圧の法則から回路方程式は

$$Ri + L\frac{di}{dt} = E \tag{9.1}$$

左辺を電流 i にとり右辺を時間 t に整理して，**変数分離形**を用いると

$$L\frac{di}{dt} = E - Ri$$

$$\frac{di}{Ri - E} = -\frac{1}{L}dt$$

$$\frac{1}{\left(i - \dfrac{E}{R}\right)}di = -\frac{R}{L}dt$$

上式の両辺を電流 i および時間 t でそれぞれ積分して

$$\int \frac{1}{\left(i - \dfrac{E}{R}\right)}di = -\frac{R}{L}\int dt + K_1 \quad (K_1：積分定数)$$

この不定積分の左辺は $\int \{f'(i)/f(i)\}\, di = \ln f(i)$, $f(i) = i - E/R$ より

$$\ln\left(i - \frac{E}{R}\right) = -\frac{R}{L}t + K_1$$

$$i - \frac{E}{R} = e^{-\frac{R}{L}t + K_1} = K_2\, e^{-\frac{R}{L}t} \quad (K_2：積分定数,\ K_2 = e^{K_1})$$

$$i = \frac{E}{R} + K_2\, e^{-\frac{R}{L}t} \tag{9.2}$$

ここで $t = 0^-$ のとき $i = 0$ より，これを上式に代入して K_2 を定めると

$$0 = \frac{E}{R} + K_2 \quad \therefore\ K_2 = -\frac{E}{R} \tag{9.3}$$

上式の K_2 を式（9.2）に代入して i を求めると

$$i = \frac{E}{R} - \frac{E}{R} e^{-\frac{R}{L}t} = \frac{E}{R}\left(1 - e^{-\frac{R}{L}t}\right) \tag{9.4}$$

抵抗とインダクタンスの端子電圧 e_R, e_L は，上式の電流 i を用いてオームの法則から $e_R = Ri$ およびレンツの法則から $e_L = L\,(di/dt)$ となる。

$$\begin{aligned} e_R &= Ri = E\left(1 - e^{-\frac{R}{L}t}\right) \\ e_L &= L\frac{di}{dt} = L\cdot\frac{E}{R}\left(-e^{-\frac{R}{L}t}\right)\left(-\frac{R}{L}\right) = E\, e^{-\frac{R}{L}t} = E - e_R \end{aligned} \tag{9.5}$$

電流 i および各端子電圧 e_R, e_L の時間 t に対する変化の概略を**表 9.1** に示す。これに基づき**図 9.3**（a），（b）に指数関数的なそれぞれの特性を示す。

（2）時 定 数 図 9.3（a）に示した電流 i を例にとり時定数について説明する。まず電流 i の曲線に $t = 0$ の点で接線を引き，電流の**定常値**（**最終値**）$I = E/R$ の直線と交わる点 a の時間を τ，接線と時間軸のなす角を θ

表 9.1 直流電圧 E を加える場合の i, e_R, e_L の変化の概略

t [s]	0	$\tau = L/R$	∞
i [A]	0	$0.632\,I$	$I = E/R$
e_R [V]	0	$0.632\,E$	E
e_L [V]	E	$0.368\,E$	0

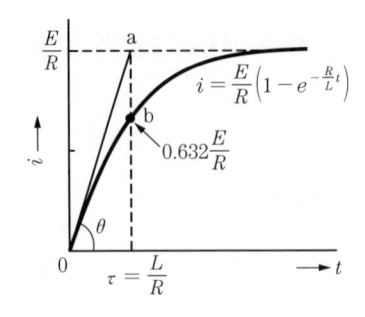

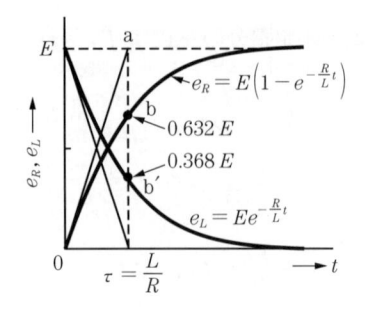

(a) 電流 i の変化　　　　(b) 各端子電圧 e_R, e_L の変化

図 9.3 RL 直列回路の過渡現象の特性（直流電圧 E を加える場合）

とおくと接線の傾きは

$$\tan\theta = \frac{\frac{E}{R}}{\tau} = \frac{E}{R\tau} \tag{9.6}$$

これは式 (9.4) の電流 i において，$t=0$ における電流 i の傾きすなわち

$$\tan\theta = \left[\frac{di}{dt}\right]_{t=0} = \left[\frac{E}{L}e^{-\frac{R}{L}t}\right]_{t=0} = \frac{E}{L} \tag{9.7}$$

式 (9.6) と式 (9.7) の傾きは等しいので，これから τ を求めると

$$\tau = \frac{L}{R} \tag{9.8}$$

この τ は**時定数**（time constant）と呼ばれ，**回路の応答の速さを表す目安**となり，その単位は秒〔s〕である。また時定数 τ とは，図 (9.3)（a）の b 点に示すように，電流の値が $0.632I$ すなわち定常値の 63.2% に達するまでの時間をいう。同様に図 (b) の端子電圧 e_L では，$t=0$ のとき $e_L = E$ および $t = \infty$ の定常値では $e_L = 0$ となる。すなわち時定数 τ における e_L の値は，$e_L = E$ からみて定常値である $e_L = 0$ の 63.2% に相当する $0.368E$ であることがわかる。参考までに過渡現象が $t=0$ でスタートして時間が時定数の 5 倍，すなわち $t = 5\tau$ に達すると電流や電圧は，ほぼ定常状態とみなせる定常値の 99.3% に到達する。

（3）直流電圧を取り去って短絡する場合　　つぎに図 9.2（b）に示すよ

9.4 直流回路

うに $t=0$ でスイッチ S を b に倒して回路を短絡し，電流 i と各端子電圧 e_R，e_L の時間 t に対する変化を求めてみよう．ここで式（9.4）で表される直流電圧を加えた場合の電流 i がすでに定常値 I となり，インダクタンスには $LI^2/2$ の電磁エネルギーが蓄積されているとする．このとき初期条件は $t=0^-$ のとき初期電流が $i=I=E/R$ となる．

キルヒホッフの電圧の法則から回路方程式は

$$Ri + L\frac{di}{dt} = 0 \tag{9.9}$$

左辺を電流 i にとり右辺を時間 t に整理して，変数分離形を用いると

$$L\frac{di}{dt} = -Ri$$

$$\frac{di}{i} = -\frac{R}{L}dt$$

上式の両辺を電流 i および時間 t でそれぞれ積分して

$$\int \frac{1}{i}di = -\frac{R}{L}\int dt + K_1 \quad (K_1：積分定数)$$

$$\ln i = -\frac{R}{L}t + K_1$$

$$i = e^{-\frac{R}{L}t + K_1} = K_2 e^{-\frac{R}{L}t} \quad (K_2：積分定数, K_2 = e^{K_1}) \tag{9.10}$$

ここで $t=0^-$ のとき $i=E/R$ より，これを上式に代入して K_2 を定めると

$$K_2 = \frac{E}{R} \tag{9.11}$$

上式の K_2 を式（9.10）に代入して i を求めると

$$i = \frac{E}{R} e^{-\frac{R}{L}t} \tag{9.12}$$

各端子電圧 e_R，e_L は

$$\begin{aligned} e_R &= Ri = E\, e^{-\frac{R}{L}t} \\ e_L &= L\frac{di}{dt} = L \cdot \frac{E}{R} e^{-\frac{R}{L}t} \left(-\frac{R}{L}\right) = -E\, e^{-\frac{R}{L}t} \end{aligned} \tag{9.13}$$

電流 i および各端子電圧 e_R，e_L の時間 t に対する変化の概略を**表 9.2** に示

す．これに基づき**図9.4**（a），（b）にそれぞれの特性を示す．図の中でインダクタンス L の端子電圧 e_L は，回路を短絡した $t=0^+$ のとき $e_L=-E$ となっている．これについて回路が短絡する直前は，インダクタンス L の上から下の方向に定常電流 $I=E/R$ が流れており，**短絡した直後は磁束量不変の法則から流れていた電流 $I=E/R$ の大きさと方向を保存するように，インダクタンス L には以前とは逆方向の $e_L=-E$ の端子電圧が現れる**ことになる．さらにインダクタンス L に蓄積されていた $LI^2/2$ の電磁エネルギーは，抵抗ですべて消費することにより過渡現象が終了する．

表9.2 回路を短絡する場合の i，e_R，e_L の変化の概略

t〔s〕	0	$\tau=L/R$	∞
i〔A〕	$I=E/R$	$0.368\,I$	0
e_R〔V〕	E	$0.368\,E$	0
e_L〔V〕	$-E$	$-0.368\,E$	0

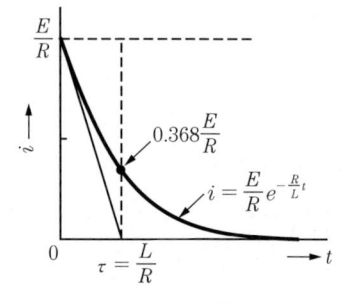

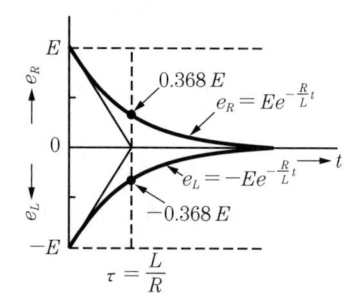

（a）電流 i の変化　　　　（b）各端子電圧 e_R，e_L の変化

図9.4 RL 直列回路の過渡現象の特性（回路を短絡する場合）

[例題]9.1 図9.2 の RL 直列回路において $E=10\,\mathrm{V}$，$R=10\,\Omega$，$L=10$ H のとき，以下の電流 i，各端子電圧 e_R，e_L および時定数 τ を求めよ．

（a） $t=0$ でスイッチ S を a に倒して E を加え，時間が $t=1$ 秒のときの i，e_R，e_L，τ を求める．ただし $t=0^-$ のとき $i=0$ とする．

（b） ついで $t=1$ 秒経過と同時にスイッチ S を b に倒して，回路を短絡

する。スイッチ S を b に倒してから $t = 1$ 秒後の i, e_R, e_L を求める。

解 電圧の印加時は式 (9.4), (9.5), また短絡時は式 (9.12), (9.13) を用いるが, $t = 1$ 秒では定常値に達しない状態でスイッチ S を a から b へ切り換えるので初期条件に注意する。

(a) 電圧印加時 ($0 \leq t \leq 1$ s)

$$i = \frac{E}{R}\left(1 - e^{-\frac{R}{L}t}\right) = \frac{10}{10}\left(1 - e^{-\frac{10}{10} \times 1}\right) = 1 - e^{-1} = 0.632\,\text{A} = I_1$$

$$e_R = Ri = 10 \times 0.632 = 6.32\,\text{V} \tag{9.14}$$

$$e_L = E - Ri = 10 - 6.32 = 3.68\,\text{V}$$

$$\tau = \frac{L}{R} = \frac{10}{10} = 1\,\text{s}$$

(b) 短絡時 ($t \geq 1$ s)

$$i = I_1 e^{-\frac{R}{L}(t-1)} = 0.632 e^{-\frac{10}{10}(2-1)} = 0.632 e^{-1} = 0.632 \times 0.368 = 0.233\,\text{A}$$

$$e_R = Ri = 10 \times 0.233 = 2.33\,\text{V} \tag{9.15}$$

$$e_L = -e_R = -2.33\,\text{V}$$

短絡した瞬間にインダクタンス L は, 直前に流れていた電流 $i = 0.632$ A を保持するために $e_L = -6.32$ V を発生する。RL 直列回路の過渡現象の概形を図 **9.5** に示す。

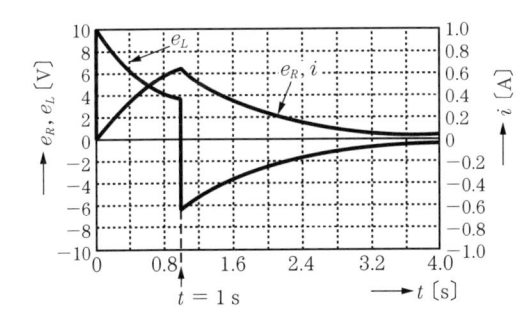

図 9.5 RL 直列回路の過渡現象の概形

[例題] 9.2 図 **9.6** にリレーの駆動回路とその外観を示す。リレーは制御信号で回路を接続または切り換える回路部品であり, 図（a）のように電圧 $E = 12$ V を加えて動作させたい。リレーのコイルを $R = 1\,\text{k}\Omega$, $L = 10$ H, その動作電流を 6 mA とすると電圧を加えてからリレーが動作するまでの時間 t を求めよ。図（b）の上側は電磁リレー, 下側はリードリレーである。

解 式 (9.4) で $i = 6$ mA になる時間 t を求める。$\ln 2 = 0.693$ とする。

$$i = \frac{E}{R}\left(1 - e^{-\frac{R}{L}t}\right) \text{に数値を代入して}$$

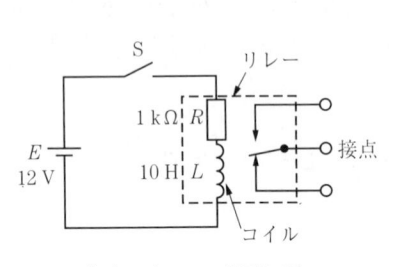

(a) リレーの駆動回路　　　　（b）リレーの外観（単位は mm）

図 9.6　リレーの駆動回路とその外観

$$6 \times 10^{-3} = \frac{12}{1 \times 10^3}\left(1 - e^{-\frac{1\times 10^3}{10}t}\right)$$

$$1 = 2\left(1 - e^{-100t}\right)$$

$$e^{-100t} = \frac{1}{2} = 2^{-1}$$

上式の両辺に自然対数をとり整理すると

$$-100t = -\ln 2$$

$$t = \frac{1}{100}\ln 2 = \frac{0.693}{100} = 6.93 \text{ ms} \tag{9.16}$$

9.4.2　RC 直列回路

（1）直流電圧を加える場合（キャパシタンス C の充電）　　RC 直列回路の過渡現象を**図 9.7** に示す。図 (a) に示す抵抗 R とキャパシタンス C の直列回路において，$t = 0$ でスイッチ S を a に倒して直流電圧 E を加えて C を

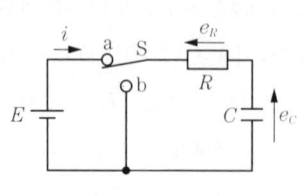

(a)　直流電圧 E を加える場合（C の充電）　　　（b）回路を短絡する場合（C の放電）

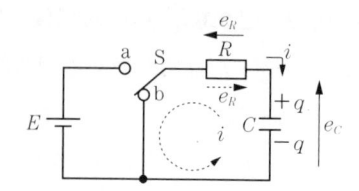

図 9.7　RC 直列回路の過渡現象

充電（charge）するとき，流れる電流 i と各端子電圧 e_R, e_L の時間 t に対する変化を求めてみよう．初期条件は $t = 0^-$ のときキャパシタンス C の**初期電荷**を $q = 0$ とする．このときスイッチ S の切り換え時においては，連続的なステップ状の $0 \to E$ および $E \to 0$ に変化する電源とみなす．

キルヒホッフの電圧の法則から回路方程式は

$$Ri + \frac{q}{C} = E \tag{9.17}$$

上式に $i = dq/dt$ を代入し，変数を電荷 q にして変数分離形を用いると

$$R\frac{dq}{dt} + \frac{q}{C} = E$$

$$\frac{1}{q - CE} dq = -\frac{1}{CR} dt \tag{9.18}$$

上式の両辺を電流 i および時間 t でそれぞれ積分して

$$\int \frac{1}{q - CE} dq = -\frac{1}{CR} \int dt + K_1 \quad (K_1：積分定数)$$

$$\ln(q - CE) = -\frac{1}{CR}t + K_1$$

$$q - CE = e^{-\frac{1}{CR}t + K_1} = K_2 \, e^{-\frac{1}{CR}t} \quad (K_2：積分定数, \; K_2 = e^{K_1})$$

$$q = CE + K_2 \, e^{-\frac{1}{CR}t} \tag{9.19}$$

ここで $t = 0^-$ のとき $q = 0$ より，これを上式に代入して K_2 を定めると

$$0 = CE + K_2 \quad \therefore \quad K_2 = -CE \tag{9.20}$$

上式の K_2 を式 (9.19) に代入して q を求めると

$$q = CE\left(1 - e^{-\frac{1}{CR}t}\right) \tag{9.21}$$

式 (9.21) の電荷 q を時間 t で微分して電流を $i = dq/dt$ から求めると

$$i = \frac{dq}{dt} = CE \cdot \frac{1}{CR} e^{-\frac{1}{CR}t} = \frac{E}{R} e^{-\frac{1}{CR}t} \tag{9.22}$$

抵抗とキャパシタンスの各端子電圧 e_R, e_C は，$e_R = Ri$, $e_C = q/C$ より

$$e_R = Ri = E \, e^{-\frac{1}{CR}t}, \quad e_C = \frac{q}{C} = E\left(1 - e^{-\frac{1}{CR}t}\right) \tag{9.23}$$

電荷 q，電流 i および各端子電圧 e_R, e_C の時間 t に対する変化の概略を**表**

9.3に示す。さらに図9.8（a），（b）にそれぞれの特性の概形を示す。ここで式（9.22）の電流iに$t=0^+$を入れると$i=E/R$となる。このことは**初期電荷をもたないキャパシタンスは，からになったバッテリーと同様に$t=0$で電圧を加えたとき，抵抗で制限された最大電流が流れる**ことがわかる。

表9.3　直流電圧Eを加える場合のq, i, e_R, e_Cの変化の概略

t〔s〕	0	$\tau = CR$	∞
q〔C〕	0	$0.632\,CE$	CE
i〔A〕	$I = E/R$	$0.368\,I$	0
e_R〔V〕	E	$0.368\,E$	0
e_C〔V〕	0	$0.632\,E$	E

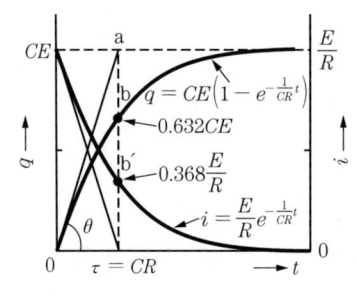

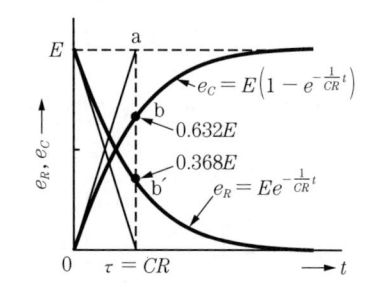

（a）電荷qと電流iの変化　　　（b）各端子電圧e_R, e_Cの変化

図9.8　RC直列回路の過渡現象の特性（直流電圧Eを加える場合）

RC直列回路の時定数τは次式となる。単位は秒〔s〕である。

$$\tau = CR \tag{9.24}$$

（2）直流電圧を取り去って短絡する場合（キャパシタンスCの放電）

つぎに図9.7（b）に示すように$t=0$でスイッチSをbに倒して回路を短絡し，電流iと各端子電圧e_R, e_Cの変化を求めてみよう。ここでキャパシタンスの端子電圧e_Cはすでに定常値Eに充電され，$CE^2/2$の静電エネルギーが蓄積されて$t=0^-$のとき$q=CE$の初期電荷をもつとする。

キルヒホッフの電圧の法則から回路方程式は

$$Ri + \frac{q}{C} = 0 \tag{9.25}$$

上式に $i = dq/dt$ を代入し，変数を電荷 q にして変数分離形を用いると

$$R\frac{dq}{dt} + \frac{q}{C} = 0 \tag{9.26}$$

$$\frac{1}{q}dq = -\frac{1}{CR}dt$$

上式の両辺を電流 i および時間 t でそれぞれ積分して

$$\int \frac{1}{q}dq = -\frac{1}{CR}\int dt + K_1 \quad (K_1：積分定数)$$

$$\ln q = -\frac{1}{CR}t + K_1$$

$$q = K_2\, e^{-\frac{1}{CR}t} \quad (K_2：積分定数,\ K_2 = e^{K_1}) \tag{9.27}$$

ここで $t = 0^-$ のとき $q = CE$ より，これを上式に代入して K_2 を定めると

$$K_2 = CE \tag{9.28}$$

上式の K_2 を式（9.27）に代入して q を求めると

$$q = CE\, e^{-\frac{1}{CR}t} \tag{9.29}$$

上式の電荷 q を時間 t で微分して，電流を $i = dq/dt$ から求めると

$$i = \frac{dq}{dt} = CE\left(-\frac{1}{CR}\right)e^{-\frac{1}{CR}t} = -\frac{E}{R}e^{-\frac{1}{CR}t} \tag{9.30}$$

抵抗とキャパシタンスの各端子電圧 e_R，e_C は，$e_R = Ri$，$e_C = q/C$ より

$$e_R = Ri = -E\, e^{-\frac{1}{CR}t}, \quad e_C = \frac{q}{C} = E\, e^{-\frac{1}{CR}t} \tag{9.31}$$

電荷 q，電流 i および各端子電圧 e_R，e_C の時間 t に対する変化の概略を**表 9.4** に示す。さらに**図 9.9**（a），（b）にそれぞれの特性の概形を示す。ここで図 9.7（b）において，$t = 0$ で回路を短絡すると C に蓄えられていた電荷 $q = CE$ が抵抗 R を通して**放電**（discharge）し，破線の放電電流 i が流れることにより抵抗 R には破線の矢印の端子電圧 e_R が発生する。

　破線の i，e_R は，充電時に定めた実線の i，e_R の方向と逆なので負の符号が付いている。また C に蓄積されていた $CE^2/2$ の静電エネルギーは，抵抗ですべて消費される。

9. 過渡現象

表 9.4 回路を短絡する場合の q, i, e_R, e_C の変化の概略

t [s]	0	$\tau = CR$	∞
q [C]	CE	$0.368\,CE$	0
i [A]	$-I = -E/R$	$-0.368\,I$	0
e_R [V]	$-E$	$-0.368\,E$	0
e_C [V]	E	$0.368\,E$	0

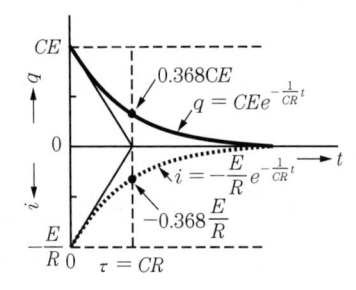

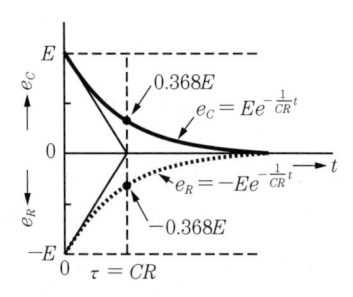

（a） 電荷 q と電流 i の変化　　　（b） 各端子電圧 e_R, e_C の変化

図 9.9 RC 直列回路の過渡現象の特性（回路を短絡する場合）

[例題] 9.3　図 9.7 の RC 直列回路で $R = 50\,\Omega$, $C = 2\,000\,\mu\mathrm{F}$, $E = 50\,\mathrm{V}$ のとき，以下の電流 i，各端子電圧 e_R，e_C および時定数 τ を求めよ．

（a）　$t = 0$ で S を a に倒して E を加える．$t = 0^- \to q = 0$ とする．

（b）　ついで $t = 0.5$ 秒経過と同時にスイッチ S を b に倒して短絡する．

[解]　電圧の充電時は式 (9.22)，(9.23)，また放電時は式 (9.30)，(9.31) を用いる．$t = 0.1$ 秒おきに 1 秒まで求めると概形が十分画ける．

（a）　充電時（$0 \leq t \leq 0.5\,\mathrm{s}$）

$$i = \frac{E}{R} e^{-\frac{1}{CR}t} = \frac{50}{50} e^{-\frac{1}{2\,000 \times 10^{-6} \times 50}t} = e^{-10t}\,\text{[A]}$$
$$e_R = Ri = 50 e^{-10t}\,\text{[V]} \tag{9.32}$$
$$e_C = E - Ri = 50\,(1 - e^{-10t})\,\text{[V]}$$
$$\tau = CR = 2\,000 \times 10^{-6} \times 50 = 0.1\,\mathrm{s}$$

（b）　放電時（$t \geq 0.5\,\mathrm{s}$）

$$i = -\frac{E}{R} e^{-\frac{1}{CR}(t-0.5)} = -\frac{50}{50} e^{-\frac{1}{0.1}(t-0.5)} = -e^{-10(t-0.5)}\,\text{[A]}$$
$$e_R = Ri = -50 e^{-10(t-0.5)}\,\text{[V]} \tag{9.33}$$
$$e_C = -e_R = 50 e^{-10(t-0.5)}\,\text{[V]}$$

9.4 直 流 回 路　　147

RC 直列回路の過渡現象の例として，$0 \sim 1$ 秒まで $t = 0.1$ 秒おきに求めた i，e_R，e_C の概形を図 9.10 に示す．図から抵抗の端子電圧 e_R である正，負の鋭い波形を微分波形と呼び，パルス回路の**トリガ**（trigger）信号などに用いられている．

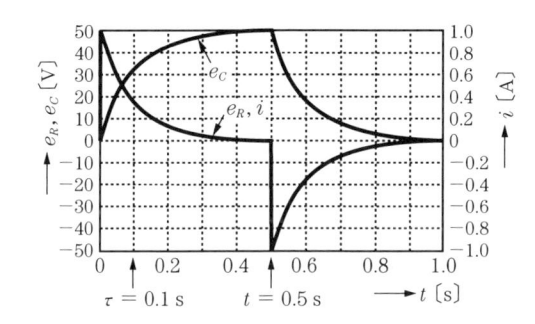

図 9.10 RC 直列回路の過渡現象の例

9.4.3 RL, RC 直並列回路

RL，RC 直並列回路の過渡現象について電流や端子電圧の計算例を述べる．

例題 9.4　RL 直並列回路を図 9.11 に示す．図（a）の回路において，(a) $t = 0$ でスイッチ S_1 をオンにし，つぎに（b）$t = t_1 = 3$ 秒後にスイッチ S_2 をオンにした．ただし $t = 0^-$ のとき $i = 0$ とする．流れる電流 i，抵抗 R_2 およびインダクタンス L の各端子電圧 e_{R_2}，e_L さらに各区間における時定数 τ を求め，その概形を画く．

解　式 (9.4)，(9.5) に初期条件を入れることにより求める．
(a)　$(0 \leq t \leq t_1)$，$t_1 = 3$ s の場合

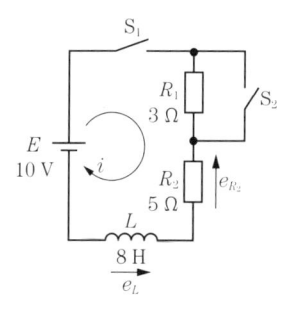

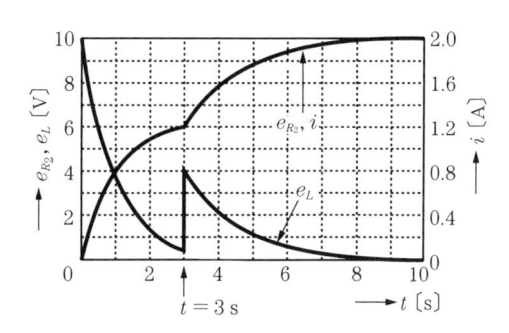

（a）RL 直並列回路　　　　　（b）i，e_{R_2}，e_L の概形

図 9.11　RL 直並列回路の例

9. 過渡現象

$$i = \frac{E}{R_1 + R_2}\left(1 - e^{-\frac{R_1+R_2}{L}t}\right) = \frac{10}{3+5}\left(1 - e^{-\frac{3+5}{8}t}\right) = 1.25\left(1 - e^{-t}\right)\,[\text{A}]$$

$$e_{R_2} = R_2 i = 5 \times 1.25\left(1 - e^{-t}\right) = 6.25\left(1 - e^{-t}\right)\,[\text{V}]$$

$$e_L = L\frac{di}{dt} = E\,e^{-\frac{R_1+R_2}{L}t} = 10e^{-\frac{3+5}{8}t} = 10e^{-t}\,[\text{V}]$$

$$\tau_1 = \frac{L}{R_1 + R_2} = \frac{8}{3+5} = 1\,\text{s} \tag{9.34}$$

（b） $(t \geq t_1)$, $t_1 = 3\,\text{s}$ の場合

$$i = \frac{E}{R_2} + K_1 e^{-\frac{R_2}{L}(t-t_1)} \quad (K_1:\text{積分定数}) \tag{9.35}$$

上式は，時間が $(t \geq t_1)$ の範囲で式が成立することを表している。

ここで $t = t_1$ のとき $i = i_1$ とおいてこれを式 (9.34) の i に代入し，K_1 を定める。つぎにこの K_1 を式 (9.35) に代入して i を求め，順次 e_{R_2}, e_L を求める。

$$K_1 = \frac{E}{R_1+R_2}\left(1 - e^{-\frac{R_1+R_2}{L}t_1}\right) - \frac{E}{R_2} = \frac{10}{3+5}\left(1 - e^{-\frac{3+5}{8}\times 3}\right) - \frac{10}{5}$$

$$= 1.25\left(1 - e^{-3}\right) - 2 = -0.812 \tag{9.36}$$

$$i = \frac{10}{5} - 0.812 e^{-\frac{5}{8}(t-3)} = 2 - 0.812 e^{-0.625(t-3)}\,[\text{A}]$$

$$e_{R_2} = R_2 i = E + K_1 R_2 e^{-\frac{R_2}{L}(t-t_1)} = 10 - 4.06 e^{-0.625(t-3)}\,[\text{V}]$$

$$e_L = L\frac{di}{dt} = E - e_{R_2} = -K_1 R_2 e^{-\frac{R_2}{L}(t-t_1)} = 4.06 e^{-0.625(t-3)}\,[\text{V}] \tag{9.37}$$

$$\tau_2 = \frac{L}{R_2} = \frac{8}{5} = 1.6\,\text{s}$$

0～10 秒まで求めた i, e_{R_2}, e_L の概形を図 9.11 (b) に示す。

例題 9.5 RC 直並列回路を図 9.12 に示す。図 (a) の回路において，(a) $t \leq 0$ でスイッチ S をオンにして接続しておき，回路は定常状態になっ

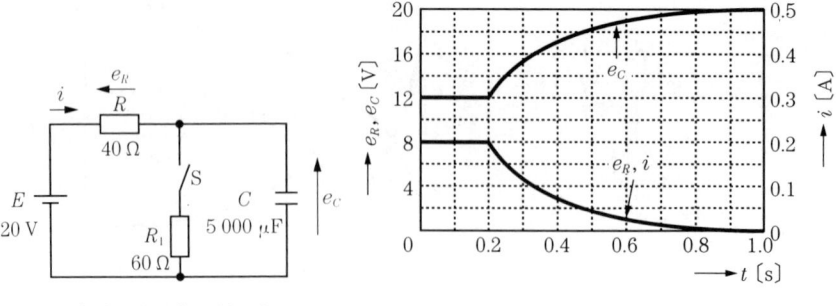

（a） RC 直並列回路

（b） i, e_R, e_C の概形

図 9.12 RC 直並列回路の例

ているとする．つぎに（b）$t = t_1 = 0.2$ 秒後にスイッチ S をオフにして開いたとき，流れる電流 i や各端子電圧 e_R，e_C を 0〜1 秒まで求め，その概形を画く．さらに時定数 τ を求める．

[解] 区間（a）のように，直流回路の定常状態における電流や端子電圧は，R，R_1 の抵抗のみによって定まる．区間（b）では式（9.22），（9.23）に，$t = 0.2$ 秒における初期電荷を代入するとそれぞれの値が求まる．

（a）$(0 \leq t \leq t_1)$，$t_1 = 0.2\,\mathrm{s}$ の場合

$$i = \frac{E}{R + R_1} = \frac{20}{40 + 60} = 0.2\,\mathrm{A}$$

$$e_R = Ri = \frac{RE}{R + R_1} = 40 \times 0.2 = 8\,\mathrm{V} \tag{9.38}$$

$$e_C = \frac{R_1 E}{R + R_1} = E - e_R = 20 - 8 = 12\,\mathrm{V}$$

（b）$(t \geq t_1)$，$t_1 = 0.2\,\mathrm{s}$ の場合

$$q = CE + K_1 e^{-\frac{1}{CR}(t - t_1)} \quad (K_1：積分定数) \tag{9.39}$$

ここで $t = 0.2\,\mathrm{s}$ のときの q は $q = C e_C = CR_1 E/(R + R_1)$ より，これを上式に代入して K_1 を求めると

$$K_1 = -\frac{CER}{R + R_1} \tag{9.40}$$

この K_1 を式（9.39）に代入して q を求めることにより

$$i = \frac{dq}{dt} = \frac{E}{R + R_1} e^{-\frac{1}{CR}(t - t_1)} = \frac{20}{40 + 60} e^{-\frac{1}{5\,000 \times 10^{-6} \times 40}(t - 0.2)} = 0.2 e^{-5(t - 0.2)}\,\mathrm{[A]}$$

$$e_R = Ri = \frac{RE}{R + R_1} e^{-\frac{1}{CR}(t - t_1)} = 40 \times 0.2 e^{-5(t - 0.2)} = 8 e^{-5(t - 0.2)}\,\mathrm{[V]}$$

$$e_C = \frac{q}{C} = E - e_R = E\left(1 - \frac{R}{R + R_1} e^{-\frac{1}{CR}(t - t_1)}\right) = 20 - 8 e^{-5(t - 0.2)}\,\mathrm{[V]}$$

$$\tau = CR = 5\,000 \times 10^{-6} \times 40 = 0.2\,\mathrm{s}$$

$$\tag{9.41}$$

0〜1 秒まで求めた i，e_R，e_C の概形を図 9.12（b）に示す．

9.4.4 *RLC* 直列回路

複エネルギー回路の基本となる**図 9.13** に示す *RLC* 直列回路において，$t = 0$ でスイッチ S をオンにして直流電圧 E を加えたとき，流れる電流 i や各端子電圧 e_R，e_L，e_C を求めてみよう．ただし $t = 0^-$ の初期電流を $i = 0$ とする．

9. 過渡現象

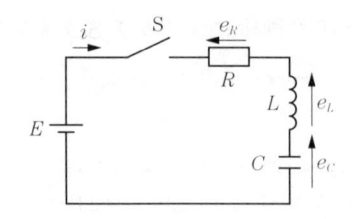

図 9.13　RLC 直列回路の過渡現象

回路方程式は

$$Ri + L\frac{di}{dt} + \frac{q}{C} = E \tag{9.42}$$

上式の両辺を t で微分し，$i = dq/dt$ により変数を電流 i に統一すると次式のような **2 階線形微分方程式**が得られる．

$$R\frac{di}{dt} + L\frac{d^2 i}{dt^2} + \frac{1}{C}\frac{dq}{dt} = 0$$

$$\frac{d^2 i}{dt^2} + \frac{R}{L}\frac{di}{dt} + \frac{1}{LC}i = 0 \tag{9.43}$$

微分演算子 $p = d/dt$ を用いて上式を表すと，また $p^2 = d^2/dt^2$ より

$$\left(p^2 + \frac{R}{L}p + \frac{1}{LC}\right)i = 0 \tag{9.44}$$

解の公式から上式の根は $p = -R/2L \pm \sqrt{(R/2L)^2 - 1/LC}$ より

$$p_1 = -\frac{R}{2L} + \sqrt{\left(\frac{R}{2L}\right)^2 - \frac{1}{LC}},\quad p_2 = -\frac{R}{2L} - \sqrt{\left(\frac{R}{2L}\right)^2 - \frac{1}{LC}} \tag{9.45}$$

2 根 p_1, p_2 は平方根の中の正，負によって以下の三つの場合に分けられる．

（1）　$(R/2L)^2 > 1/LC$：**2 実根**（非振動的：non-oscillatory case）
（2）　$(R/2L)^2 = 1/LC$：**重根**（臨界的：critical case）
（3）　$(R/2L)^2 < 1/LC$：**2 虚根**（振動的：oscillatory case）

この R, L, C の条件における電流 i や各端子電圧 e_R, e_L, e_C を以下に求めてみよう．なお 2 階線形微分方程式の解法は付録の公式を参照のこと．

（1）　$(R/2L)^2 > 1/LC$（非振動的）の場合　　2 実根を $-R/2L \pm \sqrt{(R/2L)^2 - 1/LC} = -\alpha \pm \gamma$ とおくと $\alpha > \gamma$ となる．流れる**電流 i の一般**

解は，定常解（定常電流）i_s と過渡解（過渡電流）i_t の和で表される。RLC 直列回路では $t=0$ でスイッチ S をオンにしたとき，$i=0$ なので印加電圧 E がすべてインダクタンス L にかかり $e_L=E$ となる。時間 t の経過に伴い，電流 i が流れはじめキャパシタンス C を充電する。そのため定常状態では，C の端子電圧は $e_C=E$ まで充電され $i=i_s=0$ となる。流れる電流 i は次式で表される。

$$i = i_s + i_t = 0 + K_1 e^{(-\alpha+\gamma)t} + K_2 e^{(-\alpha-\gamma)t} \quad (K_1, K_2：積分定数) \tag{9.46}$$

$t=0^-$ のとき $i=0$ なので，これから K_1 は

$$K_1 = -K_2 \tag{9.47}$$

また $t=0^+$ のとき印加電圧 E は，すべて L の両端にかかるので

$$e_L = L\frac{di}{dt} = E \quad \therefore \quad \frac{di}{dt} = \frac{E}{L}$$

式 (9.46) の i を t で微分して E/L とおき，これに $t=0^+$ を代入すると

$$K_1(-\alpha+\gamma) - K_2(\alpha+\gamma) = \frac{E}{L}$$

上式に式 (9.47) を代入して K_2 を求め，つぎに K_1 を求めると

$$K_1 = \frac{E}{2\gamma L}, \quad K_2 = -\frac{E}{2\gamma L} \tag{9.48}$$

上式の K_1, K_2 を式 (9.46) に代入して電流 i を求めると

$$i = \frac{E}{2L\gamma}\{e^{(-\alpha+\gamma)t} - e^{(-\alpha-\gamma)t}\} = \frac{E}{L\gamma}e^{-\alpha t}\left(\frac{e^{\gamma t}-e^{-\gamma t}}{2}\right)$$

$$= \frac{E}{L\gamma}e^{-\alpha t}\sinh\gamma t \tag{9.49}$$

$$\therefore \quad \alpha = \frac{R}{2L}, \quad \gamma = \sqrt{\left(\frac{R}{2L}\right)^2 - \frac{1}{LC}}$$

電流 i の概形は時間 t の経過に対して**なだらかに増加し**，図 **9.14** に示すように**時間が** $\tau = (1/\gamma)\tanh^{-1}(\gamma/\alpha)$ のとき，$i_{\max} = (E/L\gamma)e^{-\alpha\tau}\sinh\gamma\tau$ を**ピークとしてさらになだらかに減衰する非振動的な特性**となる。

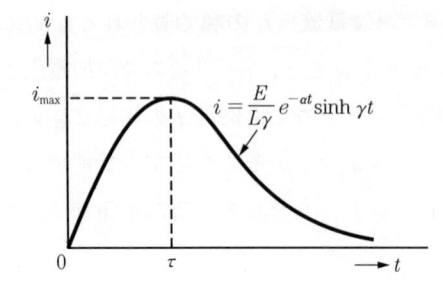

図9.14 $\left(\dfrac{R}{2L}\right)^2 > \dfrac{1}{LC}$（非振動的）の場合

各端子電圧 e_R, e_L, e_C を求めると

$$e_R = Ri = \frac{RE}{L\gamma}e^{-\alpha t}\left(\frac{e^{\gamma t}-e^{-\gamma t}}{2}\right) = \frac{RE}{L\gamma}e^{-\alpha t}\sinh \gamma t$$

$$e_L = L\frac{di}{dt} = \frac{E}{2\gamma}e^{-\alpha t}\{(\gamma-\alpha)e^{\gamma t}+(\gamma+\alpha)e^{-\gamma t}\}$$

$$e_C = \frac{1}{C}\int i\,dt = E-(e_R+e_L)$$

$$= E - \frac{E}{2\gamma}e^{-\alpha t}\{(\gamma+\alpha)e^{\gamma t}+(\gamma-\alpha)e^{-\gamma t}\} \tag{9.50}$$

（2） $(R/2L)^2 = 1/LC$（**臨界的**）**の場合**　　重根を $-\alpha = -R/2L$ とおくと，流れる電流 i は $i_s = 0$ より次式となる。

$$i = i_s + i_t = 0 + (K_1 + K_2 t)e^{-\alpha t} \quad (K_1, K_2：積分定数) \tag{9.51}$$

$$t = 0^- \text{ のとき } i = 0 \text{ なので，これから } K_1 = 0 \tag{9.52}$$

また $t = 0^+$ のときは非振動的の場合と同様に，式（9.51）の i を t で微分して E/L とおき，これに $t = 0^+$ を代入して K_2 を求めると

$$K_2 = \frac{E}{L} \tag{9.53}$$

この $K_1 = 0$，$K_2 = E/L$ を式（9.51）に代入して電流 i を求めると

$$i = \frac{E}{L}te^{-\alpha t} \quad \therefore \quad \alpha = \frac{R}{2L} \tag{9.54}$$

電流 i の概形は時間 t の経過に対して**すみやかに増加し**，図 9.15 に示すように**時間が** $\tau = 2L/R$ のとき，$i_{\max} = 2Ee^{-1}/R = 0.736E/R$ を**ピークとしてさらにすみやかに減衰する臨界的な特性**となる。

9.4 直流回路

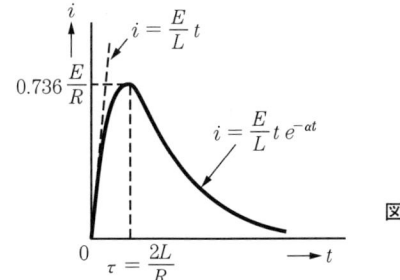

図 9.15 $\left(\dfrac{R}{2L}\right)^2 = \dfrac{1}{LC}$ （臨界的）の場合

各端子電圧 e_R, e_L, e_C を求めると

$$e_R = Ri = 2\alpha E t e^{-\alpha t}$$

$$e_L = L\dfrac{di}{dt} = E(1-\alpha t)e^{-\alpha t} \tag{9.55}$$

$$e_C = \dfrac{1}{C}\int i\, dt = E - (e_R + e_L) = E - E(1+\alpha t)e^{-\alpha t}$$

(3) $(R/2L)^2 < 1/LC$ (振動的) の場合　　共役な2虚根をつぎのようにおくと

$$-\dfrac{R}{2L} \pm \sqrt{\left(\dfrac{R}{2L}\right)^2 - \dfrac{1}{LC}} = -\dfrac{R}{2L} \pm j\sqrt{\dfrac{1}{LC} - \left(\dfrac{R}{2L}\right)^2}$$

$$= -\alpha \pm j\omega$$

流れる電流 i は $i_s = 0$ とし，さらに K_1, K_2 を積分定数とおくと次式となる。

$$i = i_s + i_t = 0 + e^{-\alpha t}(K_1 \cos \omega t + K_2 \sin \omega t) \tag{9.56}$$

$t=0^-$ のとき $i=0$ なので，これから $K_1 = 0$ 　　　　(9.57)

また $t=0^+$ のときは非振動的の場合と同様に，式 (9.56) の i を t で微分して E/L とおき，これに $t=0^+$ を代入して K_2 を求めると

$$K_2 = \dfrac{E}{\omega L} \tag{9.58}$$

この $K_1 = 0$, $K_2 = E/\omega L$ を式 (9.56) に代入して電流 i を求めると

$$i = \dfrac{E}{\omega L}e^{-\alpha t}\sin \omega t \quad \because\ \alpha = \dfrac{R}{2L},\ \omega = \sqrt{\dfrac{1}{LC} - \left(\dfrac{R}{2L}\right)^2} \tag{9.59}$$

154   9. 過 渡 現 象

電流 i の概形は図 9.16 に示すように，時間が $\tau = (1/\omega)\tan^{-1}(\omega/\alpha)$ のとき，正弦波交流の $i_{\max} = (E/\omega L)e^{-\alpha\tau}\sin\omega\tau$ を**ピークとして** $f = \omega/2\pi$ の固有周波数（natural frequency）で**振動しながら減衰する振動的な特性**となる。

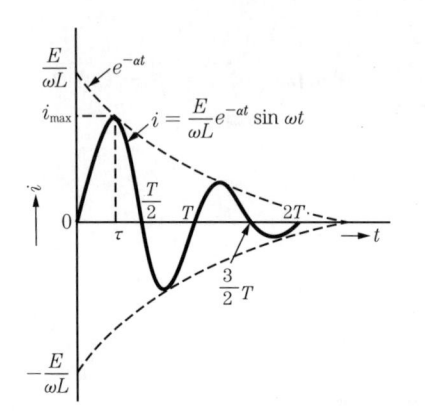

図 9.16 $\left(\dfrac{R}{2L}\right)^2 < \dfrac{1}{LC}$ （振動的）の場合

各端子電圧 e_R, e_L, e_C を求めると

$$e_R = Ri = \frac{RE}{\omega L}e^{-\alpha t}\sin\omega t = \frac{2\alpha E}{\omega}e^{-\alpha t}\sin\omega t$$

$$e_L = L\frac{di}{dt} = -\frac{\sqrt{\alpha^2+\omega^2}\,E}{\omega}e^{-\alpha t}\sin(\omega t - \phi) \qquad (9.60)$$

$$e_C = \frac{1}{C}\int i\,dt = -\frac{\sqrt{\alpha^2+\omega^2}\,E}{\omega}\{e^{-\alpha t}\sin(\omega t+\phi) - \sin\phi\}$$

$$\therefore\quad \phi = \tan^{-1}\frac{\omega}{\alpha},\quad \sin\phi = \frac{\omega}{\sqrt{\alpha^2+\omega^2}}$$

[例題] 9.6 図 9.13 において，$E = 100\,\text{V}$，$R = 100\,\Omega$，$L = 0.1\,\text{H}$，$C = 100\,\mu\text{F}$ のときの電流 i や各端子電圧 e_R，e_L，e_C を求め，その概形を画く。

[解] $(R/2L)^2 = 2.5 \times 10^5$, $1/LC = 10^5$ から**非振動的**となり，式 (9.49), (9.50) に与えられた数値を代入して求める。

$$-\alpha \pm \gamma = -500 \pm \sqrt{2.5\times 10^5 - 10^5} = -500 \pm 387$$

この $\alpha = 500$, $\gamma = 387$ を式 (9.49), (9.50) に代入すると

$$\begin{aligned}
&i = 2.58\,e^{-500t}\sinh 387t\;[\text{A}],\quad e_R = 258\,e^{-500t}\sinh 387t\;[\text{V}]\\
&e_L = 0.129\,e^{-500t}(887e^{-387t} - 113e^{387t})\;[\text{V}]\\
&e_C = 100 - 0.129\,e^{-500t}(887e^{387t} - 113e^{-387t})\;[\text{V}]
\end{aligned} \qquad (9.61)$$

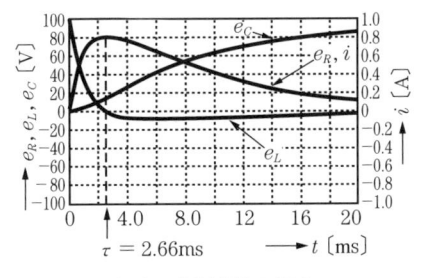

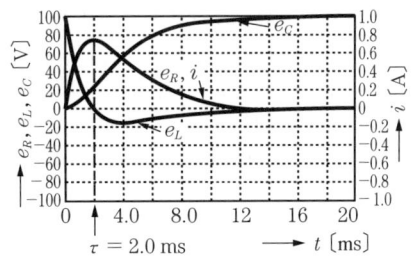

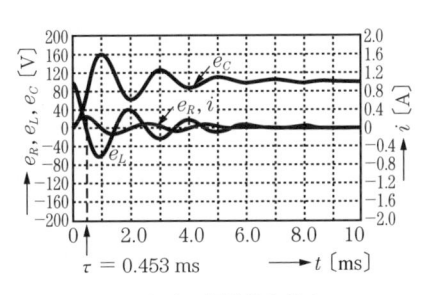

9.4 直流回路　　155

(a) 非振動的な場合　$\tau = 2.66\,\text{ms}$

(b) 臨界的な場合　$\tau = 2.0\,\text{ms}$

(c) 振動的な場合　$\tau = 0.453\,\text{ms}$

図 9.17　RLC 直列回路の過渡現象の概形

$\tau = 2.66\,\text{ms}$ のときに i, e_R がピーク値となる概形を**図 9.17** (a) に示す。ここで双曲線関数を計算するときの角度の単位は [rad] を用いる。

例題 9.7　図 9.13 において，$E = 100\,\text{V}$, $R = 100\,\Omega$, $L = 0.1\,\text{H}$, $C = 40\,\mu\text{F}$ のときの電流 i や各端子電圧 e_R, e_L, e_C を求め，その概形を画く。

解　$(R/2L)^2 = 1/LC = 2.5 \times 10^5$ から**臨界的**となり，式 (9.54), (9.55) に与えられた数値を代入して求める。

$$-\alpha = -\frac{R}{2L} = -500$$

したがって $\alpha = 500$ を式 (9.54), (9.55) に代入して求めると

$$i = 1.00 \times 10^3 t e^{-500t}\,[\text{A}], \quad e_R = 1.00 \times 10^5 t e^{-500t}\,[\text{V}]$$
$$e_L = 100\,(1 - 500t)e^{-500t}\,[\text{V}], \quad e_C = 100 - 100\,(1 - 500t)e^{-500t}\,[\text{V}] \tag{9.62}$$

$\tau = 2\,\text{ms}$ のとき i, e_R はピーク値となる。その概形を図 9.17 (b) に示す。

例題 9.8　図 9.13 において，$E = 100\,\text{V}$, $R = 100\,\Omega$, $L = 0.1\,\text{H}$, $C = 1\,\mu\text{F}$ のときの電流 i や各端子電圧 e_R, e_L, e_C を求め，その概形を画く。

解　$(R/2L)^2 = 2.5 \times 10^5$, $1/LC = 10^7$ から**振動的**となり，式 (9.59), (9.60)

に与えられた数値を代入して求める。

$$-\alpha \pm j\omega = -500 \pm j\sqrt{(100-2.5)\times 10^5} = -500 \pm j3\,120$$

この $\alpha = 500$, $\omega = 3\,120$ を式 (9.59), (9.60) に代入すると

$$i = 0.321 e^{-500t} \sin 3\,120t \,\text{[A]}, \quad e_R = 32.1 e^{-500t} \sin 3\,120t \,\text{[V]}$$
$$e_L = -101.3 e^{-500t} \sin(3\,120t - 1.41) \,\text{[V]} \tag{9.63}$$
$$e_C = -101.3 \{e^{-500t} \sin(3\,120t + 1.41) - 0.987\} \,\text{[V]}$$

$\tau = 0.453\,\text{ms}$ のときに i, e_R がピーク値となり，固有周波数 $f = \omega/2\pi = 496.8$ Hz で振動しながら減衰する概形を図 9.17（c）に示す。ここで三角関数を計算するときの角度の単位は〔rad〕を用いる。

例題 9.9 LC 直列回路において $t=0$ でスイッチ S をオンにして直流電圧 E を加えたとき，流れる電流 i と固有周波数 f_0 を求めよ。さらに $E=100\,\text{V}$, $L=0.01\,\text{H}$, $C=100\,\mu\text{F}$ のとき上記の値を求めよ。

解 RLC 直列回路において $R=0$ として回路方程式を作成して求める。回路方程式を電流 i で表し，さらに微分演算子 p で表すと

$$\frac{d^2 i}{dt^2} + \frac{1}{LC} i = 0, \quad \left(p^2 + \frac{1}{LC}\right) i = 0 \tag{9.64}$$

2 虚根 p_1, p_2 は

$$p_1, p_2 = \pm j \frac{1}{\sqrt{LC}} \tag{9.65}$$

したがって電流 i は $i_s = 0$ とし，さらに K_1, K_2 を積分定数とおくと

$$i = i_s + i_t = K_1 \cos \frac{1}{\sqrt{LC}} t + K_2 \sin \frac{1}{\sqrt{LC}} t \tag{9.66}$$

$t = 0^-$ のとき $i=0$, $t=0^+$ のとき $di/dt = E/L$ から K_1, K_2 を定めると

$$K_1 = 0, \quad K_2 = \frac{E}{\sqrt{\dfrac{L}{C}}} \tag{9.67}$$

上式の K_1, K_2 を式 (9.66) に代入して電流 i を求めると

$$i = \frac{E}{\sqrt{\dfrac{L}{C}}} \sin \frac{1}{\sqrt{LC}} t = I_m \sin \omega_0 t \tag{9.68}$$

$$\therefore\ I_m = \frac{E}{\sqrt{\dfrac{L}{C}}}, \quad \omega_0 = \frac{1}{\sqrt{LC}}, \quad f_0 = \frac{\omega_0}{2\pi} = \frac{1}{2\pi\sqrt{LC}}$$

この LC 直列回路は回路中に抵抗分がないので，固有周波数 f_0 で自由振動が持続する回路となる。つぎに与えられた数値を代入して i, f_0 を求めると

$$i = 10 \sin 1\,000 t \,\text{[A]}, \quad f_0 = 159.2\,\text{Hz} \tag{9.69}$$

例題 9.10 インダクタンス $L=1\,\text{H}$ に直流電流 $I_0 = 50\,\text{A}$ を流しておき，

急にキャパシタンス $C = 100\,\mu\mathrm{F}$ で短絡したとき，回路に発生する電圧 e_L，流れる電流 i およびその固有周波数 f_0 を求めよ．ただし抵抗分は無視する．

解 例9.9の式 (9.66) に $t = 0^-$，0^+ の初期条件を入れて解くと

$t = 0^-$ のとき $i = I_0 = 50\,\mathrm{A}$ から $K_1 = I_0 = 50\,\mathrm{A}$

$t = 0^+$ のとき $\dfrac{di}{dt} = \dfrac{dI_0}{dt} = 0$ から $K_2 = 0$ (9.70)

上式を式 (9.66) に代入して電流 i を求め，発生電圧は $e_L = L\,di/dt$ より

$$i = I_0 \cos \frac{1}{\sqrt{LC}} t = 50 \cos \frac{1}{\sqrt{1 \times 100 \times 10^{-6}}} t = 50 \cos 100 t \; [\mathrm{A}]$$

$$e_L = L \frac{dt}{dt} = -I_0 \sqrt{\frac{L}{C}} \sin \frac{1}{\sqrt{LC}} t = -50 \sqrt{\frac{1}{10^{-4}}} \sin \frac{1}{\sqrt{10^{-4}}} t$$

$$= -5 \times 10^3 \sin 100 t \; [\mathrm{V}] \tag{9.71}$$

$$f_0 = \frac{\omega_0}{2\pi} = \frac{100}{2\pi} = 15.9\,\mathrm{Hz}$$

すなわち短絡するとレンツの法則によってインダクタンスが高電圧を発生し，$I_\mathrm{m} = 50\,\mathrm{A}$，$E_\mathrm{m} = 5\,\mathrm{kV}$ の正弦波交流となる．このような方法は，簡便な**高電圧発生回路**として使用できる．

9.5 交 流 回 路

交流電圧を加えたときの過渡現象は，印加電圧が時間とともに変化することから直流電圧の場合に比べて現象的にやや複雑となるが，解法としては直流の場合と同様に一般解 ＝ 定常解 ＋ 過渡解から求めることができる．この節では単エネルギー回路について取り扱い，複エネルギー回路については省略する．

9.5.1 *RL* 直列回路

図 **9.18**（a）に示す *RL* 直列回路において，$t = 0$ でスイッチ S をオンにして正弦波交流電圧 $e = E_\mathrm{m} \sin \omega t$ を加えたとき，流れる電流 i や各端子電圧 e_R，e_L を求めてみよう．このとき $t = 0^-$ のとき初期電流を $i = 0$ とする．

回路方程式は

$$L \frac{di}{dt} + Ri = E_\mathrm{m} \sin \omega t \tag{9.72}$$

9. 過渡現象

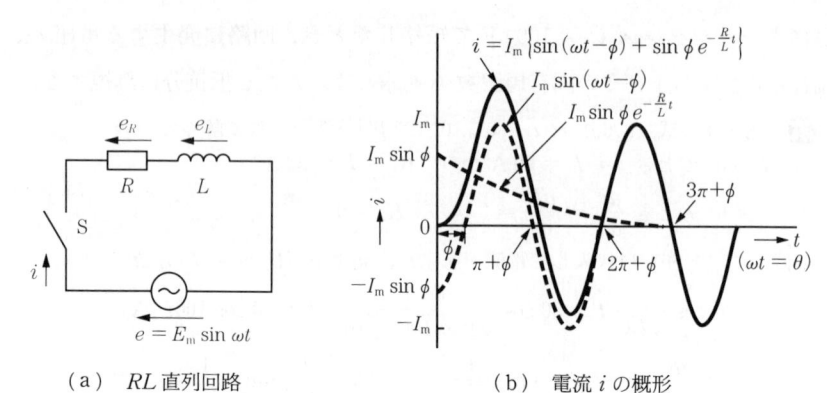

(a) RL 直列回路

(b) 電流 i の概形

図9.18 交流電圧における RL 直列回路の過渡現象

上式は1階線形微分方程式でその解は，**定常解** i_s ＋ **過渡解** i_t からなる。

（1）定常解（定常電流）i_s 　　定常電流 i_s は，交流回路のフェーザ表示法（記号法）から求まるので

$$i_s = \frac{e}{R + j\omega L} = \frac{E_m \sin \omega t}{\sqrt{R^2 + \omega^2 L^2} \angle \phi} = \frac{E_m}{\sqrt{R^2 + \omega^2 L^2}} \sin(\omega t - \phi)$$

$$= I_m \sin(\omega t - \phi) \quad \because \ I_m = \frac{E_m}{\sqrt{R^2 + \omega^2 L^2}}, \ \phi = \tan^{-1} \frac{\omega L}{R}$$

(9.73)

（2）過渡解（過渡電流）i_t 　　過渡電流 i_t は式 (9.72) の右辺を 0 とおくことから求まる。

$$L \frac{di}{dt} + Ri = 0 \tag{9.74}$$

微分演算子 p を用いて過渡電流 i_t を求めると

$$\left(p + \frac{R}{L}\right)i = 0 \quad \therefore \ i_t = K_1 e^{-\frac{R}{L}t} \quad (K_1：積分定数) \tag{9.75}$$

（3）一般解（全体の電流）i 　　回路に流れる電流 i は

$$i = i_s + i_t = I_m \sin(\omega t - \phi) + K_1 e^{-\frac{R}{L}t} \tag{9.76}$$

$t = 0^-, \ 0^+$ のとき $i = 0$ なので，これから $K_1 = I_m \sin \phi$ (9.77)

この K_1 を式 (9.76) に代入して電流 i は

$$i = I_m \left\{ \sin(\omega t - \phi) + \sin \phi \, e^{-\frac{R}{L}t} \right\} \tag{9.78}$$

(4) 各端子電圧 e_R, e_L

$$e_R = Ri = RI_m \left\{ \sin(\omega t - \phi) + \sin \phi \, e^{-\frac{R}{L}t} \right\}$$

$$e_L = L\frac{di}{dt} = I_m \left\{ \omega L \cos(\omega t - \phi) - R \sin \phi \, e^{-\frac{R}{L}t} \right\} \tag{9.79}$$

図 9.18 (b) に電流 i の概形を示す。図から**過渡状態において**，時間とともに**指数関数的に減少する DC オフセット**に相当する $I_m \sin \phi \, e^{-(R/L)t}$ の上に，**電流 i の振幅の中心が重なっている**ことがわかる。

[例題] 9.11 図 9.18 (a) において $R = 100\,\Omega$, $L = 1\,\mathrm{H}$ のとき，$e = 100\sqrt{2} \sin \omega t$ 〔V〕の電圧を加えた場合の電流 i と各端子電圧 e_R, e_L を求め，その概形を画く。ただし周波数を $f = 50\,\mathrm{Hz}$ とし，$t = 0^-$ のとき $i = 0$ とする。

[解] 式 (9.78), (9.79) に上記の数値を代入して求める。
$$\begin{aligned} i &= 0.428 \sin(\omega t - 1.26) + 0.408 e^{-100t} \,〔\mathrm{A}〕 \\ e_R &= 42.8 \sin(\omega t - 1.26) + 40.8 e^{-100t} \,〔\mathrm{V}〕 \\ e_L &= 133.5 \cos(\omega t - 1.26) - 40.8 e^{-100t} \,〔\mathrm{V}〕 \end{aligned} \tag{9.80}$$

ここで角度の単位は〔rad〕を用いている。**図 9.19** にその概形を示す。

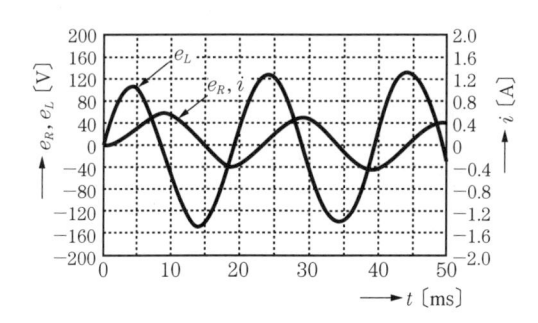

図 9.19 交流電圧における e_L, e_R, i の概形

9.5.2 RC 直列回路

図 9.20 (a) に示す RC 直列回路において，$t = 0$ でスイッチ S をオンにして正弦波交流電圧 $e = E_m \sin \omega t$ を加えたとき，流れる電流 i や各端子電圧

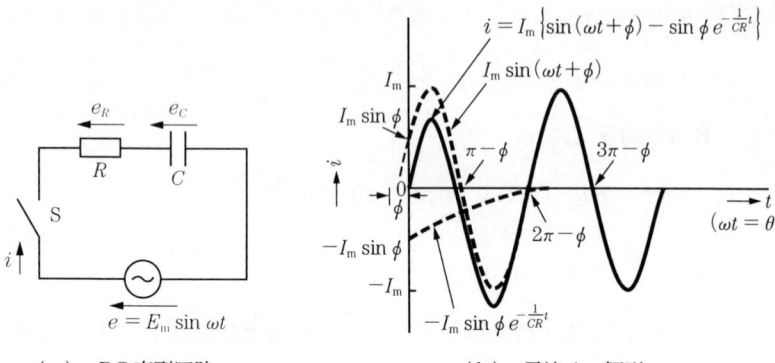

9. 過 渡 現 象

(a) RC 直列回路　　　　(b) 電流 i の概形

図 9.20 交流電圧における RC 直列回路の過渡現象

e_R, e_C を求めてみよう．このとき $t = 0^-$ のとき初期電荷を $q = 0$ とする．

回路方程式は

$$Ri + \frac{q}{C} = E_\mathrm{m} \sin \omega t \tag{9.81}$$

上式に $i = dq/dt$ を代入し，変数を電荷 q にすると

$$R \frac{dq}{dt} + \frac{q}{C} = E_\mathrm{m} \sin \omega t \tag{9.82}$$

(1) 定常解（定常電流）i_s　　定常電流 i_s は，交流回路のフェーザ表示法（記号法）から求まるので

$$i_s = \frac{e}{R - j\dfrac{1}{\omega C}} = \frac{E_\mathrm{m} \sin \omega t}{\sqrt{R^2 + \left(\dfrac{1}{\omega C}\right)^2} \angle -\phi}$$

$$= \frac{E_\mathrm{m}}{\sqrt{R^2 + \left(\dfrac{1}{\omega C}\right)^2}} \sin(\omega t + \phi)$$

$$= I_\mathrm{m} \sin(\omega t + \phi) \quad \because \quad I_\mathrm{m} = \frac{E_\mathrm{m}}{\sqrt{R^2 + \left(\dfrac{1}{\omega C}\right)^2}}, \quad \phi = \tan^{-1} \frac{1}{R\omega C}$$

$$\tag{9.83}$$

(2) 過渡解（過渡電流）i_t　　過渡電流 i_t は式 (9.82) の右辺を 0 とお

くことから求まる。

$$R\frac{dq}{dt} + \frac{q}{C} = 0 \tag{9.84}$$

微分演算子 p を用いて

$$\left(p + \frac{1}{CR}\right)q = 0 \quad \therefore \quad q = K_1 e^{-\frac{1}{CR}t} \quad (K_1:積分定数) \tag{9.85}$$

ここで $i = dq/dt$ から過渡電流 i_t を求めると

$$i_t = K_2 e^{-\frac{1}{CR}t} \quad \therefore \quad K_2 = -\frac{K_1}{CR} \tag{9.86}$$

（3） 一般解（全体の電流）i　　回路に流れる電流 i は

$$i = i_s + i_t = I_m \sin(\omega t + \phi) + K_2 e^{-\frac{1}{CR}t} \tag{9.87}$$

$t = 0^-, 0^+$ のとき $i = 0$ なので，これから $K_2 = -I_m \sin\phi \tag{9.88}$

この K_2 を式 (9.87) に代入して電流 i は

$$i = I_m \left\{\sin(\omega t + \phi) - \sin\phi \, e^{-\frac{1}{CR}t}\right\} \tag{9.89}$$

（4） 各端子電圧 e_R, e_C

$$e_R = Ri = RI_m \left\{\sin(\omega t + \phi) - \sin\phi \, e^{-\frac{1}{CR}t}\right\}$$

$$e_C = \frac{q}{C} = \frac{1}{C}\int i \, dt = -I_m \left\{\frac{1}{\omega C}\cos(\omega t + \phi) - R\sin\phi \, e^{-\frac{1}{CR}t}\right\} \tag{9.90}$$

図 9.20（b）に電流 i の概形を示す。図から**過渡状態において，時間とともに指数関数的に減少する DC オフセット**に相当する $-I_m \sin\phi \, e^{-(1/CR)t}$ の上に，**電流 i の振幅の中心が重なっている**ことがわかる。

［例題］9.12　図 9.20（a）の交流回路で $R = 100\,\Omega$, $C = 50\,\mu\text{F}$ のとき，$e = 100\sqrt{2}\sin\omega t$〔V〕の電圧を加えた場合の電流 i と各端子電圧 e_R, e_C を求め，その概形を画く。ただし $f = 50\,\text{Hz}$ とし，$t = 0^-$ のとき $q = 0$ とする。

［解］　式 (9.89), (9.90) に上記の数値を代入して求める。

$$\begin{aligned}
i &= 1.193\sin(\omega t + 0.567) - 0.640\,8\,e^{-200t} \text{〔A〕} \\
e_R &= 119.3\sin(\omega t + 0.567) - 64.08\,e^{-200t} \text{〔V〕} \\
e_C &= -76.0\cos(\omega t + 0.567) + 64.08\,e^{-200t} \text{〔V〕}
\end{aligned} \tag{9.91}$$

ここで角度の単位は〔rad〕を用いている。**図 9.21** にその概形を示す。

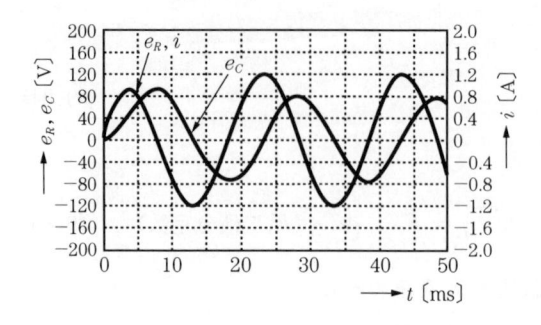

図 9.21 交流電圧における e_R, i, e_C の概形

演 習 問 題

(1) 例題 9.2 の図 9.6（a）に示した回路で，$E = 12\,\text{V}$，$L = 10\,\text{H}$ とし，リレーの動作電流を 10 mA とする．$t = 0$ でスイッチ S をオンにして 10 ms 後にリレーが動作するようにコイルの抵抗 R を定めよ．ただし 10 ms における電流の傾きを $(di/dt)_{t=10\,\text{ms}} = 0.6$，また $\ln 2 = 0.693$ とする．

(2) 図 9.7（a）に示した回路で $E = 12\,\text{V}$，$R = 10\,\text{k}\Omega$，$C = 1\,\mu\text{F}$ のとき，$t = 0$ でスイッチ S をオンにしてキャパシタンスの端子電圧が $e_C = 4\,\text{V}$ になるまでの時間 t を定めよ．ただし $\ln 5 = 1.61$ とする．

(3) RC 直列回路に電圧 V_{CC} を加えて，負性抵抗をもつ半導体素子である UJT（ユニジャンクショントランジスタ）による発振回路を**図 9.22**（a）のように構成した．発振電圧波形 e_0 が図（b）に示すように，ピーク電圧 V_p とバレー電圧 V_v の間の周期 T_0 を繰り返すとき，発振周波数 $f_0 = 1/T_0$ を求めよ．

(4) 図 9.23 に示す回路において，$t = 0$ でスイッチ S を a に倒して電圧 $E = 100\,\text{V}$ を $R_1 = 10\,\Omega$，$L = 10\,\text{H}$ に加え，つぎに $t = 1\,\text{s}$ のとき S を b に倒して L の

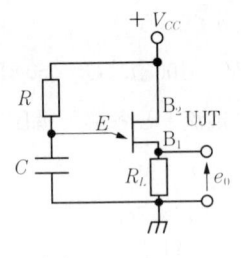

（a） UJT による発振回路　　　　（b） 発振電圧波形

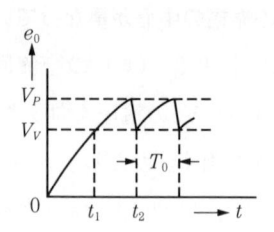

図 9.22

図 9.23　　　　　　　　　　図 9.24

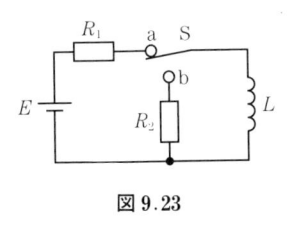

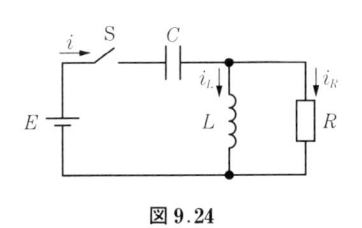

両端を抵抗 $R_2 = 1\,\Omega$ で短絡した。各区間における流れる電流 i を求めよ。

(5) 図 9.24 に示す回路でスイッチ S をオンして電圧 E を加えたとき，回路に生じる自由振動の固有周波数 $f_0 = 1/T_0$ を求めよ。ただし $C = 10\,\mu\text{F}$, $R = 10\,\Omega$, $L = 1\,\text{mH}$ とする。

(6) 図 9.25 に示す回路で $t < 0$ では，スイッチ S をあらかじめオンして $i = e/R$ が流れている。つぎに $t = 0$ でスイッチ S をオフにしたとき，流れる電流 i を求めよ。ただし $e = E_m \sin \omega t$ とする。

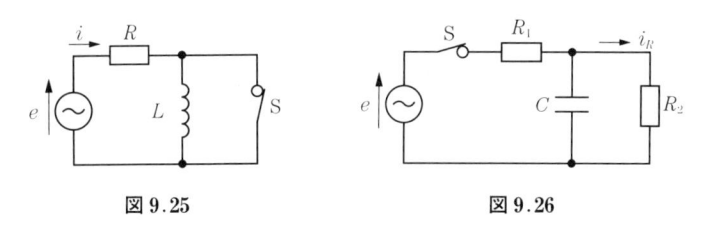

図 9.25　　　　　　　　　　図 9.26

(7) 図 9.26 に示す回路で $t < 0$ では，スイッチ S をあらかじめオンして定常状態とする。つぎに $t = 0$ でスイッチ S をオフにしたとき，抵抗 R_2 に流れる電流 i_R を求めよ。ただし $e = E_m \sin \omega t$ とする。

(8) 図 9.27 に示す回路で $t < 0$ では，スイッチ S はオフで定常状態とする。つぎに $t = 0$ でスイッチ S をオンにしたとき，インダクタンス L に流れる電流 i_L を求めよ。ただし $e = E_m \sin \omega t$ とする。

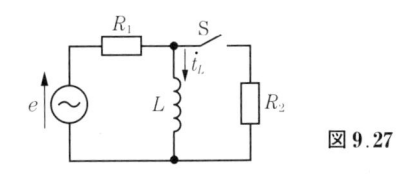

図 9.27

付　　　録

数学の主な公式

1. 三角関数

（1）付図1の直角三角形において

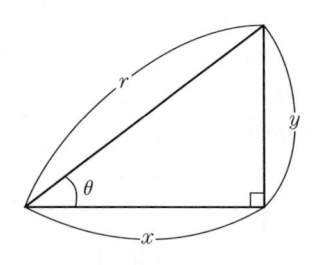

付図1

$$\sin\theta = \frac{y}{r},\ \cos\theta = \frac{x}{r},\ \tan\theta = \frac{\sin\theta}{\cos\theta} = \frac{y}{x},$$

$$\sec\theta = \frac{1}{\cos\theta},\ \mathrm{cosec}\,\theta = \frac{1}{\sin\theta},\ \cot\theta = \frac{1}{\tan\theta},$$

$$x^2 + y^2 = r^2 \text{ より } \sin^2\theta + \cos^2\theta = 1,\ \theta = \tan^{-1}\frac{y}{x},$$

$$\pi\,[\mathrm{rad}] = 180\,[°]\text{ より }1\,[\mathrm{rad}] = \frac{180}{\pi}\,[°],\ 1\,[°] = \frac{\pi}{180}\,[\mathrm{rad}]$$

（2）$\sin(-\theta) = -\sin\theta,\ \cos(-\theta) = \cos\theta,\ \tan(-\theta) = -\tan\theta$

（3）$\sin(\theta\pm\phi) = \sin\theta\cos\phi \pm \cos\theta\sin\phi$

（4）$\cos(\theta\pm\phi) = \cos\theta\cos\phi \mp \sin\theta\sin\phi$

（5）$A\sin\theta + B\cos\theta = \sqrt{A^2+B^2}\sin\left(\theta + \tan^{-1}\frac{B}{A}\right)$

（6）$\sin\theta\cos\phi = \frac{1}{2}\{\sin(\theta+\phi) + \sin(\theta-\phi)\}$

（7）$\cos\theta\sin\phi = \frac{1}{2}\{\sin(\theta+\phi) - \sin(\theta-\phi)\}$

（8）$\cos\theta\cos\phi = \frac{1}{2}\{\cos(\theta+\phi) + \cos(\theta-\phi)\}$

(9) $\sin\theta\sin\phi = -\dfrac{1}{2}\{\cos(\theta+\phi) - \cos(\theta-\phi)\}$

(10) $\sin^2\theta = \dfrac{1-\cos 2\theta}{2}$ または $\sin\theta = \pm\sqrt{\dfrac{1-\cos 2\theta}{2}}$

(11) $\cos^2\theta = \dfrac{1+\cos 2\theta}{2}$ または $\cos\theta = \pm\sqrt{\dfrac{1+\cos 2\theta}{2}}$

(12) $\sin 2\theta = 2\sin\theta\cos\theta,\ \cos 2\theta = \cos^2\theta - \sin^2\theta = 1 - 2\sin^2\theta$

2. 指数および対数

(1) $a^m \times a^n = a^{m+n},\ (a^n)^m = (a^m)^n = a^{mn},\ \dfrac{a^m}{a^n} = a^{m-n},\ \dfrac{1}{a^n} = a^{-n},$
$a^0 = 1\ (a \neq 0)$

(2) $y = a^x \leftrightarrow x = \log_a y$, ここで $a = 10$ のとき $x = \log_{10} y$ を常用対数と呼び，10 を省略して $x = \log y$ と書くことがある。また $a = e$（e：ナピアの定数）のとき $x = \log_e y$ を自然対数と呼び，$x = \ln y$ と書くことがある。ここで $e \cong 2.718$ の値をもつ。

$\log_a 1 = 0,\ \log_a a = 1,\ \log_e 10 \cong 2.303$

(3) $\log_a AB = \log_a A + \log_a B,\ \log_a \dfrac{A}{B} = \log_a A - \log_a B,$

$\log_a A^n = n\log_a A,\ \log_a \sqrt[n]{A} = \log_a A^{\frac{1}{n}} = \dfrac{1}{n}\log_a A,$

$\log_a \dfrac{1}{A} = \log_a A^{-1} = -\log_a A,\ \log_x y = \dfrac{\log_a y}{\log_a x}$

3. 複素数と指数関数および極形式

付図 2 の複素平面上の複素数（複素ベクトル）$\dot{A}$ において，$\dot{A}$ の大きさ（絶対値）を A とおくと，その実軸成分は a となり虚軸成分は b となる。ここで $j = \sqrt{-1}$ を虚数単位と呼び，$j^2 = -1$ で表す。

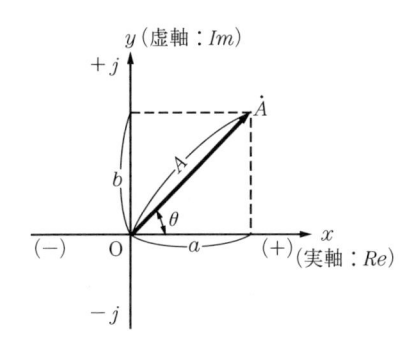

付図 2

（1） $\dot{A} = a + jb = A(\cos\theta + j\sin\theta) = Ae^{j\theta} = A\angle\theta$

$\therefore A = |\dot{A}| = \sqrt{a^2 + b^2}$, $a = A\cos\theta$, $b = A\sin\theta$, $\theta = \tan^{-1}\dfrac{b}{a}$

ここで，$Ae^{j\theta}$ を複素数の指数関数表示，同様に $A\angle\theta$ を極形式（フェーザ）表示という．また複素数 $\dot{A}$ に対して $\bar{A}$ を共役複素数と呼び，$\bar{A} = a - jb$, $\dot{A}\cdot\bar{A} = a^2 + b^2$ となる．

（2） $e^{\pm j\theta} = \cos\theta \pm j\sin\theta$, $(r\,e^{\pm j\theta})^n = r^n\,e^{\pm jn\theta} = r^n(\cos n\theta \pm j\sin n\theta)$,
$\dot{E} = Ee^{j\theta} = E\angle\theta$, $(E\angle\theta)^n = E^n\angle n\theta$

（3） $\sin\theta = \dfrac{e^{j\theta} - e^{-j\theta}}{j2}$, $\cos\theta = \dfrac{e^{j\theta} + e^{-j\theta}}{2}$

4．双曲線関数

$\sinh\theta = \dfrac{e^\theta - e^{-\theta}}{2}$, $\cosh\theta = \dfrac{e^\theta + e^{-\theta}}{2}$, $\tanh\theta = \dfrac{\sinh\theta}{\cosh\theta} = \dfrac{e^\theta - e^{-\theta}}{e^\theta + e^{-\theta}}$,

$\text{sech}\,\theta = \dfrac{1}{\cosh\theta}$, $\text{cosech}\,\theta = \dfrac{1}{\sinh\theta}$, $\coth\theta = \dfrac{1}{\tanh\theta}$

$\cosh^2\theta - \sinh^2\theta = 1$, $e^{\pm\theta} = \cosh\theta \pm \sinh\theta$

5．クラーメルの式による回路方程式の行列式による解法

（連立 2 元 1 次方程式の例）

$\begin{cases} R_1I_1 + R_2I_2 = E_1 \\ R_3I_1 + R_4I_2 = E_2 \end{cases}$

$I_1 = \dfrac{1}{\Delta}\begin{vmatrix} E_1 & R_2 \\ E_2 & R_4 \end{vmatrix}$, $I_2 = \dfrac{1}{\Delta}\begin{vmatrix} R_1 & E_1 \\ R_3 & E_2 \end{vmatrix}$, $\Delta = \begin{vmatrix} R_1 & R_2 \\ R_3 & R_4 \end{vmatrix}$

（1） 2 行 2 列の行列式の展開

$\begin{vmatrix} R_1 & R_2 \\ R_3 & R_4 \end{vmatrix} = R_1R_4 - R_3R_2$

（2） 3 行 3 列の行列式の展開

$\begin{vmatrix} R_1 & R_2 & R_3 \\ R_4 & R_5 & R_6 \\ R_7 & R_8 & R_9 \end{vmatrix} = R_1R_5R_9 + R_2R_6R_7 + R_4R_8R_3 - R_7R_5R_3 - R_4R_2R_9 - R_8R_6R_1$

6．マトリクス（行列）の展開

二つの行列を $Z = \begin{bmatrix} Z_{11} & Z_{12} \\ Z_{21} & Z_{22} \end{bmatrix}$, $I = \begin{bmatrix} I_{11} & I_{12} \\ I_{21} & I_{22} \end{bmatrix}$ とおき，k を定数とすると

（1） $kZ = k\begin{bmatrix} Z_{11} & Z_{12} \\ Z_{21} & Z_{22} \end{bmatrix} = \begin{bmatrix} kZ_{11} & kZ_{12} \\ kZ_{21} & kZ_{22} \end{bmatrix}$

（2） $Z + I = \begin{bmatrix} Z_{11} & Z_{12} \\ Z_{21} & Z_{22} \end{bmatrix} + \begin{bmatrix} I_{11} & I_{12} \\ I_{21} & I_{22} \end{bmatrix} = \begin{bmatrix} Z_{11} + I_{11} & Z_{12} + I_{12} \\ Z_{21} + I_{21} & Z_{22} + I_{22} \end{bmatrix}$

（3） $Z \cdot I = \begin{bmatrix} Z_{11} & Z_{12} \\ Z_{21} & Z_{22} \end{bmatrix} \begin{bmatrix} I_{11} & I_{12} \\ I_{21} & I_{22} \end{bmatrix} = \begin{bmatrix} Z_{11}I_{11} + Z_{12}I_{21} & Z_{11}I_{12} + Z_{12}I_{22} \\ Z_{21}I_{11} + Z_{22}I_{21} & Z_{21}I_{12} + Z_{22}I_{22} \end{bmatrix}$

7. 微分法（導関数）

y が変数 t の関数，すなわち $y = f(t)$ とおくと，

1次導関数（1回微分）は $y' = f'(t) = \dfrac{df(t)}{dt}$

2次導関数（2回微分）は $y'' = f''(t) = \dfrac{df'(t)}{dt} = \dfrac{d^2f(t)}{dt^2}$ で表す．

（1） $(t^n)' = nt^{n-1}$
（2） $(cf(t))' = cf'(t)$ （c：定数）
（3） $(f(t) + g(t))' = f'(t) + g'(t)$
（4） $(f(t)\, g(t))' = f'(t)\, g(t) + f(t)\, g'(t)$
（5） $\left(\dfrac{f(t)}{g(t)}\right)' = \dfrac{f'(t)\, g(t) - f(t)\, g'(t)}{(g(t))^2}$, $\left(\dfrac{1}{g(t)}\right)' = -\dfrac{g'(t)}{(g(t))^2}$
（6） $\dfrac{dy}{dt} = \dfrac{dy}{d\theta} \cdot \dfrac{d\theta}{dt}$ （合成関数の導関数）
（7） $(\sin t)' = \cos t$, $(\cos t)' = -\sin t$, $(\tan t)' = \sec^2 t$,
$(\sin \omega t)' = \omega \cos \omega t$, $(\cos \omega t)' = -\omega \sin \omega t$, $(\tan \omega t)' = \omega \sec^2 \omega t$
（8） $(e^t)' = e^t$, $(e^{\omega t})' = \omega\, e^{\omega t}$
（9） $(\log_e t)' = \dfrac{1}{t}$, $(\log_e (\omega t^2 + 1))' = \dfrac{2\omega t}{\omega t^2 + 1}$
（10） $(a^t)' = a^t \log_e a$ $(a > 0,\ a \neq 1)$, $(\log_a t)' = \dfrac{1}{t \log_e a} = \dfrac{\log_a e}{t}$

8. 積分法

積分は微分の逆の演算に相当する．

（1） $\displaystyle\int t^n dt = \dfrac{1}{n+1} t^{n+1}$ $(n \neq -1)$ （不定積分の積分定数は以下省略）
（2） $\displaystyle\int k\, f(t)\, dt = k \int f(t)\, dt$ （k：定数）
（3） $\displaystyle\int (f(t) + g(t))\, dt = \int f(t)\, dt + \int g(t)\, dt$
（4） $\displaystyle\int f(t)\, dt = \int f(g(\theta))\, g'(\theta)\, d\theta$ ∵ $t = g(\theta)$ （置換積分法）
（5） $\displaystyle\int f(t)\, g'(t)\, dt = f(t)\, g(t) - \int f'(t)\, g(t)\, dt$ （部分積分法）
（6） $\displaystyle\int \sin t\, dt = -\cos t$, $\displaystyle\int \sin \omega t\, dt = -\dfrac{1}{\omega} \cos \omega t$
（7） $\displaystyle\int \cos t\, dt = \sin t$, $\displaystyle\int \cos \omega t\, dt = \dfrac{1}{\omega} \sin \omega t$

(8) $\int \dfrac{1}{t} dt = \log_e t = \ln t$

(9) $\int e^t dt = e^t$, $\int e^{\omega t} dt = \dfrac{1}{\omega} e^{\omega t}$

(10) $\int \dfrac{f'(t)}{f(t)} dt = \log_e f(t) = \ln f(t)$

以上は不定積分，つぎに不定積分と定積分の関係を示す．

(11) $\int_a^b f(t) dt = [F(t)]_a^b = F(b) - F(a)$,　∴　$F(t) = \int f(t)\, dt$

9. 微分方程式

2階定数係数線形斉次微分方程式 $\{p^2 + ap + b\} i(t) = 0$ において，t を時間，微分演算子を $p = d/dt$，$i(t)$ を時間 t に対する変数である電流，a, b を定数とおくとその一般解は，解の公式を用いて $p^2 + ap + b = 0$ の根

$$p_1,\ p_2 = \{-a \pm \sqrt{a^2 - 4b}\}/2 = -a/2 \pm \sqrt{(a/2)^2 - b}$$ が

(1) 2実根 α, β ($\alpha \neq \beta$) の場合
$i(t) = K_1 e^{\alpha t} + K_2 e^{\beta t}$
∴　$(a/2)^2 > b$, α, $\beta = -a/2 \pm \sqrt{(a/2)^2 - b}$

(2) 実根 α (重根) の場合
$i(t) = (K_1 + K_2 t) e^{\alpha t}$
∴　$(a/2)^2 = b$, $\alpha = -a/2$

(3) 2虚根 $\lambda \pm j\omega$ の場合
$i(t) = e^{\lambda t}(K_1 \cos \omega t + K_2 \sin \omega t)$
∴　$(a/2)^2 < b$, $\lambda \pm j\omega = -a/2 \pm j\sqrt{b - (a/2)^2}$

ここで K_1, K_2 は積分定数である．

また1階線形微分方程式 $\{p + a\} i(t) = 0$ の場合には，2階線形微分方程式の2実根 α, β が一つの実根 α に相当し，$\alpha = -a$ なので

$i(t) = K_1 e^{-at}$

ここで K_1 は積分定数となる．

SI 単位のおもな接頭語

単位の 10 の整数乗倍を容易に表すために，以下の接頭語が定められている。とくに網掛けで表示してある接頭語は，電気・電子系で多く用いられている。

倍数	接頭語		記号	倍数	接頭語		記号
10^{12}	テ	ラ (tera)	T	10^{-1}	デ	シ (deci)	d
10^9	ギ	ガ (giga)	G	10^{-2}	セン	チ (centi)	c
10^6	メ	ガ (mega)	M	10^{-3}	ミ	リ (milli)	m
10^3	キ	ロ (kilo)	k	10^{-6}	マイクロ (micro)		μ
10^2	ヘク	ト (hecto)	h	10^{-9}	ナ	ノ (nano)	n
10^1	デ	カ (deca)	da	10^{-12}	ピ	コ (pico)	p

(例) 電圧を例にとり SI 接頭語で表現してみるとつぎのようになる。

$1\,000\,[V] = 10^3\,[V] = 1\,[kV],\ 0.001\,[V] = 10^{-3}\,[V] = 1\,[mV]$

おもな回路素子の働き

回路素子	回路記号	働き
抵抗	R	回路に流れる電流 I の大きさを制限して，エネルギーをジュール熱 I^2R による発熱などのかたちで消費する素子。単位は Ω（オーム）。
インダクタンス（自己インダクタンス）	L	導線をコイル状に巻いてコイルに電流 i を流すと自己誘導作用によってコイルの両端に誘起電圧 Ldi/dt を発生する素子。エネルギーの消費はなく，電磁エネルギー $Li^2/2$ として蓄積する。単位は H（ヘンリー）。
キャパシタンス（コンデンサ）	C	2 枚の電極の間にフィルムやセラミックなどの誘電体をはさみ，この間に電圧 e を加えると 2 枚の電極の間に正，負の電荷 $q = Ce$ を蓄積する素子。エネルギーの消費はなく静電エネルギー $Ce^2/2$ として蓄積する。単位は F（ファラド）。
相互インダクタンス	M 1 次側 2 次側	1 次側と 2 次側のコイルを磁束が鎖交するように配置し，例えば 1 次側のコイルに di/dt の電流変化を与えると相互誘導作用によって，2 次側に誘起電圧 Mdi/dt が発生する。この比例定数 M を相互インダクタンスと呼び，単位は H（ヘンリー）。

演習問題略解

第 1 章

(1) 式 (1.4) から $E_R = 5 \times 10^4/\sqrt{2.5 \times 10^7 + 0.64\pi^2 f^2}$ [V], $E_L = 4\pi f/\sqrt{2.5 \times 10^7 + 0.64\pi^2 f^2}$ [V], $f_c = 1.99$ [kHz] となり, 周波数特性を**解図1**に示す.

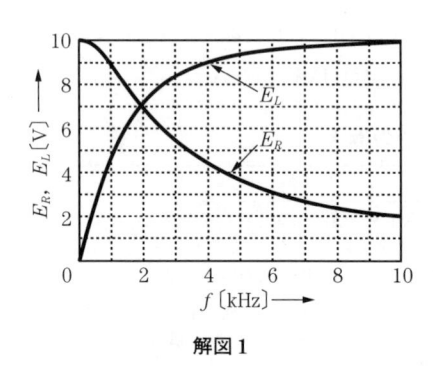

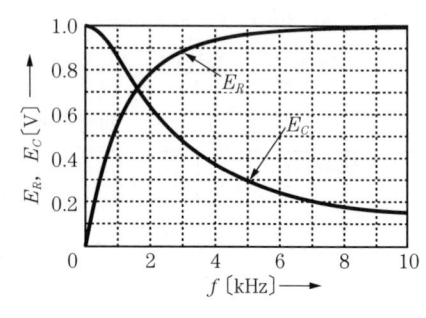

解図 1

解図 2

(2) 式 (1.7) から $E_R = 1/\sqrt{1 + 5/\pi f}$ [V], $E_C = 1/\sqrt{1 + 4\pi^2 f^2 \times 10^{-8}}$ [V], $f_c = 1.59$ [kHz] となり, 周波数特性を**解図2**に示す.

(3) $E_C = R_2 E/\sqrt{(R_1 + R_2 - \omega^2 LCR_2)^2 + \omega^2(L + CR_1 R_2)^2}$ に数値を代入して $E_C = 4 \times 10^4/\sqrt{10^8 + 9.57 \times 10^3 f^2 + 10^{-5} f^4}$ [V] となり, 周波数特性を**解図3**に示す.

(4) $\dot{Z}$ のフェーザ軌跡は**解図4**に示すように, a → b の垂直に変化する.

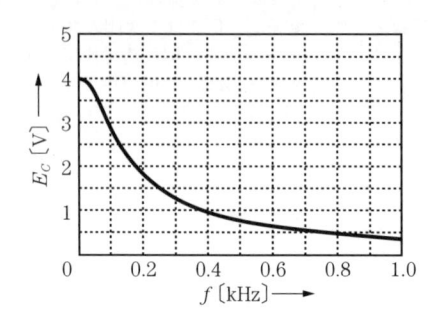

解図 3

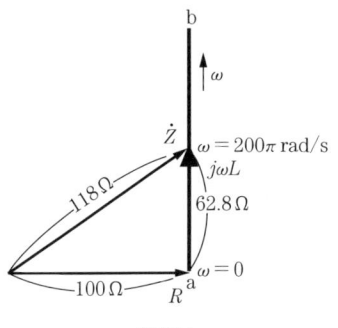

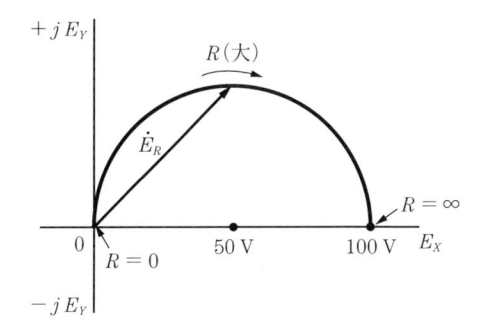

解図4　　　　　　　　　　　　解図5

(5) $(E_X - 50)^2 + E_Y^2 = 50^2$ より $\dot{E}_R$ のフェーザ軌跡は，**解図5**に示すように中心 (50 V, 0 V), 半径 50 V の半円となる。

(6) $(I_X - 2.5)^2 + I_Y^2 = 2.5^2$ より $\dot{I}$ のフェーザ軌跡は，**解図6**に示すように中心 (2.5 A, 0 A), 半径 2.5 A の半円となる。

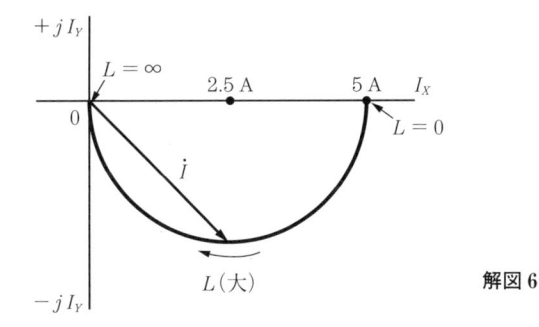

解図6

第2章

(1) (a) $f_r = 1/2\pi\sqrt{LC}$ より $C = 1/4\pi^2 f_r^2 L = 254$ pF　　(b) $I_r = 5$ μA
　　(c) $Q = 62.8$　　(d) $E_L = 3.14$ mV
(2) (a) $f_r = 1/2\pi\sqrt{LC}$ より $f_r = 5.04$ kHz　　(b) $I_r = 1$ A
　　(c) $Q = 3.16$　　(d) $E_L = 31.6$ V
(3) $\dot{Z}$ の虚部 $\omega L - \omega C R^2/(1 + \omega^2 C^2 R^2) = 0$ から f_r を求めると
　　$f_r = (1/2\pi)\sqrt{1/LC - (1/CR)^2}$
(4) $\dot{Z}$ の虚部 $\omega L R^2/\{(r + R)^2 + \omega^2 L^2\} - 1/\omega C = 0$ から f_r を求めると
　　$f_r = (1/2\pi)(r + R)/\sqrt{L(CR^2 - L)}$
(5) $f = f_1$ のときの回路電流の大きさから $R = -\omega_1 L + 1/\omega_1 C$, 同様に $f = f_2$ のときの回路電流の大きさから $R = \omega_2 L - 1/\omega_2 C$ となる。この両者が等しいので $L = 1/\omega_1\omega_2 C$, また両者の和から $R = L(\omega_2 - \omega_1)/2 + (1/2C)\{(\omega_2 - $

$\omega_1)/\omega_1\omega_2$ となる。この二つの式を $Q = \omega_r L/R$ に代入すると $Q = \omega_r/(\omega_2 - \omega_1) = f_r/(f_2 - f_1)$ を得る。

(6) キャパシタンスが C_1 のときの回路電流の大きさから $R = -\omega_r L + 1/\omega_r C_1$、同様に C_2 のときの回路電流の大きさから $R = \omega_r L - 1/\omega_r C_2$ となる。この両者が等しいことから $\omega_r L = 1/2\omega_r C_1 + 1/2\omega_r C_2$、また両者の和から $R = 1/2\omega_r C_1 - 1/2\omega_r C_2$ となる。この二つの式を $Q = \omega_r L/R$ に代入すると $Q = (C_2 + C_1)/(C_2 - C_1)$ となる。これに $C_r = (C_1 + C_2)/2$ を代入すると $Q = 2C_r/(C_2 - C_1)$ を得る。

第3章

(1) (a) $f_r = (1/2\pi)\sqrt{1/LC - (R/L)^2}$ から $C = 1/L(4\pi^2 f r^2 + R^2/L^2) = 70.4$ pF (b) $I_r = 7.04\,\mu\text{A}$ (c) $Q = 377$ (d) $I_L = 2.65\,\text{mA}$

(2) (a) $f_r = 5.03\,\text{kHz}$ (b) $I_r = 1\,\text{mA}$ (c) $Q = 3.16$
 (d) $I_C = 3.16\,\text{mA}$

(3) $\dot{Y}$ の虚部 $C/(1 + \omega^2 C^2 R_2^2) - L/(R_1^2 + \omega^2 L^2) = 0$ から
 $f_r = (1/2\pi)\sqrt{(CR_1^2 - L)/LC(CR_2^2 - L)}$

(4) $f_{r1} = 1/2\pi\sqrt{LC}$ と $f_{r2} = (1/2\pi)\sqrt{1/LC - R^2/L^2}$ から L と C を求めると $L = R/2\pi\sqrt{f_{r1}^2 - f_{r2}^2}$, $C = \sqrt{f_{r1}^2 - f_{r2}^2}/2\pi f_{r1}^2 R$ を得る。

(5) $f_r = 5.04\,\text{kHz}$, $Q = 0.316$

(6) $\dot{Y}$ の虚部 $1/(1/\omega C - \omega L_1) - 1/\omega L_2 = 0$ から $f_r = 1/2\pi\sqrt{C(L_1 + L_2)}$、各素子の値を代入して $f_r = 2.82\,\text{kHz}$

(7) $\dot{Y}$ の虚部 $(1/\omega C)/(R^2 + 1/\omega^2 C^2) - 1/\omega L = 0$ から $f_r = 1/2\pi\sqrt{C(L - CR^2)}$ となり条件として $R < \sqrt{L/C}$, $I_r = (CR/L)E$, $Q = \omega_r L/R = 1/\omega_r CR$, ただし $\omega_r = 2\pi f_r$

(8) $\dot{Y}$ の虚部 $(\omega L_2)/(R^2 + \omega^2 L_2^2) - 1/(\omega L_1 - 1/\omega C) = 0$ から
 $f_r = (1/2\pi)\sqrt{(CR^2 + L_2)/CL_2(L_1 - L_2)}$ となり条件として $L_1 > L_2$、各素子の値を代入して $f_r = 8\,\text{kHz}$

第4章

(1) 式 (4.9) から $M = 4\,\text{mH}$, $\dot{I}_1 = \dot{E}/(R_1 + j\omega L_1) = 8.47\angle -32.1°\,[\text{A}]$, $\dot{E}_1 = j\omega L_1\dot{I}_1 = 53.2\angle 57.9°\,[\text{V}]$, $\dot{E}_2 = j\omega M\dot{I}_1 = 10.6\angle 57.9°\,[\text{V}]$

(2) $\dot{I} = \dot{E}/\{R_1 + j\omega(L_1 + L_2 - 2M)\} = 2.69\angle -57.5°\,[\text{A}]$, $\dot{Z} = \dot{E}/\dot{I} = 37.2\angle 57.5°\,[\Omega]$

(3) 回路方程式を作成し、クラーメルの式から $\dot{I}_1 = 1.05\angle 18.4°\,[\text{A}]$, $\dot{I}_2 = 2.98\angle -116.6°\,[\text{A}]$ となる。$\dot{E}_L = (R_2 - jX_{C2})\dot{I}_2 = 270\angle 159.8°\,[\text{V}]$, $P_L = I_2^2 R_2 = 88.8\,\text{W}$

(4) ブリッジの平衡条件より実部から $R_1 R_3 = M/C_2$、虚部から $L_1 - M = C_3 M/C_2$ となり、これから $L_1 = R_1 R_3(C_2 + C_3)$

演習問題略解　　173

(5)　(1次側)　$Z_1 = (n_1/n_2)^2 R_L = 45\,\Omega$, $Z = R_1 + Z_1 = 50\,\Omega$, $I_1 = E/Z = 1$ A, $E_1 = \{Z_1/(R_1 + Z_1)\}E = 45\,V$, $P_1 = I_1^2 R_1 = 5\,W$
　　(2次側)　$E_2 = (n_2/n_1)E_1 = 15\,V$, $I_2 = E_2/R_L = 3\,A$, $P_L = I_2^2 R_L = 45\,W$, $P = P_1 + P_L = 50\,W$

(6)　2次側は開放してあるので，L_2, L_3 の閉回路を流れる電流 $\dot{I}_2$ は，クラーメルの式から $\dot{I}_2 = jM_1\dot{E}_1/\omega\{L_1(L_2 + L_3) - M_1^2\}$ となりこれを $\dot{E}_2 = -j\omega M_2 \dot{I}_2$ に代入して $E_2 = M_1 M_2 E_1/\{L_1(L_2 + L_3) - M_1^2\}$，この式に各回路素子の値と $M_1 = 32\,mH$, $M_2 = 16\,mH$ を代入して $E_2 = 28\,V$

第5章

(1)　$I_{l1} = (E_l/\sqrt{3})/R = E_l/\sqrt{3}\,R$, $I_{l2} = \sqrt{3}\,E_l/R$

(2)　$P_a = \sqrt{3}\,E_l I_l = 6\sqrt{3}\,kVA$, $P_r = \sqrt{P_a^2 - P^2} = 3.6\sqrt{3}\,kVar$

(3)　$\dot{I}_l = \dot{I}_R + \dot{I}_L = (240/12) - j(240/16) = 20 - j15 = 25\angle -36.9°\,[A]$, $\cos\phi = I_R/I_l = 20/25 = 0.8$, $P = \sqrt{3}\,E_l I_l \cos\phi = 14.4\,kW$

(4)　$\dot{Z} = 25\angle 53.1°\,[\Omega]$, $I_p = E_l/Z = 8\,A$, $I_l = \sqrt{3}\,I_p = 8\sqrt{3}\,A$, $\cos\phi = R/Z = 0.6$, $\sin\phi = X/Z = 0.8$, $P = \sqrt{3}\,E_l I_l \cos\phi = 2.88\,kW$, $P_r = \sqrt{3}\,E_l I_l \sin\phi = 3.84\,kVar$, $P_a = \sqrt{3}\,E_l I_l = 4.8\,kVA$

(5)　距離 10 km における線路のインピーダンスは，$\dot{Z}_l = R_l + jX_l = 8 + j6\,[\Omega]$ となる。また負荷が $\dot{Z} = R + jX = 12 + j9\,[\Omega]$ より線路と負荷を含めた全体のインピーダンスは，$\dot{Z}_T = \dot{Z}_l + \dot{Z} = 20 + j15 = 25\angle 36.9°\,[\Omega]$ となる。これから $I_l = (200/\sqrt{3})/25 = 8/\sqrt{3}\,[A]$，$\cos\phi = R/Z = 0.8$ となる。負荷の消費電力は3相分で $P = 3I_l^2 R = 768\,W$，線路の消費電力は3相分で $P_L = 3I_l^2 R_l = 512\,W$ となる。

(6)　$R = 40/\sqrt{3}\,\Omega$ から $I_{l2} = 15\,A$, $P_Y = 1.73\,kW$, $P_\triangle = 5.19\,kW$

第6章

(1)　(a)　$\dot{Z}_{11} = 50\,\Omega$, $\dot{Z}_{12} = 30\,\Omega$, $\dot{Z}_{21} = 30\,\Omega$, $\dot{Z}_{22} = 30\,\Omega$
　　(b)　$\dot{Y}_{11} = 0.05\,S$, $\dot{Y}_{12} = -0.05\,S$, $\dot{Y}_{21} = -0.05\,S$, $\dot{Y}_{22} = 0.0833\,S$
　　(c)　$\dot{A} = 1.67$, $\dot{B} = 20\,\Omega$, $\dot{C} = 0.0333\,S$, $\dot{D} = 1$

(2)　(a)　$F_a : \dot{A} = 1 - \omega^2 LC$, $\dot{B} = j\omega L$, $\dot{C} = j\omega C$, $\dot{D} = 1$
　　　　$F_b : \dot{A} = 1$, $\dot{B} = j\omega L$, $\dot{C} = j\omega C$, $\dot{D} = 1 - \omega^2 LC$
　　(b)　$F = F_a F_b : \dot{A} = 1 - 2\omega^2 LC$, $\dot{B} = j2\omega L(1 - \omega^2 LC)$, $\dot{C} = j2\omega C$, $\dot{D} = 1 - 2\omega^2 LC$
　　(c)　$\dot{Z}_{01} = \dot{Z}_{02} = \sqrt{\dot{B}/\dot{C}} = \sqrt{L(1 - \omega^2 LC)/C}$

(3)　(a)　$\dot{Z}_{11} = j\,\Omega$, $\dot{Z}_{12} = j2.5\,\Omega$, $\dot{Z}_{21} = j2.5\,\Omega$, $\dot{Z}_{22} = j0.833\,\Omega$
　　(b)　$\dot{Y}_{11} = j0.167\,S$, $\dot{Y}_{12} = -j0.5\,S$, $\dot{Y}_{21} = -j0.5\,S$, $\dot{Y}_{22} = j0.3\,S$
　　(c)　$\dot{Z}_i = 1.22 + j1.3 = 1.78\angle 46.8°\,[\Omega]$
　　(d)　$\dot{Z}_0 = 2 - j0.677 = 2.1\angle -18.7°\,[\Omega]$

(4) $F = \begin{bmatrix} 1 & j\omega(L_1 - M) \\ 0 & 1 \end{bmatrix} \begin{bmatrix} 1 & 0 \\ 1/j\omega M & 1 \end{bmatrix} \begin{bmatrix} 1 & j\omega(L_2 - M) \\ 0 & 1 \end{bmatrix}$

$= \begin{bmatrix} L_1/M & j\omega(L_1 L_2 - M^2)/M \\ 1/j\omega M & L_2/M \end{bmatrix}$

(5) (a) $\dot{E}_1 = (n_1/n_2)\dot{E}_2,\ \dot{I}_1 = (n_2/n_1)\dot{I}_2$ から
$\dot{A} = n_1/n_2,\ \dot{B} = 0,\ \dot{C} = 0,\ \dot{D} = n_2/n_1$

(b) $F = \begin{bmatrix} n_1/n_2 & 0 \\ 0 & n_2/n_1 \end{bmatrix} \begin{bmatrix} 1 & 0 \\ 1/\dot{Z}_L & 1 \end{bmatrix} = \begin{bmatrix} n_1/n_2 & 0 \\ n_2/n_1\dot{Z}_L & n_2/n_1 \end{bmatrix}$

第7章

(1) $Z_0 = \sqrt{L/C} = 1\,\mathrm{k\Omega},\ \dot{\gamma} = j\omega\sqrt{LC} = j10^{-4}$ より $\beta = 1.0 \times 10^{-4}\,\mathrm{rad/m}$, $V_p = \omega/\beta = 1.0 \times 10^7\,\mathrm{m/s},\ \lambda = 2\pi/\beta = 62.8\,\mathrm{km}$

(2) 式 (7.22) より $Z_0 = 552\,\Omega$

(3) 式 (7.26) から D について解くと $D = 3.34\,\mathrm{mm}$

(4) 式 (7.56) から $\dot{\rho}_e = 0.36 + j0.48$ となり, その大きさは $\rho_e = 0.6$, 式 (7.59) から $S_e = 4$ となる.

(5) $\dot{Z}_i = Z_0{}^2/Z_L = 50\,\Omega,\ \dot{E}_s = E/2 = 50\,\mathrm{V},\ \dot{E}_L = E_s = 50\,\mathrm{V},\ P_i = E^2/(Z + Z_i) = 100\,\mathrm{W},\ P_L = \{E/(Z + Z_i)\}^2 Z_L = 50\,\mathrm{W},\ \eta = 50\%$

第8章

(1) 三角波は奇関数であるが対称波に含まれるので $a_0 = 0$, $a_n = 0$ また b_n は奇数次のみからなり, その周波数スペクトルを**解図7**に示す.

$$e_1(t) = \frac{8E_\mathrm{m}}{\pi^2}\left\{\sin\omega t - \frac{1}{3^2}\sin 3\omega t + \frac{1}{5^2}\sin 5\omega t - \cdots\right\}$$

$$e_2(t) = E_0 + \frac{8E_\mathrm{m}}{\pi^2}\left\{\sin\omega t - \frac{1}{3^2}\sin 3\omega t + \frac{1}{5^2}\sin 5\omega t - \cdots\right\}$$

解図7

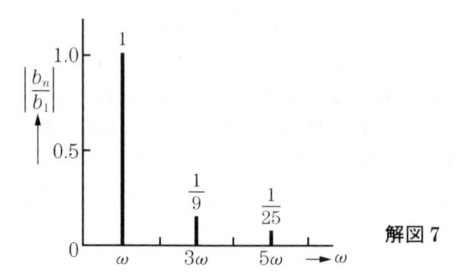

(2) 半波整流波は, 偶関数・奇関数以外の波なので式 (8.5) を用いる.

$$i(t) = \frac{I_\mathrm{m}}{2}\sin\omega t + \frac{I_\mathrm{m}}{\pi}\left\{1 - \frac{2}{3}\cos 2\omega t - \frac{2}{15}\cos 4\omega t - \frac{2}{35}\cos 6\omega t - \cdots\right\}$$

演習問題略解　175

(3) $R = e(t)/i(t) = 4\,\Omega$, $E = \sqrt{80^2 + 40^2 + 24^2} = 92.6$ V, $I = \sqrt{20^2 + 10^2 + 6^2} = 23.15$ A, $P = EI = I^2 R = 2.144$ kW

(4) $i(t) = 50 + 20 \sin \omega t - 50 \cos 2\omega t$ [A], $K = 2.5$

(5) $\dot{Z}_1 = 8 + j6 = 10\angle 36.9°$ [Ω], $\dot{Z}_3 = 8 + j18 = 19.7 \angle 66°$ [Ω], $i(t) = 6\sqrt{2} \sin(\omega t - 36.9°) + 1.02\sqrt{2} \sin(3\omega t - 66°)$ [A], $I = 6.085$ A, $E = 63.2$ V, $P = 296.2$ W, $P_a = 384.6$ VA, $\cos \phi = 0.77$

(6) $\dot{Y}_1 = 3 - j4 = 5\angle -53.1°$ [S], $\dot{Y}_2 = 3 - j2 = 3.61 \angle -33.7°$ [S], $i(t) = 100\sqrt{2} \sin(\omega t - 53.1°) + 36.1\sqrt{2} \sin(2\omega t - 33.7°)$ [A], $I = 106.3$ A, $E = 22.4$ V, $P = 1.533$ kW, $P_a = 2.381$ kVA, $\cos \phi = 0.644$

第9章

(1) $(di/dt)_{t=10\text{ms}} = \{(E/L)e^{-(R/L)t}\}_{t=10\text{ms}} = 0.6$ に各値を代入して $R = 693\,\Omega$

(2) 式 (9.23) に各値を代入して t について整理し，両辺対数をとることにより $t = 16.1$ ms

(3) $T_0 = CR \ln\{(V_{cc} - V_V)/(V_{cc} - V_P)\}$ より $f_0 = 1/T_0$

(4) (a) $(0 \leq t \leq 1\text{s}) : i = (E/R_1)\{1 - e^{-(R_1/L)t}\} = 10(1 - e^{-t})$ [A]

　　(b) $(t \geq t_1)$, $t_1 = 1$s $: i = (E/R_1)\{1 - e^{-(R_1/L)t_1}\}e^{-(R_2/L)(t-t_1)}$
$$= 6.32\, e^{-0.1(t-1)} \text{ [A]}$$

(5) $q/C + R\, i_R = E \cdots (1)$, $L(di_L/dt) = R\, i_R \cdots (2)$ から，式 (1), (2) を連立させて微分演算子 p を用いて整理すると $\{p^2 + (1/CR)\,p + 1/LC\}\,i = 0$ となる．振動的な条件から
$$p_1,\ p_2 = -1/2CR \pm j\sqrt{(1/LC) - (1/2CR)^2} = -\alpha \pm j\omega$$
$$= -5 \times 10^3 \pm j8.66 \times 10^3$$
ここで $\omega = 2\pi f_0$ から $f_0 = \omega/2\pi = 1/2\pi \sqrt{1/LC - (1/2CR)^2} = 1.38$ kHz

(6) $i = I_m \sin(\omega t - \phi) + (\omega L I_m / R) \cos \phi\, e^{-(R/L)t}$
　　$\therefore I_m = E_m / \sqrt{R^2 + \omega^2 L^2}$, $\phi = \tan^{-1}(\omega L / R)$

(7) $i_R = \{-E_m \sin \phi / \sqrt{(R_1 + R_2)^2 + (\omega C R_1 R_2)^2}\}\, e^{-(1/CR_2)t}$

(8) $i_L = I_{m2} \sin(\omega t - \phi_2) - I_{m1}\, e^{-\{R_1 R_2/L(R_1 + R_2)\}t}$
　　$\therefore I_{m2} = R_2 E_m / \sqrt{(R_1 R_2)^2 + \omega^2 L^2 (R_1 + R_2)^2}$,
　　$\phi_2 = \tan^{-1}\{\omega L(R_1 + R_2)/R_1 R_2\}$
　　$\therefore I_{m1} = E_m \sin \phi_1 / \sqrt{R_1^2 + \omega^2 L^2}$, $\phi_1 = \tan^{-1}(\omega L / R_1)$

索　引

【あ】
アドミタンス　4
アンペアの右ネジの法則　36

【い】
位相速度　96
位相定数　93
インピーダンス　4
インピーダンス変換　50

【え】
影像インピーダンス　85
影像整合　85

【か】
回転磁界　69
過渡解　158
過渡現象　133
過渡状態　133
過渡電流　158, 161

【き】
奇関数波　121
奇数調波　117
基本波　116
逆方向電圧伝達比　78
逆方向伝達アドミタンス　76, 78
逆方向伝達インピーダンス　75, 78
逆方向電流伝達比　78
共振インピーダンス　16, 26
共振曲線　16, 17

共振電流　16, 26
共振の鋭さ　19, 29

【く】
偶関数波　119
偶数調波　117

【け】
結合係数　42
減衰定数　93

【こ】
コイルの巻きはじめ　36
高域フィルタ　5, 8
合成磁界　71
高調波　116
固有周波数　154

【さ】
サセプタンス　26
三角波　132
3相誘導電動機　69

【し】
磁束　36
磁束量不変の法則　134
実効値　126
時定数　138
遮断周波数　5
周期関数　116
集中定数回路　90
充電　143
周波数スペクトル　117
周波数特性　1

出力アドミタンス　77
出力インピーダンス　75
出力端　94
受電端　94
消費電力　68
初期条件　134
初期電荷　143
初期電流　136, 139
振動的　150

【せ】
線間電圧　56
選択度　22, 32
線電流　56
全波整流波　119
線路定数　91

【そ】
相互インダクタンス　36
相互インダクタンス回路　36
相互誘導作用　41
相電圧　55
送電端　94
相電流　55
疎結合　42
疎結合変成器　48

【た】
第1種初期条件　134
対称3相Y-Δ接続交流回路　66
対称3相交流　54
対称3相交流電圧　55
対称3相交流電流　55

索引　177

対称3相交流電力	68
対称波	119
第2種初期条件	134
単エネルギー回路	133

【ち】

中性線	61
中性点	55
直流項	116
直列共振回路	16
直列共振周波数	16

【て】

低域フィルタ	5, 8
定在波	110
定在波比	110
定常解	158
定常状態	133
定常値	138
定常電流	158, 160
電圧拡大率	19
電圧定在波比	110
電圧反射係数	109
電荷量不変の法則	135
電磁誘導結合回路	36
伝送線路	90
伝達アドミタンス	77
伝達インピーダンス	75
伝搬速度	95
伝搬定数	93
電流拡大率	30
電流反射係数	109

【と】

同軸線路	99
特性インピーダンス	93
トランス	48

【に】

2端子対回路	73
2端子対回路の直列接続	79
2端子対回路の並列接続	81
入射波	93
入力アドミタンス	76
入力インピーダンス	75
入力端	94

【の】

| のこぎり波 | 114 |

【は】

波形分析	117
波形率	128
波高率	128
パルス波	114
反共振周波数	26
反射係数	109
反射波	93
半値幅	23, 32
半波整流波	132

【ひ】

非振動的	150
ひずみ率	128
非正弦波交流	114
皮相電力	68

【ふ】

フェーザ軌跡	9
複エネルギー回路	133
フーリエ級数	116
分布定数回路	90

【へ】

平衡3相負荷	59
平行2線線路	97
並列共振回路	25
並列共振周波数	26
ベクトル軌跡	9
変圧器	48
変成器	36

【ほ】

| 方形波 | 114 |
| 放電 | 145 |

【み】

右手親指の法則	37
密結合	42
密結合変成器	48

【む】

無限長線路	100
無効電力	68
無損失線路	101
無ひずみ線路	102

【ゆ】

誘起電圧	21
有限長線路	103
有効電力	68

【り】

力率	68
理想トランス	48
臨界的	150

【れ】

| レンツの法則 | 38 |

$+M$結合	42
$-M$結合	42
Δ-Y変換	59
Δ接続	55
Fパラメータ	78
Yパラメータ	76
Y接続	55
Zパラメータ	75

―― 著者略歴 ――

1975年	芝浦工業大学工学部電気工学科卒業
1977年	芝浦工業大学大学院修士課程修了（工学研究科電気工学専攻）
1992年	博士（工学）（東京工業大学）
1994年	九州共立大学助教授
1998年	九州共立大学教授
2011年	九州共立大学名誉教授
	九州共立大学総合研究所特別研究員
2017年	退職

電気回路応用入門
Basis and Application of Electric Circuit　　　　　　　　© Shizuo Yamaguchi 2004

2004年11月8日　初版第1刷発行
2022年12月30日　初版第10刷発行

検印省略

著　者　山　口　静　夫
発行者　株式会社　コロナ社
　　　　代表者　牛来真也
印刷所　三美印刷株式会社
製本所　有限会社　愛千製本所

112−0011　東京都文京区千石4−46−10
発行所　株式会社　コロナ社
CORONA PUBLISHING CO., LTD.
Tokyo Japan
振替00140-8-14844・電話(03)3941-3131(代)
ホームページ　https://www.coronasha.co.jp

ISBN 978−4−339−00770−1　　C3054　Printed in Japan　　　　　　　（楠本）

〈出版者著作権管理機構　委託出版物〉
本書の無断複製は著作権法上での例外を除き禁じられています。複製される場合は，そのつど事前に，出版者著作権管理機構（電話 03-5244-5088，FAX 03-5244-5089，e-mail: info@jcopy.or.jp）の許諾を得てください。

本書のコピー，スキャン，デジタル化等の無断複製・転載は著作権法上での例外を除き禁じられています。購入者以外の第三者による本書の電子データ化及び電子書籍化は，いかなる場合も認めていません。
落丁・乱丁はお取替えいたします。

大学講義シリーズ

(各巻A5判, 欠番は品切または未発行です)

配本順			頁	本体
(2回)	通信網・交換工学	雁部頴一著	274	3000円
(3回)	伝　送　回　路	古賀利郎著	216	2500円
(4回)	基礎システム理論	古田・佐野共著	206	2500円
(10回)	基礎電子物性工学	川辺和夫他著	264	2500円
(11回)	電　磁　気　学	岡本允夫著	384	3800円
(12回)	高　電　圧　工　学	升谷・中田共著	192	2200円
(14回)	電　波　伝　送　工　学	安達・米山共著	304	3200円
(15回)	数　値　解　析（1）	有本　卓著	234	2800円
(16回)	電　子　工　学　概　論	奥田孝美著	224	2700円
(17回)	基　礎　電　気　回　路（1）	羽鳥孝三著	216	2500円
(18回)	電　力　伝　送　工　学	木下仁志他著	318	3400円
(19回)	基　礎　電　気　回　路（2）	羽鳥孝三著	292	3000円
(20回)	基　礎　電　子　回　路	原田耕介他著	260	2700円
(22回)	原　子　工　学　概　論	都甲・岡共著	168	2200円
(23回)	基礎ディジタル制御	美多　勉他著	216	2400円
(24回)	新　電　磁　気　計　測	大照　完他著	210	2500円
(26回)	電　子　デバイス　工　学	藤井忠邦著	274	3200円
(28回)	半導体デバイス工学	石原　宏著	264	2800円
(29回)	量　子　力　学　概　論	権藤靖夫著	164	2000円
(30回)	光・量子エレクトロニクス	藤岡・小原 齊藤　共著	180	2200円
(31回)	ディジタル回路	高橋　寛他著	178	2300円
(32回)	改訂回　路　理　論（1）	石井順也著	200	2500円
(33回)	改訂回　路　理　論（2）	石井順也著	210	2700円
(34回)	制　御　工　学	森　泰親著	234	2800円
(35回)	新版　集　積　回　路　工　学（1） ──プロセス・デバイス技術編──	永田・柳井共著	270	3200円
(36回)	新版　集　積　回　路　工　学（2） ──回路技術編──	永田・柳井共著	300	3500円

定価は本体価格+税です。
定価は変更されることがありますのでご了承下さい。

図書目録進呈◆

電子情報通信レクチャーシリーズ

(各巻B5判，欠番は品切または未発行です)
■電子情報通信学会編

	配本順	共通		頁	本体
A-1	(第30回)	電子情報通信と産業	西村吉雄著	272	4700円
A-2	(第14回)	電子情報通信技術史 —おもに日本を中心としたマイルストーン—	「技術と歴史」研究会編	276	4700円
A-3	(第26回)	情報社会・セキュリティ・倫理	辻井重男著	172	3000円
A-5	(第6回)	情報リテラシーとプレゼンテーション	青木由直著	216	3400円
A-6	(第29回)	コンピュータの基礎	村岡洋一著	160	2800円
A-7	(第19回)	情報通信ネットワーク	水澤純一著	192	3000円
A-9	(第38回)	電子物性とデバイス	益川一哉 天川修平 共著	244	4200円

	配本順	基礎		頁	本体
B-5	(第33回)	論理回路	安浦寛人著	140	2400円
B-6	(第9回)	オートマトン・言語と計算理論	岩間一雄著	186	3000円
B-7	(第40回)	コンピュータプログラミング —Pythonでアルゴリズムを実装しながら問題解決を行う—	富樫敦著	208	3300円
B-8	(第35回)	データ構造とアルゴリズム	岩沼宏治他著	208	3300円
B-9	(第36回)	ネットワーク工学	田村裕 中野敬介 仙石正和 共著	156	2700円
B-10	(第1回)	電磁気学	後藤尚久著	186	2900円
B-11	(第20回)	基礎電子物性工学 —量子力学の基本と応用—	阿部正紀著	154	2700円
B-12	(第4回)	波動解析基礎	小柴正則著	162	2600円
B-13	(第2回)	電磁気計測	岩﨑俊著	182	2900円

	配本順	基盤		頁	本体
C-1	(第13回)	情報・符号・暗号の理論	今井秀樹著	220	3500円
C-3	(第25回)	電子回路	関根慶太郎著	190	3300円
C-4	(第21回)	数理計画法	山下信雄 福島雅夫 共著	192	3000円

配本順				頁	本体
C-6	(第17回)	インターネット工学	後藤 滋樹／外山 勝保 共著	162	2800円
C-7	(第3回)	画像・メディア工学	吹抜 敬彦 著	182	2900円
C-8	(第32回)	音声・言語処理	広瀬 啓吉 著	140	2400円
C-9	(第11回)	コンピュータアーキテクチャ	坂井 修一 著	158	2700円
C-13	(第31回)	集積回路設計	浅田 邦博 著	208	3600円
C-14	(第27回)	電子デバイス	和保 孝夫 著	198	3200円
C-15	(第8回)	光・電磁波工学	鹿子嶋 憲一 著	200	3300円
C-16	(第28回)	電子物性工学	奥村 次徳 著	160	2800円

展開

D-3	(第22回)	非線形理論	香田 徹 著	208	3600円
D-5	(第23回)	モバイルコミュニケーション	中川 正雄／大槻 知明 共著	176	3000円
D-8	(第12回)	現代暗号の基礎数理	黒澤 馨／尾形 わかは 共著	198	3100円
D-11	(第18回)	結像光学の基礎	本田 捷夫 著	174	3000円
D-14	(第5回)	並列分散処理	谷口 秀夫 著	148	2300円
D-15	(第37回)	電波システム工学	唐沢 好男／藤井 威生 共著	228	3900円
D-16	(第39回)	電磁環境工学	徳田 正満 著	206	3600円
D-17	(第16回)	VLSI工学 —基礎・設計編—	岩田 穆 著	182	3100円
D-18	(第10回)	超高速エレクトロニクス	中村 徹／三島 友義 共著	158	2600円
D-23	(第24回)	バイオ情報学 —パーソナルゲノム解析から生体シミュレーションまで—	小長谷 明彦 著	172	3000円
D-24	(第7回)	脳工学	武田 常広 著	240	3800円
D-25	(第34回)	福祉工学の基礎	伊福部 達 著	236	4100円
D-27	(第15回)	VLSI工学 —製造プロセス編—	角南 英夫 著	204	3300円

定価は本体価格+税です。
定価は変更されることがありますのでご了承下さい。

図書目録進呈◆

電気・電子系教科書シリーズ

(各巻A5判)

- ■編集委員長　髙橋　寛
- ■幹　　　事　湯田幸八
- ■編集委員　　江間　敏・竹下鉄夫・多田泰芳
- 　　　　　　　中澤達夫・西山明彦

配本順		書名	著者	頁	本体
1.	(16回)	電　気　基　礎	柴田尚志・皆藤新芳・田多泰志 共著	252	3000円
2.	(14回)	電　磁　気　学	多田泰尚・柴田芳志 共著	304	3600円
3.	(21回)	電　気　回　路 I	柴田　尚志 著	248	3000円
4.	(3回)	電　気　回　路 II	遠藤　勲・鈴木靖編・吉澤純雄・隆矢巳・福拓之・吉和彦・高明二・西山鎮　共著	208	2600円
5.	(29回)	電気・電子計測工学(改訂版) —新SI対応—	降崎郎・福西平・吉奥立・高青幸・西木・下堀 共著	222	2800円
6.	(8回)	制　御　工　学	西堀俊・青木立幸 共著	216	2600円
7.	(18回)	ディジタル制御	白水俊次 著	202	2500円
8.	(25回)	ロ ボ ッ ト 工 学	白水俊次 著	240	3000円
9.	(1回)	電　子　工　学　基　礎	中澤達夫・藤原勝幸 共著	174	2200円
10.	(6回)	半　導　体　工　学	渡辺英夫 著	160	2000円
11.	(15回)	電気・電子材料	中澤・押田・森田・服部 共著	208	2500円
12.	(13回)	電　子　回　路	須田・土田・伊若・吉海・室澤 共著	238	2800円
13.	(2回)	ディジタル回路	若海弘夫・吉山純一・伊賀室巌 共著	240	2800円
14.	(11回)	情報リテラシー入門	山下　　 　 共著	176	2200円
15.	(19回)	Ｃ＋＋プログラミング入門	湯田　幸八 著	256	2800円
16.	(22回)	マイクロコンピュータ制御 　　　プログラミング入門	柚賀正光・千代谷慶 共著	244	3000円
17.	(17回)	計算機システム(改訂版)	春日健・舘泉雄治・日幸充・伊博 共著	240	2800円
18.	(10回)	アルゴリズムとデータ構造	湯田幸八 共著	252	3000円
19.	(7回)	電　気　機　器　工　学	前田・新谷・江間・高橋 共著	222	2700円
20.	(31回)	パワーエレクトロニクス(改訂版)	江間敏・甲斐隆章 共著	232	2600円
21.	(28回)	電　力　工　学(改訂版)	江間・甲木・三吉 共著	296	3000円
22.	(30回)	情　報　理　論(改訂版)	吉川英機・竹下鉄夫・吉川英夫 共著	214	2600円
23.	(26回)	通　信　工　学	竹下鉄夫・吉川英夫 共著	198	2500円
24.	(24回)	電　波　工　学	松田豊稔・宮田克正・南部幸久 共著	238	2800円
25.	(23回)	情報通信システム(改訂版)	岡田裕・桑原正史 共著	206	2500円
26.	(20回)	高　電　圧　工　学	植月唯夫・松原孝史・箕田充志 共著	216	2800円

定価は本体価格＋税です。
定価は変更されることがありますのでご了承下さい。

図書目録進呈◆